四川省"十四五"职业教育省级规划教材

高职高专土建专业"互联网+"创新规划教材

建筑节能工程与施工

第2版

主　编◎毛　辉　吴明军
副主编◎吴　穹
参　编◎张　莉　潘柏宇
　　　　刘保伟　罗梽宾
　　　　刘云安　唐忠茂
　　　　李熊飞　徐言毓
　　　　王　映　苏德权

内容简介

本书紧扣现行国家标准《建筑节能工程施工质量验收标准》(GB 50411—2019),介绍了目前常用的 10 类建筑节能工程的构造形式、施工工艺、质量标准与验收等基本知识,以满足日益增长的建筑节能工程施工的需要。

本书主要内容包括绪言、墙体节能工程、幕墙节能工程、门窗节能工程、屋面节能工程、楼地面节能工程、供暖节能工程、通风与空调节能工程、空调与供暖系统的冷热源及管网节能工程、配电与照明节能工程及监测与控制节能工程。

本书内容条理清楚、重点突出、图文并茂,强调实用性、工具性,可作为建筑工程技术、建筑工程质量与安全技术管理、建设工程监理、建筑设备工程技术等相关专业的教材,也可供从事建筑节能相关工作的工程技术人员参考。

图书在版编目(CIP)数据

建筑节能工程与施工 / 毛辉,吴明军主编 . -- 2 版 . 北京: 北京大学出版社, 2025.6. -- (高职高专土建专业"互联网+"创新规划教材). -- ISBN 978-7-301-36306-5

Ⅰ. TU7

中国国家版本馆 CIP 数据核字第 2025RY7069 号

书　　　名	建筑节能工程与施工(第 2 版)
	JIANZHU JIENENG GONGCHENG YU SHIGONG(DI-ER BAN)
著作责任者	毛　辉　吴明军　主编
策 划 编 辑	吴　迪
责 任 编 辑	伍大维
数 字 编 辑	金常伟
标 准 书 号	ISBN 978-7-301-36306-5
出 版 发 行	北京大学出版社
地　　　址	北京市海淀区成府路 205 号 100871
网　　　址	http://www.pup.cn 新浪微博:@北京大学出版社
电 子 邮 箱	编辑部 pup6@pup.cn　总编室 zpup@pup.cn
电　　　话	邮购部 010-62752015　发行部 010-62750672　编辑部 010-62750667
印 刷 者	河北涿县鑫华书刊印刷厂
经 销 者	新华书店
	787 毫米×1092 毫米　16 开本　14.25 印张　342 千字
	2015 年 5 月第 1 版
	2025 年 6 月第 2 版　2025 年 6 月第 1 次印刷
定　　　价	45.00 元

未经许可,不得以任何方式复制或抄袭本书之部分或全部内容。

版权所有,侵权必究

举报电话: 010-62752024　电子邮箱: fd@pup.cn

图书如有印装质量问题,请与出版部联系,电话: 010-62756370

第2版前言

在我国，建筑节能已经推进了数十年，尽管我国建筑节能体系逐步完善，但当前存量建筑节能现状仍面临挑战，全国存量建筑中仍有近40%为非节能建筑，既有公共建筑中使用寿命超过20年的建筑占比超过30%，大量老旧居住建筑围护结构差、设备老旧效率低、运行维护管理缺失，导致我国建筑全生命期能耗在全国能源消耗总量中的占比居高不下。

在建筑节能推进的数十年里，国家和各省、自治区、直辖市分别从法律法规、标准规范、统计核算、技术创新引领、经济激励政策等方面构建了较为完整的体系，为建筑节能提供了有力保障。

2019年，国家修订并发布了《建筑节能工程施工质量验收标准》（GB 50411—2019），进一步规范了建筑节能工程的施工质量。

本书为适应高层次技术技能人才的培养目标，着眼施工技术的实用性，突出工艺操作特点，用简洁明了的文字结合实例图片进行讲解，使学生能够对建筑节能工程技术产生深刻的印象。同时，本书注重激发学生的学习兴趣，编写时注重理论联系实际，并遵循课程教学规律，采用由浅入深、循序渐进的编排方式，每个项目设置思维导图、引言、任务单元，并辅以项目小结和习题，让学生能够对书中介绍的各种节能技术的基本概念、相关知识点、操作能力等有更深入的掌握。此外，本书在附录部分提供了AI伴学内容及提示词，引导学生利用生成式人工智能（GenAI）工具，如DeepSeek、Kimi、豆包、通义千问、文心一言、ChatGPT等来进行拓展学习。

本书由四川建筑职业技术学院毛辉和吴明军任主编，四川建筑职业技术学院吴穹任副主编；四川建筑职业技术学院张莉、潘柏宇、刘保伟、罗梽宾、刘云安，四川省第七建筑有限公司唐忠茂，成都建工第四建筑工程有限公司李熊飞，成都建工工业设备安装有限公司徐言毓、王映，黑龙江建筑职业技术学院苏德权参编。本书具体编写分工为：绪言由毛辉和吴明军共同编写，项目1由吴穹编写，项目2由唐忠茂编写，项目3由李熊飞和刘云安共同编写，项目4由张莉编写，项目5由潘柏宇编写，项目6由毛辉和苏德权共同编写，项目7由刘保伟编写，项目8由罗梽宾编写，项目9由徐言毓编写，项目10由王映编写。全书由毛辉负责统稿。

由于编者水平有限，加之编写时间紧迫，书中不足之处在所难免，恳请广大读者批评指正。

资源索引

编　者
2025年2月

目录 Catalog

绪言 …………………………………………… 001

项目1　墙体节能工程 ………………… 004

 任务单元1.1　墙体节能工程概述 ……… 005

 任务单元1.2　粘贴保温板保温系统 …… 008

 任务单元1.3　现浇混凝土外保温系统 … 010

 任务单元1.4　喷涂硬泡聚氨酯外保温

      系统 …………………………… 014

 任务单元1.5　机械固定钢丝网架板外保温

      系统 …………………………… 017

 任务单元1.6　保温装饰板外保温系统 … 018

 任务单元1.7　墙体自保温系统 ………… 022

 任务单元1.8　墙体节能工程的质量标准与

      验收 …………………………… 023

 项目小结 …………………………………… 027

 习题 ………………………………………… 027

 综合实训 …………………………………… 030

项目2　幕墙节能工程 ………………… 031

 任务单元2.1　幕墙节能工程概述 ……… 032

 任务单元2.2　幕墙的基本构造 ………… 034

 任务单元2.3　幕墙节能工程施工 ……… 037

 任务单元2.4　幕墙的保温隔热技术

      措施 …………………………… 039

 任务单元2.5　幕墙节能工程的质量标准与

      验收 …………………………… 040

 项目小结 …………………………………… 043

 习题 ………………………………………… 043

项目3　门窗节能工程 ………………… 044

 任务单元3.1　门窗节能工程概述 ……… 045

 任务单元3.2　门窗节能工程施工 ……… 048

 任务单元3.3　门窗节能工程的质量标准与

      验收 …………………………… 054

 项目小结 …………………………………… 055

 习题 ………………………………………… 056

项目4　屋面节能工程 ………………… 058

 任务单元4.1　屋面节能工程概述 ……… 059

 任务单元4.2　屋面型材保温节能工程 … 063

 任务单元4.3　屋面现浇保温节能工程 … 068

 任务单元4.4　屋面喷涂保温节能工程 … 071

 任务单元4.5　屋面架空隔热节能工程 … 077

 任务单元4.6　屋面植被隔热节能工程 … 080

 任务单元4.7　屋面蓄水隔热节能工程 … 083

 任务单元4.8　屋面节能工程的质量标准与

      验收 …………………………… 086

 项目小结 …………………………………… 088

 习题 ………………………………………… 088

 综合实训 …………………………………… 089

项目5　楼地面节能工程 ……………… 091

 任务单元5.1　楼地面节能工程概述 …… 092

 任务单元5.2　楼地面保温填充层铺设

      工程 …………………………… 092

 任务单元5.3　板材类楼地面保温工程 … 094

　　任务单元5.4　楼地面节能工程的质量标准与
　　　　　　　　　验收 096
　项目小结 097
　习题 097

项目6　供暖节能工程 099
　　任务单元6.1　供暖节能工程概述 100
　　任务单元6.2　供暖管道节能工程 102
　　任务单元6.3　散热器节能工程 105
　　任务单元6.4　低温热水地面辐射供暖系统
　　　　　　　　　节能工程 107
　　任务单元6.5　供暖系统调试与试运转 113
　　任务单元6.6　供暖节能工程的质量标准与
　　　　　　　　　验收 114
　项目小结 116
　习题 116

项目7　通风与空调节能工程 121
　　任务单元7.1　通风与空调节能工程概述 122
　　任务单元7.2　通风与空调节能工程常用
　　　　　　　　　材料、设备及其选用 123
　　任务单元7.3　空调风系统节能施工 130
　　任务单元7.4　空调水系统节能施工 138
　　任务单元7.5　通风与空调设备节能施工 141
　　任务单元7.6　通风与空调系统调试与
　　　　　　　　　检测 149
　　任务单元7.7　通风与空调节能工程的
　　　　　　　　　质量标准与验收 153
　项目小结 156
　习题 156

项目8　空调与供暖系统的冷热源及管网节能工程 159
　　任务单元8.1　空调与供暖系统的冷热源及管网
　　　　　　　　　节能工程概述 160

　　任务单元8.2　制冷设备及系统节能工程 164
　　任务单元8.3　供热锅炉及辅助设备节能
　　　　　　　　　工程 169
　　任务单元8.4　室外管网系统节能工程 173
　　任务单元8.5　冷热源及管网的防腐与绝热
　　　　　　　　　工程 176
　　任务单元8.6　冷热源设备及系统的调试 178
　　任务单元8.7　空调与供暖系统的冷热源
　　　　　　　　　及管网节能工程的
　　　　　　　　　质量标准与验收 181
　项目小结 183
　习题 183
　综合实训 185

项目9　配电与照明节能工程 186
　　任务单元9.1　配电与照明节能工程概述 187
　　任务单元9.2　母线安装节能工程 191
　　任务单元9.3　导线连接节能工程 196
　　任务单元9.4　配电系统调试节能工程 202
　　任务单元9.5　配电与照明节能工程的质量
　　　　　　　　　标准与验收 203
　项目小结 205
　习题 205
　综合实训 206

项目10　监测与控制节能工程 207
　　任务单元10.1　监测与控制节能工程概述 208
　　任务单元10.2　监测与控制节能工程施工 209
　　任务单元10.3　监测与控制节能工程的质量
　　　　　　　　　　标准与验收 213
　项目小结 216
　习题 216

附录　AI伴学内容及提示词 219

参考文献 221

绪言

引言

根据中国建筑业协会发布的《建筑业发展统计分析》，2020—2023年，我国新建房屋竣工面积分别为38.5亿m^2、40.83亿m^2、40.55亿m^2和38.56亿m^2。截至2023年年底，我国城市建成区面积达到6.4万km^2，常住人口城镇化率达到66.16%，超过9.3亿人生活在城镇，城镇人均住房建筑面积超过$40m^2$。如此巨大的建筑规模，在世界上是空前的。我国既有建筑中，单位建筑面积能源消耗（简称"能耗"）普遍高于发达国家。随着建筑规模的不断扩大，能耗将会给国家带来空前的压力。

随着社会的进步，人们在使用建筑物的过程中，为了创造更加舒适的生活环境，从最初使用照明、生活热水等设备，到后来使用家用电器、空调、供暖等设施设备，能耗越来越多。建筑设备能耗已成为社会的能耗大户。在我国，建筑能耗已占全社会总能耗的27.6%。

建筑节能日益受到世界各国的高度关注。尤其是1973年国际能源危机以后，建筑节能更是受到全世界的高度重视。同时，减少建筑能耗对大气环境的改善也具有不可低估的贡献：首先，能大大减少二氧化碳的排放，有益于降低温室效应；其次，可减少烟尘、粉尘等PM2.5物质，减少雾霾天气。

1974年，法国率先制定了建筑节能标准，提出在保证和提高居住舒适度的前提下，降低能耗水平，提高能源利用率。随后，世界其他发达国家也相继开展起建筑节能工作，推动了全球的建筑节能运动。50多年来，各国在新建建筑设计和施工、既有建筑节能改造、建筑运行节能管理上结合本国的能源情况，相继推出了一系列建筑节能法律法规和标准，并制定了相应的监督、激励政策以保障法律法规和标准的有效实施，这些举措使发达国家在建筑节能领域取得了瞩目的成就。

由于技术水平、人员素质等因素的影响，我国能源利用水平总的来说还较低。我国国内生产总值万元能耗为世界平均值的3.3倍，主要用能产品能耗比发达国家高40%。我国建筑能耗问题因公众节能意识普遍不高而显得尤为严重。我国单位建筑面积能耗是发达国家的2～3倍。建筑节能已成为我国社会发展中的重大问题。

我国建筑节能工作，真正起步是在1986年。当时的建设部提出，从抓建筑设计节能标准开始，推动建筑节能技术进步。由于北方地区集中供暖的房屋建筑供暖能耗高，据20世纪80年代末的调研资料显示，每年其城镇建筑仅供暖一项需要耗能1.3亿吨标准煤，占当时全国总能耗的11.5%左右，占供暖地区全社会能耗的20%以上；在一些严寒地区，城镇建筑供暖能耗则高达当地社会能耗的50%。因此，在当时国家经济委员会、国家计划委员会的支持下，建设部首先组织开展了对北方严寒、寒冷地区集中供暖居住建筑的供暖能耗调查和建筑节能技术及标准研究，并以1980年普通住宅供暖能耗为基准，颁发了《民用建筑节能设计标准（供暖居住建筑部分）》（JGJ 26—1986），目标是在1980—1981年当地通用设计的基础上节能30%。此外，建筑部还先后颁布了《民用建筑热工设计规范》（GB 50176—1993）、《旅游旅馆建筑热工与空气调节节能设计标准》（GB 50189—1993）。到1995年12月，建设部又批准了对"JGJ 26—1986"标准的修订稿，即"JGJ 26—1995"，该标准中提出的目标节能率为50%。

随后，《既有供暖居住建筑节能改造技术规程》（JGJ 129—2000）、《供暖居住建筑节能检验标准》（JGJ 132—2001）、《夏热冬冷地区居住建筑节能设计标准》（JGJ 134—2001）、《夏热冬暖地区居住建筑节能设计标准》（JGJ 75—2003）、《公共建筑节能设计标准》（GB 50189—2005）、《建筑节能工程施工质量验收规范》（GB 50411—2007）、《建筑节能工程施工质量验收标准》（GB 50411—2019）、《建筑节能与可再生能源利用通用规范》（GB 55015—2021）和《节能技术评价导则》（GB/T 40064—2024）等技术标准也陆续颁布。

为了促进建筑节能工作，实现节能目标，1994年建设部成立了节能工作协调组与建筑节能办公室，并多次下发关于实施建筑节能标准的通知，推动了建筑节能标准的执行。随着对建筑节能工作重视的逐步加强，2006年9月建设部在科技发展中心又设立了建筑节能中心。目前，住房城乡建设部设立了建筑节能与科技司。

在建筑节能法律法规方面，1997年我国颁布了最早的与建筑节能相关的法律法规，即《中华人民共和国节约能源法》（以下简称《节能法》）和《中华人民共和国建筑法》（以下简称《建筑法》）。1999年，国家经济贸易委员会公布实施了《重点用能单位节能管理办法》，它是《节能法》最早的配套规章。随后，有关部委陆续制定了节电节水、能源标准管理、节能产品认证管理、资源综合利用认定管理等法规。至2004年6月，有20多个省市先后颁布了总计约70项以《节能法》实施条例或者实施办法为主要内容的地方法规，大部分是对新建建筑执行节能标准强制性条文作出明确规定。2005年，建设部颁布了《民用建筑节能管理规定》及《关于新建居住建筑严格执行节能设计标准的通知》。2008年，国务院颁发了《民用建筑节能条例》。2018年10月26日第十三届全国人民代表大会常务委员会第六次会议对《节能法》进行修订。2021年10月，中共中央、国务院发布了《关于完整准确全面贯彻新发展理念做好碳达峰碳中和工作的意见》，同期国务院发布了《国务院关于印发2030年前碳达峰行动方案的通知》。2022年，住房城乡建设部发布了《"十四五"建筑节能与绿色建筑发展规划》。2024年，国家发展改革委、住房城乡建设部发布了《加快推动建筑领域节能降碳工作方案》，对民用建筑的建筑节能作出了具体规定。

从20世纪80年代以来，在建设部建筑节能顶层设计的引领下，各级政府及各建筑设计、施工单位，也积极加入建筑节能工作中，采取"先易后难、先城市后农村、先新建后改建、先住宅后公建"的实施原则，从北向南逐步推进我国的建筑节能工作。

目前，我国已经出台了一系列建筑节能鼓励政策和管理规定；取得了一批具有实用价值的建筑节能技术科技成果；制定了一大批建筑节能及其应用技术的标准和规范；开展了建筑节能相关产品的开发和推广应用，促进了建筑节能技术产业化；已研发出较多成型的节能工程技术和施工工艺，并以试点示范为引领，建成了一批节能建筑。

本教材所谓建筑节能工程，是指在建筑物的规划、设计、建造和使用过程中，执行节能标准，采用确保节能的先进建筑技术及施工工艺，以及节能型的建筑设备、材料和产品等，减少建筑运行能耗，提高建筑能效水平的工程。比如，提高建筑物墙体、楼地板、屋面、门窗等构配件的保温和隔热性、减少热量散发、降低能量损失的工程；阻断热桥（北方也叫冷桥）、减少热量传递、降低能量损失的工程；提高建筑物供暖、空调、照明等设备设施的能效，降低能耗水平，提高能源利用率的工程。

本教材旨在向高等学校内涉及建筑工程施工类专业的学生介绍在建筑建造和使用过程中常用的节能工程技术和施工工艺，为其将来从事建筑节能相关工作或进一步深造打下基础。至于在建筑物规划、设计过程中的节能工程技术，学生们则可从其他教材和相关工程技术书籍中学习。本教材也可供从事建筑节能相关工作的工程技术人员参考。

项目 1 墙体节能工程

思维导图

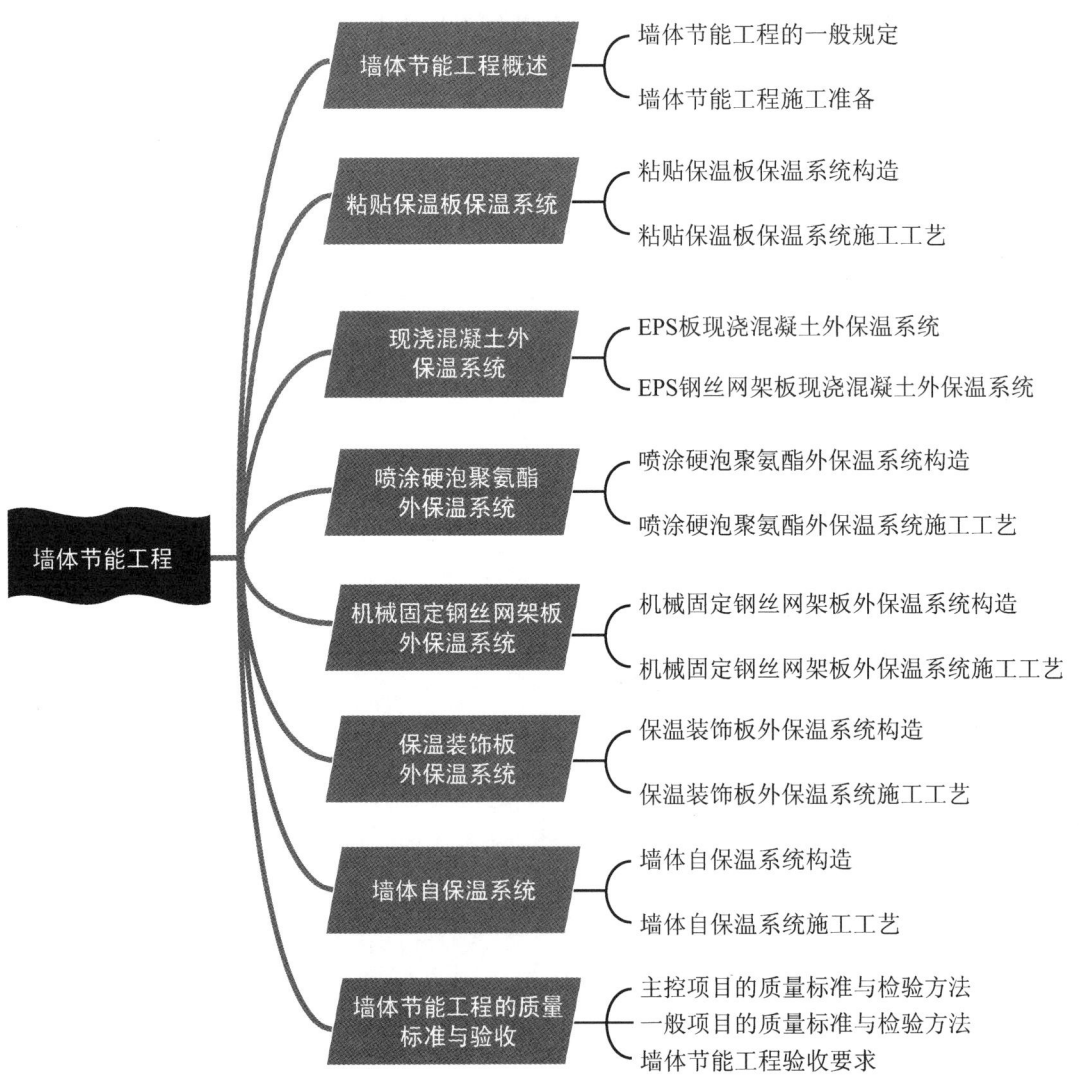

项目 1　墙体节能工程

引言

墙体节能工程，就是为减少建筑墙体的热能传导所采用的保温系统。常用的墙体保温系统有粘贴保温板保温系统、现浇混凝土外保温系统、喷涂硬泡聚氨酯外保温系统、机械固定钢丝网架板外保温系统、保温装饰板外保温系统和墙体自保温系统等。

在建筑节能方面，墙体起着至关重要的作用。尤其是外墙，对建筑物内外的热传导性起着决定性作用。墙体节能工程的关键，是要有效阻断墙体的热桥，增加墙体的保温性。

任务单元 1.1　墙体节能工程概述

1.1.1　墙体节能工程的一般规定

墙体节能工程概述

墙体节能工程应在主体结构完成后进行。墙体节能工程施工前应按照设计和施工方案的要求，对基层进行处理。处理后的基层应符合保温层施工方案的要求。

墙体节能工程保温材料的厚度必须符合设计文件的要求。保温材料在施工过程中应采取防潮、防水等保护措施。寒冷、夏热冬冷地区外墙热桥部位，应按设计要求采取节能保温等隔断热桥措施。防火隔离带的施工应与保温材料的施工同步进行。

保温板材与基层及各构造层之间的黏结或连接必须牢固，黏结强度和连接方式应符合设计文件及相关标准的规定，保温板材与基层的黏结强度应做现场拉拔试验。当墙体节能工程的保温层采用预埋或后置锚固件固定时，锚固件的数量、位置、锚固深度和拉拔力应符合设计要求。后置锚固件应进行现场拉拔试验。外墙保温工程采用粘贴饰面砖做饰面层时，其安全性与耐久性必须符合设计要求。饰面砖黏结砂浆和勾缝材料应满足相关规定的性能要求，并做现场黏结强度拉拔试验，试验结果应符合设计和有关标准的规定。保温工程涉及的抹灰工程、饰面板（砖）工程、涂饰工程施工工艺参照现行有关标准执行。当设计对建筑外墙有防水要求时，应结合现行行业标准《建筑外墙防水工程技术规程》（JGJ/T 235—2011）中相关标准在外墙保温构造层中增设外墙防水层。

工程验收的检验批划分应符合下列规定。

（1）采用相同材料、工艺和施工做法的墙面，扣除门窗洞口后的保温墙面面积每 1000m^2 划分一个检验批。

（2）检验批的划分也可根据与施工流程相一致且方便施工与验收的原则，由施工单位与监理单位双方协商确定。

墙体节能工程施工过程中应及时进行质量检查、隐蔽工程验收和检验批验收，并按规定留存文字和图像资料。

本项目主要介绍外墙外保温施工，也可供外墙内保温施工参考。

1.1.2 墙体节能工程施工准备

1. 技术准备

（1）熟悉设计文件及有关资料，按国家现行有关标准的要求编制节能专项施工方案，方案中应对施工现场消防措施作出明确规定，经监理/业主技术负责人审查批准后组织实施。

（2）施工前对相关人员做好安全技术交底。

（3）提出详细的材料、设备需用计划。

2. 材料准备

（1）墙体节能工程使用的保温材料，其密度、导热系数、抗拉强度、尺寸稳定性、燃烧性能等应符合设计文件及国家现行标准的要求。常用泡沫塑料保温板的性能要求见表1-1，胶粉聚苯颗粒保温浆料的性能要求见表1-2，玻纤网格布的性能要求见表1-3，界面砂浆的主要性能指标见表1-4，锚栓的技术性能指标应符合设计要求。

表1-1 常用泡沫塑料保温板的性能要求

检验项目	性能要求			试验方法
	聚苯乙烯板（EPS板）	挤塑聚苯乙烯板（XPS板）	聚氨酯夹芯板（PU板）	
密度/（kg/m³）	≥18，且不宜大于25	≥25，且不宜大于32	≥40	GB/T 6343
导热系数/[W/(m·K)]	≤0.041	≤0.030	≤0.024	GB/T 10294
抗拉强度/MPa	≥0.12	≥0.25	≥0.15	JGJ 144
尺寸稳定性/%	≤0.3	≤1.2	≤1.5	GB/T 8811
燃烧性能	满足设计要求	满足设计要求	满足设计要求	GB 8624

表1-2 胶粉聚苯颗粒保温浆料的性能要求

检验项目		性能要求	试验方法
干密度/（kg/m³）		180～250	GB/T 6343（70℃恒重）
导热系数/[W/(m·K)]		≤0.060	GB/T 10294
软化系数		≥0.50	JGJ/T 12（养护28d）
线性收缩率/%		≤0.3	JGJ/T 70
燃烧性能级别		B1	GB 8624
抗拉强度/MPa	干燥状态	≥0.1	JGJ 144（养护56d）
	浸水48h，取出后干燥14d		

表 1-3 玻纤网格布的性能要求

检验项目		耐碱拉伸断裂强力 N/50mm		耐碱拉伸断裂强力保留率 /%	
		经向	纬向	经向	纬向
性能要求	中碱玻纤网	≥750		≥50	
	耐碱玻纤网	≥1000		≥75	

表 1-4 界面砂浆的主要性能指标

检验项目			性能指标
拉伸黏结强度 / MPa	与水泥砂浆试块	标准状态 7d	≥0.3
		标准状态 14d	≥0.5
		浸水后	≥0.3
	与 20kg/m³EPS 板试块		≥0.1
压剪黏结强度 / MPa	原强度		≥0.7
	耐水		≥0.5
	耐冻融		≥0.5

（2）节能材料应按品种、强度等级分别堆放及设置标识，应有防火、防水、防潮等保护措施，具备产品合格证和出厂检测报告，标明生产日期、型号、批量、强度等级和质量标准。进场后应对主要材料的主要性能进行复检。

（3）保温砌块砌筑的墙体，其砌筑砂浆的强度等级应符合设计要求。块体节能材料进场时必须提供放射性指标检测报告。

（4）寒冷、夏热冬冷地区应对外保温使用的黏结材料进行冻融试验。

3．施工机具准备

（1）施工机具：强制式砂浆搅拌机、专用喷枪、手提式搅拌器、电锤、电钻、电锯、打磨机、手推车等。

（2）施工工具：滚刷、壁纸刀、手锤、平锹、钢抹子、手锯、墨斗等。

（3）测量工具：水准仪、经纬仪、靠尺、拖线板等。

4．作业条件准备

（1）除 EPS 板现浇混凝土保温系统和 EPS 钢丝网架板现浇混凝土保温系统外，保温工程的施工应在基层施工质量验收合格后进行。

（2）除 EPS 板现浇混凝土保温系统和 EPS 钢丝网架板现浇混凝土保温系统外，外墙保温工程施工前，外门窗洞口应通过验收，洞口尺寸、位置应符合设计要求和质量要求，门窗框或附框应安装完毕。伸出墙面的消防梯、雨水管、各种进户管线和空调器等的预埋件、连接件应安装完毕，并按保温系统厚度留出空隙。

另外，应保证施工期间及完工后 24h 内，平均气温不低于 5℃。夏季应避免阳光暴晒。在 5 级以上大风天和雨天不得施工。

任务单元 1.2　粘贴保温板保温系统

1.2.1　粘贴保温板保温系统构造

粘贴保温板保温系统由黏结层、保温层、抹面层和饰面层构成。黏结层材料为胶黏剂，保温层材料可为 EPS 板（图 1.1）、XPS 板和 PU 板；抹面层材料为抹面胶浆，抹面胶浆中满铺增强网；饰面层材料可为涂料或饰面砂浆。保温板采用胶黏剂固定在基层上，并按设计需要辅以锚栓固定（图 1.2）。

图 1.1　EPS 板

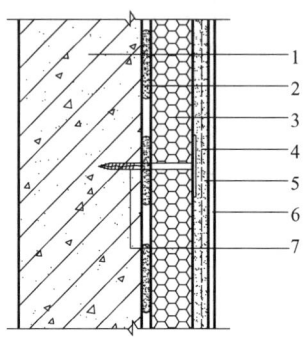

1—基层；2—黏结层；3—保温层；4—增强网；
5—抹面层；6—饰面层；7—锚栓。

图 1.2　粘贴保温板保温系统构造

1.2.2　粘贴保温板保温系统施工工艺

1. 施工工艺流程（图 1.3）

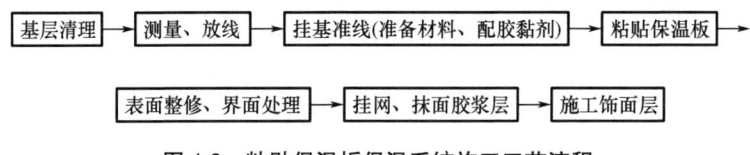

图 1.3　粘贴保温板保温系统施工工艺流程

2. 操作要点

1）基层清理

（1）基层墙体表面不得有油污、脱模剂等阻碍黏结的附着物，凸起、空鼓和疏松部位应剔除。

（2）基层大于 ±10mm/m 的不平整部位必须预先找平。

2）测量、放线

（1）根据建筑立面设计和外保温要求，在墙面弹出水平、垂直控制线及装饰缝线，并视墙面洞口分布进行保温板排板，确定粘贴模数。

（2）当需要设置膨胀缝、变形缝时，应在墙面弹出膨胀缝、变形缝及其宽度。

3）挂基准线

在外墙建筑大角（阴角、阳角）挂垂直基准线及楼层位置水平线，以保证板材的垂直度和水平度。

4）粘贴保温板

（1）保温板应按顺砌方式粘贴，竖缝应逐行错缝。保温板应粘贴牢固，不得有松动和空鼓，墙角处保温板应交错互锁（图1.4）。

（2）门窗洞口四角处保温板不得拼接，应采用整块保温板切割成形，保温板接缝应离开角部至少200mm（图1.5）。

（3）阳台、雨篷、女儿墙、挑檐下等部位粘贴板材时，应预留5mm缝隙，以利于增强网嵌入。

（4）粘贴保温板时，保温板与基层墙体的粘贴面积不得小于保温板面积的40%。

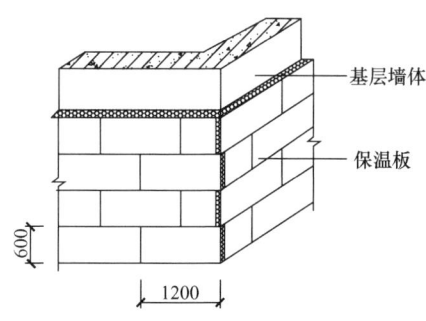

图1.4　保温板排板图

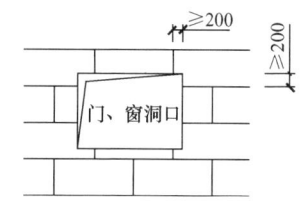

图1.5　门窗洞口处保温板排列图

5）表面整修、界面处理

对粘贴后的板材平整度进行检查，局部打磨或用胶粉聚苯颗粒保温浆料找平，然后用滚刷将界面处理剂均匀涂刷在保温板表面。

6）抹网、抹面胶浆层

（1）抗裂砂浆层分底层和面层两道，中间压入玻纤网格布，底层厚度为2mm～3mm，面层厚度不宜超过7mm。

（2）铺挂网格布时，应绷紧，用抹子由中间向四周压入胶浆层，要平整压实，深浅适度，胶浆度饱满，严禁出现玻纤网格布外露、褶皱现象，不应有明显的显影、砂眼、抹纹、接槎等痕迹。玻纤网格布纵横向搭接长度不应小于100mm，转角部位（阴阳角及门窗洞口）增强网应首先压入。

（3）建筑物高度在20m以上时，在受负风压作用较大的部位宜采用锚栓辅助固定。

（4）锚固件的数量、位置、锚固深度和拉拔力应符合设计要求，安装锚固件至少在胶黏剂使用24h后进行。

（5）留缝构造。留置伸缩缝时，成品分隔条应在抹灰工序时放入，待砂浆初凝后取出，缝内嵌填背衬材料，再分两次用建筑密封膏封堵。缝两侧基层墙体用射钉固定金属盖板。

7）施工饰面层

饰面层施工同普通饰面层施工，由所用饰面层材料类型定（以后不再赘述）。

任务单元 1.3　现浇混凝土外保温系统

现浇混凝土基层（墙、柱体）的外保温系统目前常用的有 EPS 板现浇混凝土外保温系统和 EPS 钢丝网架板现浇混凝土外保温系统两类。

1.3.1　EPS 板现浇混凝土外保温系统

1. 系统构造

EPS 板现浇混凝土外保温系统以现浇混凝土外墙、柱为基层，EPS 板为保温层。其构造方式是，先在 EPS 板一面开矩形齿槽（称为内表面），再在其内、外表面满涂界面砂浆，拼装时置于外墙、柱外侧模板内侧（即内表面朝待浇混凝土），并安装锚栓作为辅助固定件。施工时，先拼装好 EPS 板，再组装模板、浇筑墙体混凝土。待外墙、柱体混凝土硬化后（即与 EPS 板、锚栓结为一体）拆模，再在 EPS 板外表面做抹面胶浆薄抹面层（应满铺增强网），最后施工饰面层（图 1.6）。EPS 板现浇混凝土外保温系统又称无网系统。

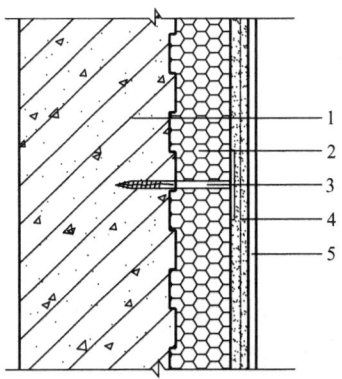

1—现浇混凝土外墙；2—EPS 板；3—锚栓；4—薄抹面层；5—饰面层。

图 1.6　EPS 板现浇混凝土外保温系统（无网系统）构造

2. 施工工艺流程（图 1.7）

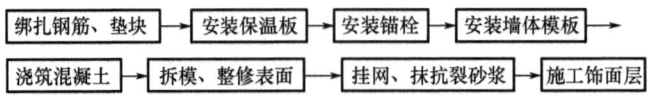

图 1.7　EPS 板现浇混凝土外保温系统施工工艺流程

3. 操作要点

1) 绑扎钢筋、垫块

（1）绑扎墙体钢筋时，与保温板接触一侧的钢筋宜采用弯锚，以免直筋戳破板材。

（2）绑扎完墙体钢筋后，在外墙钢筋外侧应绑扎水泥垫块，每平方米保温板不少于4块（具体数量根据板高而定）。

2) 安装保温板

（1）EPS板宽度宜为1200mm，高度宜为建筑物层高。进场前必须在一面开好矩形齿槽，双面预喷涂界面砂浆。

（2）安装保温板时，应先固定阴阳角保温构件（可以是胶粉聚苯颗粒保温浆料或发泡聚氨酯预制角构件），再按模板高度由下到上固定EPS板于垫块外侧，并将竖缝用专用胶黏结在一起。

（3）保温板间的竖向拼缝处应用扎丝绑扎，绑扎间距不得大于150mm。

3) 安装锚栓

（1）在安装好的保温板面上弹线，标出锚栓位置（每平方米宜设2个～3个），用电烙铁或其他工具在锚栓定位处穿孔，之后在孔内塞入锚栓，锚栓端部与墙体钢筋绑扎做临时固定。

（2）满涂聚苯胶填补门窗洞口两边矩形齿槽缝隙的凹槽处，以免在浇筑混凝土时在该处跑浆（冬季施工时保温板上可不开洞口，待全部保温板安装完毕后再锯出洞口）。

4) 安装墙体模板

（1）在安装墙体模板时，须在模板根部采取可靠的定位措施（如限位钢筋等），防止模板挤压保温板。

（2）穿模板定位螺栓和钢筋须封堵严密，防止跑浆。

（3）模板应采用大模板施工，当采用覆膜大模板时，严禁随意钻孔，以免穿透模板。

（4）与EPS板直接接触一侧的模板禁止涂刷脱模剂。

（5）门窗洞口等易漏浆部位应粘贴双面海绵胶条。

5) 浇筑混凝土

（1）在浇筑混凝土时，应在混凝土下料部位设置导流板，导流板紧靠外侧墙筋，严禁泵管正对EPS板下料。

（2）混凝土应分层浇筑，分层高度应控制在1000mm以内，插入式振动棒振动间距应小于或等于500mm，严禁振动棒接触保温板。

6) 拆模、整修表面

（1）拆模时，在模板与EPS板之间使用撬棍应采取可靠措施，避免损坏保温板。

（2）保温板上穿墙管留孔应用相同规格的保温材料堵孔。

（3）当EPS板缺损或表面平整度无法满足下道工序施工时，宜使用胶粉聚苯颗粒保温浆料作为过渡层加以修补（厚度大于或等于10mm）。

7) 挂网、抹抗裂砂浆

挂网、抹抗裂砂浆做法同1.2.2节相关内容。

1.3.2 EPS钢丝网架板现浇混凝土外保温系统

1. 系统构造

EPS钢丝网架板现浇混凝土外保温系统以现浇混凝土外墙、柱为基层，以单面EPS钢丝网架板（图1.8）为保温层。其构造方式是，先在板面外侧开条形齿槽，拼装时将开好槽的一侧置于墙、柱外侧模板内侧（即EPS钢丝网架板一侧朝着外侧模板），并使齿槽呈水平走向，然后在板上均匀安装U形锚固钢筋，作为辅助固定件。施工时，先拼装好EPS钢丝网架板，再组装模板、浇筑混凝土。待墙、柱体混凝土硬化（即与EPS钢丝网架板、辅助固定件结合为一体，形成了一个三维空间的有网体系）后，再拆模做挂网（界面处理），最后施工饰面层（图1.9）。EPS钢丝网架板现浇混凝土外保温系统又称有网系统。

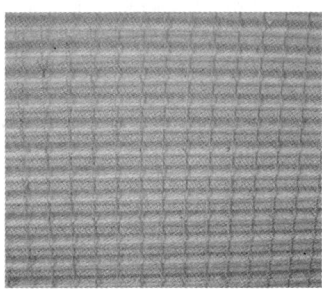

图1.8 EPS钢丝网架板

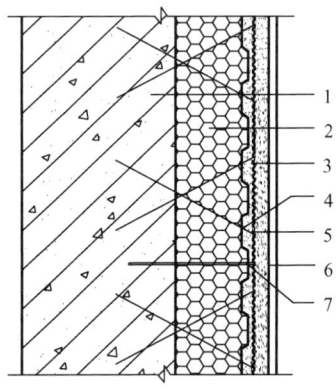

1—现浇混凝土外墙；2—EPS钢丝网架板（面喷界面砂浆）；3—掺外加剂的砂浆保护层；
4—斜插腹丝；5—钢丝网架；6—饰面层；7—U形锚固钢筋。

图1.9 EPS钢丝网架板现浇混凝土外保温系统（有网系统）构造

2. 施工工艺流程（图1.10）

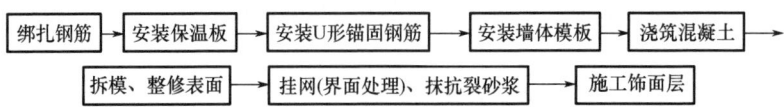

图1.10 EPS钢丝网架板现浇混凝土外保温系统施工工艺流程

3. 操作要点

1）绑扎钢筋

（1）靠近保温板的横向分布筋应弯成 L 形，以保护保温板。

（2）在外侧钢筋外皮及时绑扎垫块，垫块按每块 EPS 钢丝网架板板宽处不少于 2 点、每块板内不少于 6 组且拼板不少于 3 块设置，上口皮及拼板处不得漏设垫块。

2）安装保温板

（1）EPS 钢丝网架板安装前，外墙钢筋应绑扎完成，底部浮浆等应清理完成。

（2）EPS 钢丝网架板安装的排列原则是先边侧后中间、先大面后小面及洞口。

（3）保温板间的竖向拼缝处应用扎丝绑扎，绑扎间距不得大于 150mm。

（4）保温板槽口应水平向外，接缝均采用企口缝搭接，并用 EPS 板胶黏结。

3）安装 U 形锚固钢筋

（1）U 形锚固钢筋宜用 $\phi 6$ 钢筋，且钢筋应经过防锈处理。穿插 EPS 钢丝网架板时可采用电烙铁引孔穿筋，避免损伤 EPS 钢丝网架板。

（2）U 形锚固钢筋通常用扎丝与混凝土墙、柱外侧竖向钢筋绑扎定位，锚入混凝土深度不得小于 100mm。

（3）U 形锚固钢筋每平方米 2 个～3 个。

4）安装墙体模板

安装墙体模板做法同 1.3.1 节相关内容。

5）浇筑混凝土

（1）混凝土浇筑前，宜先在 EPS 钢丝网架板与模板之间的缝隙上口处覆盖塑料薄膜条，并应按一定间距设置门字形封口卡。

（2）在浇筑混凝土时，应在混凝土下料部位设置导流板，导流板紧靠外侧墙筋，严禁泵管正对 EPS 钢丝网架板下料。

（3）混凝土应分层浇筑，分层高度应控制在 1000mm 以内，插入式振动棒振动间距应小于或等于 500mm，严禁振动棒接触保温板和锚固钢筋。

6）拆模、整修表面

（1）拆模时，在模板与 EPS 钢丝网架板之间使用撬棍应采取可靠措施，避免损坏保温板。

（2）保温板上穿墙螺栓、套管孔应用相同规格的保温材料堵孔。

（3）EPS 钢丝网架板缺损或表面平整度无法满足下道工序施工时，宜使用胶粉聚苯颗粒保温浆料作为修补过渡层（内压钢丝网架）。

7）挂网（界面处理）、抹抗裂砂浆

（1）在 EPS 钢丝网架板拼缝处平铺 200m 宽的加强钢丝网片，在外墙门窗洞口四角加挂与洞口角部成 45°的附加钢丝网片，门窗洞口阴阳角则采用 L 形附加钢丝网片，附加钢丝网片与 EPS 钢丝架网板搭接长度不应小于 100mm，附加钢丝网片的规格、材质同 EPS 钢丝网架板网片。

（2）保温板和 EPS 钢丝网架板应满刷界面处理剂，不得露底。

（3）抗裂砂浆层应覆裹钢丝网片系统的钢丝，且应分层施工，并严格控制抗裂砂浆层厚度不超过 25mm（含 EPS 钢丝网架板凹槽）。

任务单元 1.4 喷涂硬泡聚氨酯外保温系统

1.4.1 喷涂硬泡聚氨酯外保温系统构造

喷涂硬泡聚氨酯保温系统采用了先进的保温技术，广泛应用于建筑、工业设备和管道等领域。它以其高效、环保和耐用的特点，成为现代保温工程的首选方案。喷涂硬泡聚氨酯外保温系统由基层墙体、底漆层、保温层、界面砂浆和颗粒找平层及饰面层构成。界面层材料为界面砂浆；保温层材料为硬泡聚氨酯，直接喷涂在做好的基层上；饰面层可为涂料或面砖。当采用涂料饰面时，抹面层中应满铺耐碱网格布（图 1.11）；当采用面砖饰面时，抹面层中应满铺热镀锌电焊网，并用锚栓与基层形成可靠固定（图 1.12）。

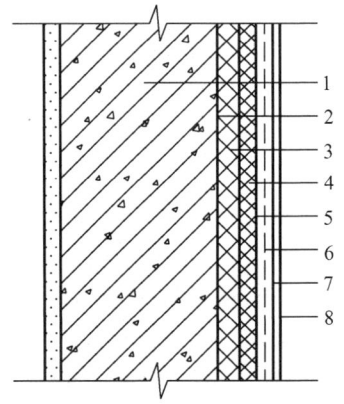

1—基层墙体；2—聚氨酯防潮底漆；3—聚氨酯保温层；4—聚氨酯界面砂浆；
5—胶粉聚苯颗粒找平层；6—抗裂砂浆复合耐碱网格布；7—柔性腻子；8—外墙涂料。

图 1.11 喷涂硬泡聚氨酯外保温系统（涂料饰面）构造

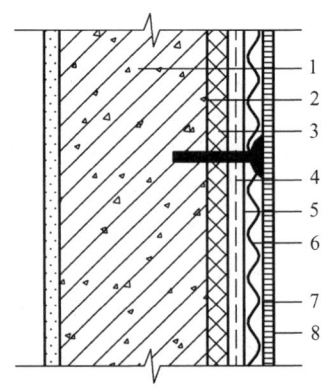

1—基层墙体；2—聚氨酯防潮底漆；3—聚氨酯保温层；4—聚氨酯界面砂浆；5—胶粉聚苯颗粒找平；
6—抗裂砂浆复合热镀锌电焊网（锚固件固定）；7—面砖黏结砂浆；8—面砖。

图 1.12 喷涂硬泡聚氨酯外保温系统（面砖饰面）构造

1.4.2 喷涂硬泡聚氨酯外保温系统施工工艺

1. 施工工艺流程

1）喷涂硬泡聚氨酯外保温系统（涂料饰面）施工工艺流程（图1.13）

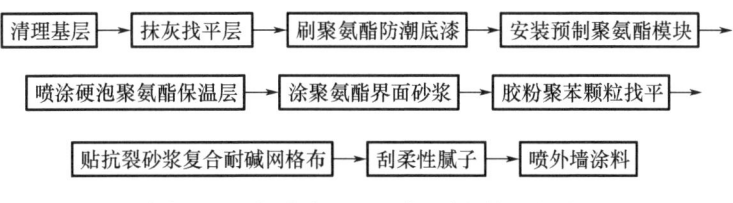

图1.13 喷涂硬泡聚氨酯外保温系统（涂料饰面）施工工艺流程

2）喷涂硬泡聚氨酯外保温系统（面砖饰面）施工工艺流程（图1.14）

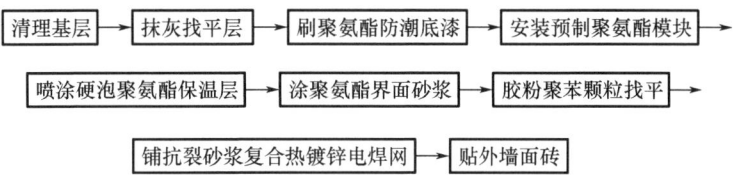

图1.14 喷涂硬泡聚氨酯外保温系统（面砖饰面）施工工艺流程

2. 操作要点

1）清理基层

（1）本系统的基层墙体为各类砌块墙或全现浇钢筋混凝土墙。

（2）基层墙体应坚实平整，符合现行国家标准《混凝土结构工程施工质量验收规范》（GB 50204—2015）或《砌体结构工程施工质量验收规范》（GB 50203—2011）的要求。

2）抹灰找平层

找平层施工应满足现行行业标准《抹灰砂浆技术规程》（JGJ/T 220—2010）的要求。

3）刷聚氨酯防潮底漆

（1）聚氨酯防潮底漆：稀释剂按0.5∶1质量比搅拌均匀，并在4h内用完。

（2）稀释好的聚氨酯防潮底漆应采用滚刷均匀地涂刷于基层墙体上。涂刷底漆应使基层墙面覆盖完全，不得有漏刷之处。

4）安装预制聚氨酯模块

（1）墙面挂线确定保温层厚度，根据保温层厚度制作预制聚氨酯模块。

（2）采用手锯或壁纸刀将预制聚氨酯模块裁成宽度为150mm～300mm、一边含坡口的条形模块，以及实际需要的不规则形状。

（3）将制成的模块用聚氨酯预制件胶黏剂粘贴在墙体阴阳角处。对于门窗洞口、装饰线角、女儿墙边沿等部位，用聚氨酯直角模裁成平板状，并沿其边口涂抹胶黏剂，然后将其紧密地粘贴在具有相同坡口的墙面上。

（4）预制聚氨酯模块粘贴完成24h后，用电锤在预制聚氨酯模块表面向内打孔，并用塑料螺栓固定，螺栓进墙深度不小于30mm，拧入或敲入螺栓，钉头不应超出板面，平均每个模板配1个～2个螺栓。

5）喷涂硬泡聚氨酯保温层

（1）喷涂硬泡聚氨酯的环境温度宜为10℃～40℃，风速应不大于5m/s（3级风），相对湿度应小于80%，雨天与雪天不得施工。当施工环境温度低于10℃时，应采取可靠的技术措施保证喷涂质量。

（2）硬泡聚氨酯宜采用高压无气喷涂机均匀地进行喷涂。喷枪头距作业面的距离应根据喷涂设备的压力进行调整，不宜超过1.5m。

（3）喷涂硬泡聚氨酯应多遍完成，每遍厚度不宜大于15mm，以免产生气泡或出现开裂现象。当日的施工作业面必须当日连续喷涂完毕。

（4）喷涂硬泡聚氨酯时应从直角模坡口处开始。上一层喷涂的硬泡聚氨酯表面不粘手后，才能喷涂下一层。

（5）硬泡聚氨酯喷涂第一遍后，在所喷涂硬泡层上插上与设计厚度相等的标准厚度钉，插钉间距宜为300mm～400mm，并呈梅花状分布。插钉之后继续施工，控制喷涂厚度刚好覆盖钉头为止，表面平整度允许偏差不大于6mm。

6）涂聚氨酯界面砂浆

硬泡聚氨酯保温层喷涂4h后，可采用滚子或喷斗将聚氨酯界面砂浆均匀地涂于硬泡聚氨酯保温层上。

7）胶粉聚苯颗粒找平

（1）硬泡聚氨酯喷涂完工至少等待48h使其充分熟化后，再进行胶粉聚苯颗粒找平层施工。

（2）胶粉聚苯颗粒找平层应分层施工，每层施工间隔24h以上，厚度不得超过10mm。

8）贴抗裂砂浆复合耐碱网格布

（1）保温层施工完毕3d～7d并经验收后可施工抗裂层。

（2）抹抗裂砂浆，压入耐碱网格布。先将3mm～4mm厚抗裂砂浆均匀地抹在保温层表面，然后立即将裁好的耐碱网格布用抹子压入抗裂砂浆内，耐碱网格布之间搭接不应小于50mm，并不得使耐碱网格布皱褶、空鼓、翘边。

（3）阳角处两侧耐碱网格布双向绕角相互搭接，各侧搭接宽度不小于200mm。

（4）门窗洞口四角应预先沿45°方向增贴300mm×400mm的附加耐碱网格布。

9）铺抗裂砂浆复合热镀锌电焊网

（1）热镀锌电焊网应按楼层间尺寸裁好，抹抗裂砂浆一般分两遍完成，第一遍厚度为3mm～4mm，随即竖向铺热镀锌电焊网并插丝，然后用抹子将热镀锌电焊网压入砂浆，其搭接宽度不应小于40mm，先压入一侧，抹抗裂砂浆，随即用锚栓将其固定（锚栓每平方米宜设5个，锚栓锚入墙体内深度应大于或等于50mm），再压入另一侧，严禁干搭。

（2）边口铺设热镀锌电焊网时，宜采取预制直角网片，并用锚固件固定。

（3）热镀锌电焊网应铺贴平整，饱满度应达到100%。抹第二遍找平抗裂砂浆时，将热镀锌电焊网包覆于抗裂砂浆之中，使抗裂砂浆的总厚度控制在10mm±2mm，抗裂砂浆面层应平整。

10）刮柔性腻子

在抗裂砂浆基层基本干燥后刮柔性腻子，宜刮两遍，使其表面平整光洁。

任务单元 1.5　机械固定钢丝网架板外保温系统

1.5.1　机械固定钢丝网架板外保温系统构造

机械固定钢丝网架板外保温系统由基层墙体、EPS钢丝网架板、抹面层、机械固定装置及饰面层构成，其保温层材料为EPS钢丝网架板，用机械固定装置与基层形成可靠固定（图1.15）。

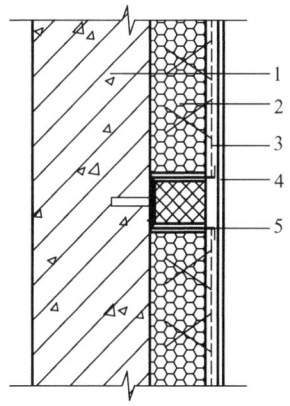

1—基层；2—EPS钢丝网架板；3—掺外加剂的水泥砂浆厚抹面层；
4—饰面层；5—机械固定装置。

图1.15　机械固定钢丝网架板外保温系统构造

1.5.2　机械固定钢丝网架板外保温系统施工工艺

1. 施工工艺流程（图1.16）

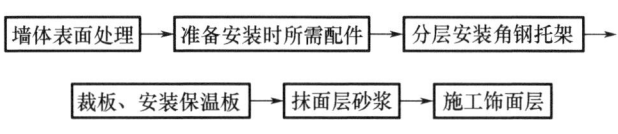

图1.16　机械固定钢丝网架板外保温系统施工工艺流程

2. 操作要点

1）墙体表面处理

（1）墙面应清理干净，无油渍、浮尘等，旧墙面松动、风化部分应剔凿清除干净。

（2）基层墙体应坚实平整，符合现行国家标准《混凝土结构工程施工质量验收规范》（GB 50204—2015）或《砌体结构工程施工质量验收规范》（GB 50203—2011）的要求。

2）分层安装角钢托架

在建筑物每层梁上（楼板下 −40mm 处），根据保温板厚度增设角钢，作为保温板的支撑。角钢用 M12 金属锚栓固定在墙面上，膨胀螺栓间距为 100mm，并在角钢上下面各焊一根 $\phi 6$ 钢筋，长 100mm，间距 150mm，用于保温板两端的钢丝架绑扎。

3）裁板、安装保温板

（1）按排板图施工，排板图应按墙体位置分段画出，图中须标明轴线位置、预留洞口尺寸。

（2）所配板块分标准板和异形板，异形板须安排专人加工，并单独编号、分类堆放。

（3）安装保温板时应注意板缝拼接严密、板面平整、下料切锯平直、裁剪得当。保温板除层间拼缝外，不应出现水平拼缝，竖向拼缝应上下一致。

（4）保温板安装前应根据角钢的支撑高度或外挑檐之间的高度把保温板裁好。根据排板图，在建筑物墙面上用墨线画出保温板和金属锚栓的安装位置，用电锤在墙面打孔用于安装金属锚栓。锚栓锚入墙体内的孔深应大于 30mm，对于加气混凝土基层，锚栓应用 L 形 $\phi 6$ 锚固钢筋穿透基层锚固。

（5）将保温板安装在预定位置。安装时应将角钢上下面的钢筋与保温板两端的钢丝架绑扎牢固，用金属锚栓把 U 形镀锌薄钢板网卡（简称"U 形网卡"）固定在墙面上，U 形网卡两端压住钢丝网架，U 形网卡每平方米不少于 7 个，最后将保温板缝用平网或角网加固补强，门窗洞口处四周用连接网补强。

（6）保温板安装完毕后进行质量检查、校正、补强。

4）抹面层砂浆

外墙饰面抗裂砂浆抹灰应分为挂浆底层和面层。先抹一层底灰，填满梯形凹槽，然后用砂浆刮糙找平，并覆盖钢丝网 1mm ~ 2mm。分层抹灰时，待底层抹灰初凝后方可进行面层抹灰，每层抹灰厚度不大于 10mm，抹灰总厚度不宜大于 30mm（从保温板凹槽表面起算）。

任务单元 1.6 保温装饰板外保温系统

1.6.1 保温装饰板外保温系统构造

保温装饰板外保温系统由基层、黏结层、锚固件、保温装饰板（图 1.17）、嵌缝材料和密封材料等构成。施工时，可以采用以粘为主、粘锚结合的方式（图1.18）或机械锚固方式（图1.19）将保温装饰板固定在基层上，并采用保温、嵌缝材料封填板缝。

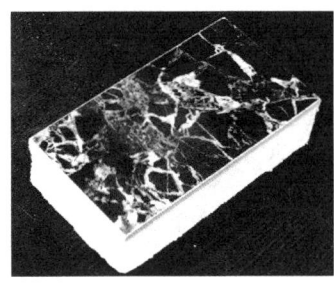

图1.17 保温装饰板

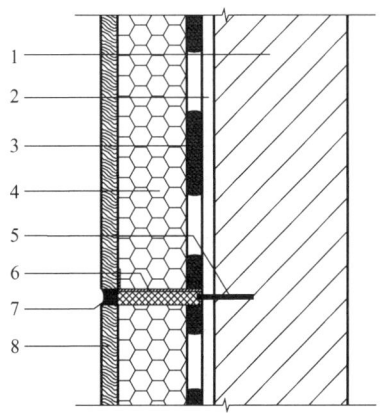

1—基层；2—防水找平层；3—胶黏剂；4—保温材料；5—锚固件；
6—嵌缝材料；7—勾缝密封胶；8—装饰板。

图1.18 保温装饰板粘锚系统构造

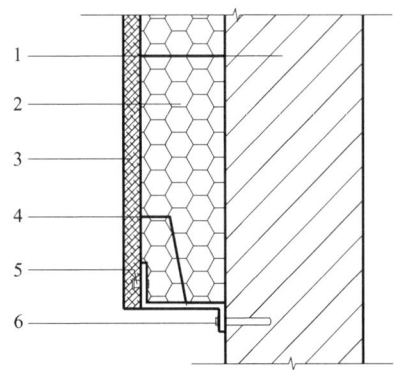

1—基层；2—保温材料；3—装饰板；4—连接件；
5—锚固件1（面板与连接件）；6—锚固件2（连接件与墙体或龙骨）。

图1.19 保温装饰板机械锚固系统构造

1.6.2 保温装饰板外保温系统施工工艺

1. 施工工艺流程

1）保温装饰板粘锚系统施工工艺流程（图1.20）

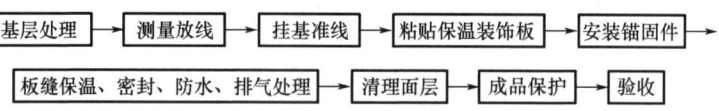

图1.20 保温装饰板粘锚系统施工工艺流程

2）保温装饰板机械锚固系统施工工艺流程（图1.21）

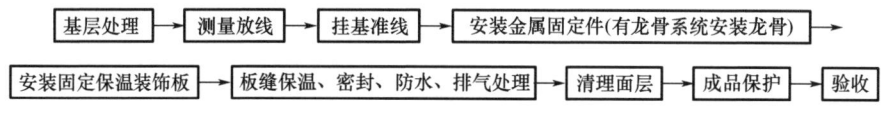

图1.21 保温装饰板机械锚固系统施工工艺流程

2. 操作要点

1）基层处理

（1）基层应坚实、平整、干燥、干净，基层施工质量除应符合现行国家标准《建筑装饰装修工程质量验收标准》(GB 50210—2018)、《建筑工程施工质量验收统一标准》(GB 50300—2013)外，尚应符合系统使用说明书的要求。

（2）新建建筑基层墙体应采用强度不低于M7.5的聚合物水泥砂浆抹面，抹灰层厚度不宜大于15mm，抹灰层允许尺寸偏差应符合现行国家标准《建筑装饰装修工程质量验收标准》(GB 50210—2018)的要求。

（3）对既有建筑墙体进行保温改造时，应对外墙原有装饰面进行检查，外墙原有装饰面经检查验收合格后方能进行外墙外保温施工。

（4）基层墙体不满足要求时，应按以下方法进行处理。

① 对新建工程，墙面垂直度、平整度不满足部分应剔凿或修补。抹灰工程应分层进行，当抹灰总厚度大于或等于35mm时，应采取加强措施。

② 对既有建筑墙体进行保温改造时，基层不能保证与保温装饰板黏结牢固的部分，应清除干净并进行修补和找平。基层经检查验收合格后，方可进行下道工艺施工。

2）测量放线

根据建筑立面设计，在墙面弹出门窗口水平线、垂直控制线、分隔缝线等。

3）挂基准线

在建筑物四大角及其他必要处挂垂直基准线，在每个楼层适当位置挂水平线，以便控制保温装饰板的垂直度及平整度。

4）保温装饰板粘锚系统保温装饰板安装

（1）粘贴保温装饰板。

① 安装前，应按保温装饰板的规格、设计要求及施工现场的尺寸进行排板，并编

号、标记。需裁切的保温装饰板应布置在阴阳角部位,板宽不应小于300mm。

② 安装前,应严格按照生产厂家提供的配合比及使用说明书配制胶黏剂,配制胶黏剂应由专人负责。胶黏剂应随用随搅拌,已搅拌好的胶黏剂应在2h～4h内用完。

③ 施工顺序:垂直方向应由下到上,水平方向应先阳角后阴角,先大面,后小面及洞口。

④ 粘贴方法可采用点粘法或满粘法,采用点粘法时胶黏剂厚度必须控制在3mm～8mm,粘贴面应满足设计要求,且粘贴面应不小于50%,不得在板的侧面涂抹胶黏剂。

⑤ 粘贴时,应轻柔、均匀地挤压保温装饰板,注意清除板边溢出的胶黏剂,并随时用2m靠尺和托线板检查垂直度和平整度。

(2) 安装锚固件。

① 锚固件安装应用电锤钻孔,进入基层的锚固深度不应小于35mm。

② 锚固件数量每平方米不应少于6个。

③ 扣件应采用不锈钢金属件,其伸入板内长度不应小于25mm,且应受力于面板或加强板,而不得直接受力于保温板。

④ 膨胀管件伸入墙体长度应大于35mm,材质可采用尼龙(严禁使用再生料),锚栓可采用热镀锌或不锈钢材质。

5) 保温装饰板机械锚固系统保温装饰板安装

(1) 安装金属固定件。

按专项施工方案和产品说明书的要求在墙面相应位置设置钻孔点,安装时采用电锤钻孔,然后用膨胀螺栓将金属固定件牢固地锚定在墙体上。膨胀螺栓的安装间距应小于200mm,并宜按梅花状排列。建筑物高度在36m以下时,膨胀螺栓每平方米不少于5个;建筑物高度在36m以上时,膨胀螺栓每平方米不少于7个。当保温装饰板厚度超过100mm时,膨胀螺栓间距应适当缩小。

(2) 安装龙骨。

龙骨按照墙面上的纵横向位置线进行安装,采用膨胀螺栓固定龙骨时,用电锤钻孔,膨胀螺栓锚固深度不小于50mm。

(3) 安装固定保温装饰板。

① 按专项施工方案和产品说明书的要求编号进行安装。

② 当采用专用金属挂件安装固定时,应按照相应系统的安装方式固定。除采用专用金属挂件安装外,还可采用膨胀螺栓固定。

③ 施工顺序:垂直方向应由下到上,水平方向应先阳角后阴角,先大面,后小面及洞口。

6) 板缝保温、密封、防水、排气处理

(1) 用专用工具清理板缝两侧的飞边、毛刺及溢出的胶黏剂,按设计要求填塞板缝。

(2) 用泡沫塑料或聚苯乙烯做保温棒时,直径或宽度应为板缝宽的1.3倍,填入的厚度应与保温层厚度相同。

(3) 对板缝进行密封及防水处理时,深度应为板缝宽的50%左右。

（4）排气孔宜设置在板缝处，待密封胶施工完毕24h后，在板缝中间或十字交叉处安设。排气孔按每15m²设置1个，钻同排气栓相匹配的孔，并在孔内和排气栓四周涂上密封胶后，将排气栓嵌入孔中（要求排气孔朝下，以防进水及避免气孔堵塞）。安装排气栓时，粘贴必须牢固无渗漏，在靠近建筑顶部或女儿墙处应安装大号排气栓。

7）清理面层

（1）揭保护膜应在粘贴保温板完毕1个月后进行，清洁板面应在拆除外架前进行。

（2）待所有工艺全部完成后，撕去板面保护膜和打胶时粘贴的美纹纸。如板面不慎留有密封胶，应及时用布蘸专用清洁剂清除，再用清水布清除一遍。严禁用硬度超过板面的工具剔除，防止损坏装饰板面。

任务单元 1.7　墙体自保温系统

1.7.1　墙体自保温系统构造

墙体自保温系统就是由自保温砖或自保温砌块砌筑而成、两侧不再进行保温隔热处理的墙体。其热工性能需要满足建筑所在地区现行建筑节能设计标准中外墙热工性能的规定。

1.7.2　墙体自保温系统施工工艺

墙体自保温系统的施工工艺与普通砌筑墙体的施工工艺完全相同。

1. 施工工艺流程（图1.22）

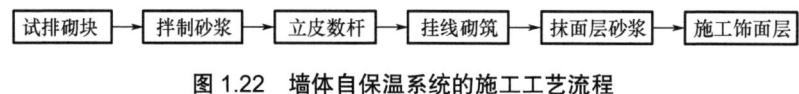

图1.22　墙体自保温系统的施工工艺流程

2. 操作要点

1）试排砌块

根据设计图纸及各部位尺寸排砖摆底，确保组砌方法合理，便于操作。

2）拌制砂浆

砂浆应随拌随用，砂浆拌和后和使用中，当出现泌水现象时，应在砌筑前再次拌和。水泥砂浆和水泥混合砂浆应分别在拌成后3h和4h内使用完毕。当施工期间最高气温超过30℃时，必须在拌成后2h和3h内使用完毕。

3）立皮数杆

（1）砌体的施工应设置皮数杆，并根据设计要求、砖规格和灰缝厚度，在皮数杆上标明皮数及竖向构造的变化部位。各种预留洞、预埋件等应按设计图纸要求设置，避免事后剔凿。

（2）墙体标高偏差宜通过调整上部灰缝厚度逐步校正，当偏差超出允许范围时，承重墙体标高偏差应在基础顶面、圈梁或梁顶面上校正，填充墙标高偏差应在墙中部设混凝土腰带校正。

4）挂线砌筑

（1）砌体灰缝应横平竖直，水平灰缝厚度和竖向灰缝宽度宜为10mm，但不应小于8mm，也不应大于12mm。

（2）砌体灰缝砂浆应饱满，水平灰缝的砂浆饱满度不得低于90%，竖向灰缝不得出现透明缝、瞎缝、假缝和通缝，严禁用水冲浆灌缝。

（3）砌筑砌体时，孔洞位置应按产品标识的方向摆放。

（4）设置构造柱的墙体应先砌墙，后浇混凝土。

（5）填充墙砌筑至顶部时应预留一定的空隙，待砌体砌筑完毕至少7d后才能进行顶部斜砌（角度为60°~75°）顶紧。

（6）砌筑时，在抗震设防地区应采用一铲灰、一块砖、一揉压的"三一"砌砖法砌筑。在非抗震设防地区可采用铺浆法砌筑，铺浆长度不得超过750mm；当施工期间最高气温高于30℃时，铺浆长度不得超过500mm。

（7）构造柱砖墙应砌成大马牙槎，从柱脚开始两侧都应先退后进，每一个马牙槎沿高度方向的尺寸不宜超过300mm。拉结筋按设计要求放置。构造柱内的落地灰、砖渣杂物必须清理干净，防止混凝土内夹渣。

（8）除设置构造柱的部位外，砌体的转角处和交接处应同时砌筑，对不能同时砌筑而又必须留置的临时间断处，应砌成斜槎，斜槎高不大于1.2m。临时间断处的高度差，不得超过一步脚手架的高度。

（9）砌体工作段的分段位置宜设在伸缩缝、沉降缝、防震缝、构造柱处。

（10）构造柱、混凝土腰带、过梁等热桥部位应按设计要求进行处理。

任务单元1.8 墙体节能工程的质量标准与验收

1.8.1 主控项目的质量标准与检验方法

（1）墙体节能工程使用的材料、构件应进行进场验收，验收结果应经监理工程师检查认可，且应形成相应的验收记录。各种材料和构件的质量证明文件与相关技术资料应齐全，并应符合设计要求和国家现行有关标准的规定。

检验方法：观察、尺量检查；核查质量证明文件。

检查数量：按进场批次，每批随机抽取3个试样进行检查；质量证明文件应按其出厂检验批进行核查。

（2）严寒和寒冷地区外保温使用的抹面材料，其冻融试验结果应符合该地区最低气温环境的使用要求。

检验方法：核查质量证明文件。

检查数量：全数检查。

(3) 墙体节能工程施工前应按照设计和专项施工方案的要求对基层进行处理，处理后的基层应符合要求。

检验方法：对照设计和专项施工方案观察检查；核查隐蔽工程验收记录。

检查数量：全数检查。

(4) 墙体节能工程各层构造做法应符合设计要求，并应按照经过审批的专项施工方案施工。

检验方法：对照设计和专项施工方案观察检查；核查隐蔽工程验收记录。

检查数量：全数检查。

(5) 外墙采用预置保温板现场浇筑混凝土墙体时，保温板的安装位置应正确，接缝应严密；保温板应固定牢固，在浇筑混凝土过程中不应移位、变形；保温板表面应采取界面处理措施，与混凝土黏结应牢固。

检验方法：观察、尺量检查；核查隐蔽工程验收记录。

检查数量：隐蔽工程验收记录全数核查；其他项目按国家标准《建筑节能工程施工质量验收标准》（GB 50411—2019）第3.4.3条的规定抽检。

(6) 墙体节能工程各类饰面层的基层及面层施工，应符合设计且应符合现行国家标准《建筑装饰装修工程质量验收标准》（GB 50210—2018）的规定，并应符合下列规定。

① 饰面层施工前应对基层进行隐蔽工程验收。基层应无脱层、空鼓和裂缝，并应平整、洁净，含水率应符合饰面层施工的要求。

② 外墙外保温工程不宜采用粘贴饰面砖作饰面层；当采用时，其安全性与耐久性必须符合设计要求。饰面砖应做黏结强度拉拔试验，试验结果应符合设计和有关标准的规定。

③ 外墙外保温工程的饰面层不得渗漏。当外墙外保温工程的饰面层采用饰面板开缝安装时，保温层表面应覆盖具有防水功能的抹面层或采取其他防水措施。

④ 外墙外保温层及饰面层与其他部位交接的收口处，应采取防水措施。

检验方法：观察检查；核查隐蔽工程验收记录和检验报告。黏结强度应按照现行行业标准《建筑工程饰面砖粘结强度检验标准》（JGJ/T 110—2017）的有关规定检验。

检查数量：黏结强度应按照现行行业标准《建筑工程饰面砖粘结强度检验标准》（JGJ/T 110—2017）的有关规定抽样。其他为全数检查。

(7) 保温砌块砌筑的墙体，应采用配套砂浆砌筑。砂浆的强度等级及导热系数应符合设计要求。砌体灰缝饱满度不应低于80%。

检验方法：对照设计检查砂浆品种，用百格网检查灰缝砂浆饱满度。核查砂浆强度及导热系数试验报告。

检查数量：砂浆品种和强度试验报告全数核查。砂浆饱满度每楼层的每个施工段至少抽查1次，每次抽查5处，每处不少于3个砌块。

(8) 采用预制保温墙板现场安装的墙体，应符合下列规定。

① 保温墙板的结构性能、热工性能及与主体结构的连接方法应符合设计要求，与主体结构连接必须牢固。

② 保温墙板的板缝处理、构造节点及嵌缝做法应符合设计要求。

③ 保温墙板板缝不得渗漏。

检验方法：核查型式检验报告、出厂检验报告和隐蔽工程验收记录。对照设计观察检查；淋水试验检查。

检查数量：型式检验报告、出厂检验报告全数检查；板缝不得渗漏，可按照扣除门窗洞口后的保温墙面面积，在 5000m² 以内时应检查 1 处，面积每增加 5000m² 应增加 1 处；其他项目按国家标准《建筑节能工程施工质量验收标准》（GB 50411—2019）第 3.4.3 条的规定抽检。

（9）外墙采用保温装饰板时，应符合下列规定。

① 保温装饰板的安装构造、与基层墙体的连接方法应符合设计要求，连接必须牢固。

② 保温装饰板的板缝处理、构造节点做法应符合设计要求。

③ 保温装饰板板缝不得渗漏。

④ 保温装饰板的锚固件应将保温装饰板的装饰面板固定牢固。

检验方法：核查型式检验报告、出厂检验报告和隐蔽工程验收记录。对照设计观察检查；淋水试验检查。

检查数量：型式检验报告、出厂检验报告全数检查；板缝不得渗漏，应按照扣除门窗洞口后的保温墙面面积，在 5000m² 以内时应检查 1 处，面积每增加 5000m² 应增加 1 处；其他项目按国家标准《建筑节能工程施工质量验收标准》（GB 50411—2019）第 3.4.3 条的规定抽检。

（10）采用防火隔离带构造的外墙外保温工程施工前编制的专项施工方案应符合现行行业标准《建筑外墙外保温防火隔离带技术规程》（JGJ 289—2012）的规定，并应制作样板墙，其采用的材料和工艺应与专项施工方案相同。

检验方法：核查专项施工方案、检查样板墙。

检查数量：全数检查。

（11）防火隔离带组成材料应与外墙外保温组成材料相配套。防火隔离带宜采用工厂预制的制品现场安装，并应与基层墙体可靠连接，防火隔离带面层材料应与外墙外保温一致。

检验方法：对照设计观察检查。

检查数量：全数检查。

（12）建筑外墙外保温防火隔离带保温材料的燃烧性能等级应为 A 级，并应符合国家标准《建筑节能工程施工质量验收标准》（GB 50411—2019）第 4.2.3 条的规定。

检验方法：核查质量证明文件及检验报告。

检查数量：全数检查。

（13）墙体内设置的隔汽层，其位置、材料及构造做法应符合设计要求。隔汽层应完整、严密，穿透隔汽层处应采取密封措施。隔汽层凝结水排水构造应符合设计要求。

检验方法：对照设计观察检查；核查质量证明文件和隐蔽工程验收记录。

检查数量：全数检查。

（14）外墙和毗邻不供暖空间墙体上的门窗洞口四周墙的侧面，墙体上凸窗四周的侧面，应按设计要求采取节能保温措施。

检验方法：对照设计观察检查；采用红外热像仪检查或剖开检查；核查隐蔽工程验收记录。

检查数量：按国家标准《建筑节能工程施工质量验收标准》（GB 50411—2019）第3.4.3条的规定抽检，最小抽样数量不得少于5处。

（15）严寒和寒冷地区外墙热桥部位，应按设计要求采取隔断热桥措施。

检验方法：对照设计和专项施工方案观察检查；核查隐蔽工程验收记录；使用红外热像仪检查。

检查数量：隐蔽工程验收记录应全数检查。隔断热桥措施按不同种类，每种抽查20%，并不少于5处。

1.8.2 一般项目的质量标准与检验方法

（1）当节能保温材料与构件进场时，其外观和包装应完整无破损。

检验方法：观察检查。

检查数量：全数检查。

（2）当采用增强网作为防止开裂的措施时，增强网的铺贴和搭接应符合设计和专项施工方案的要求。砂浆抹压应密实，不得空鼓，增强网应铺贴平整，不得皱褶、外露。

检验方法：观察检查；核查隐蔽工程验收记录。

检查数量：每个检验批抽查不少于5处，每处不少于$2m^2$。

（3）除国家标准《建筑节能工程施工质量验收标准》（GB 50411—2019）第4.2.19条规定之外的其他地区，设置集中供暖和空调的房间，其外墙热桥部位应按设计要求采取隔断热桥措施。

检验方法：对照专项施工方案观察检查；核查隐蔽工程验收记录。

检查数量：隐蔽工程验收记录应全数检查。隔断热桥措施按不同种类，按国家标准《建筑节能工程施工质量验收标准》（GB 50411—2019）第3.4.3条的规定抽检，最小抽样数量每种不得少于5处。

（4）施工产生的墙体缺陷，如穿墙套管、脚手架眼、孔洞、外门窗框或附框与洞口之间的间隙等，应按照专项施工方案采取隔断热桥措施，不得影响墙体热工性能。

检验方法：对照专项施工方案检查施工记录。

检查数量：全数检查。

（5）墙体保温板材的粘贴方法和接缝方法应符合专项施工方案要求，保温板接缝应平整严密。

检验方法：对照专项施工方案，剖开检查。

检查数量：每个检验批抽查不少于5块保温板材。

（6）外墙保温装饰板安装后表面应平整，板缝均匀一致。

检验方法：观察检查。

检查数量：每个检验批抽查10%，并不少于10处。

（7）墙体上的阳角、门窗洞口及不同材料基体的交接处等部位，其保温层应采取防止开裂和破损的加强措施。

检验方法：观察检查；核查隐蔽工程验收记录。

检查数量：按不同部位，每类抽查10%，并不少于5处。

（8）采用现场喷涂或模板浇注的有机类保温材料做外保温时，有机类保温材料应达到陈化时间后方可进行下道工序施工。

检查方法：对照专项施工方案和产品说明书进行检查。

检查数量：全数检查。

1.8.3 墙体节能工程验收要求

（1）主体结构完成后进行施工的墙体节能工程，应在基层质量验收合格后施工，施工过程中应及时进行质量检查、隐蔽工程验收和检验批验收，施工完成后应进行墙体节能分项工程验收。与主体结构同时施工的墙体节能工程，应与主体结构一同验收。

（2）墙体节能工程应对下列部位或内容进行隐蔽工程验收，并应有详细的文字记录和必要的图像资料。

① 保温层附着的基层及其表面处理。

② 保温板黏结或固定。

③ 被封闭的保温材料厚度。

④ 锚固件及锚固节点做法。

⑤ 增强网铺设。

⑥ 抹面层厚度。

⑦ 墙体热桥部位处理。

⑧ 保温装饰板、预置保温板或预制保温墙板的位置、界面处理、板缝、构造节点及固定方式。

⑨ 现场喷涂或浇注有机类保温材料的界面。

⑩ 保温隔热砌块墙体。

⑪ 各种变形缝处的节能施工做法。

项目小结

本项目介绍了粘贴保温板保温系统、现浇混凝土外保温系统、喷涂硬泡聚氨酯外保温系统、机械固定钢丝网架板外保温系统、保温装饰板外保温系统和墙体自保温系统等墙体节能系统的构造、施工工艺、质量标准和检验方法。

习题

一、单选题

1.墙体节能工程在建筑节能中发挥的作用是（　　）。

A.减少墙体的热能传导性能

B. 增加墙体的热能传导性能

C. 作为保温隔热系统

D. 防止墙体热胀冷缩

2. 粘贴保温板保温系统是（　　）。

A. 在墙体上粘贴一层 EPS 板

B. 在墙体上粘贴一层 XPS 板

C. 在墙体上粘贴一层 PU 板

D. 由黏结层、保温层、抹面层和饰面层构成。黏结层材料为胶黏剂，保温层材料可为 EPS 板、XPS 板和 PU 板；抹面层材料为抹面胶浆，抹面胶浆中满铺加强网；饰面层材料可为饰面涂料或饰面砂浆

3. 现浇混凝土外保温系统的保温层是（　　）。

A. 在混凝土基层外涂抹一层胶粉聚苯颗粒保温浆料

B. 在现浇混凝土基层外侧固定一层 EPS 板

C. 在混凝土基层外涂抹现场拌和的保温砂浆

D. 在外墙现浇一层保温混凝土

4. 喷涂硬泡聚氨酯外保温系统的保温层是（　　）。

A. 在墙体上喷涂的一层胶粉聚苯颗粒保温浆料

B. 现场在墙体基层上喷涂一层聚氨酯液体，经发泡结硬形成的细孔硬质聚氨酯泡沫

C. 在硬泡聚氨酯外喷涂一层保温砂浆

D. 在现浇混凝土上喷涂一层硬泡聚氨酯

5. 机械固定钢丝网架板外保温系统构造（　　）。

A. 由基层墙体、EPS 钢丝网架板、抹面层及饰面层构成

B. 由 EPS 钢丝网架板、机械固定装置构成

C. 由基层墙体、EPS 钢丝网架板及饰面层构成

D. 由基层墙体、网架板、抹面层构成

6. 保温装饰板外保温系统的固定方式有（　　）。

A. 粘锚结合方式

B. 机械锚固方式

C. 黏结方式

D. 粘锚结合方式和机械锚固方式

7. 墙体自保温系统的节能方式是（　　）。

A. 墙体材料隔热　　　　　　　　B. 墙面装饰材料隔热

C. 外墙保温板隔热　　　　　　　D. 内墙保温板隔热

二、多选题

1. 墙体保温板有（　　）。

A. EPS 板　　B. XPS 板　　C. PU 板　　D. 聚苯板　　E. 木板

2. 现浇混凝土外保温系统有（　　）。

A. 无网系统　　B. 有网系统　　C. 粘贴系统　　D. 锚固系统

E. 复合保温系统

3. 喷涂硬泡聚氨酯外保温系统有（　　）。
A. 有网饰面　　B. 涂料饰面　　C. 面砖饰面　　D. 无网饰面
E. 装饰砂浆饰面
4. 下列不属于机械固定钢丝网架板外保温系统的保温材料有（　　）。
A. 钢丝网架板　　　　　　B. EPS 网架板
C. EPS 钢丝网架板　　　　D. EPS 板
E. 岩棉钢丝网架板
5. 保温装饰板外保温粘锚系统的主要层次有（　　）。
A. 基层　　　B. 黏结层　　　C. 保温层　　　D. 锚固层
E. 饰面层
6. 下列关于墙体自保温系统说法正确的有（　　）。
A. 是由自保温砖或自保温砌块砌筑而成、两侧不再进行保温隔热处理的墙体
B. 是由自保温砖砌筑而成、两侧不再进行保温隔热处理的墙体
C. 是由自保温砌块砌筑而成、两侧不再进行保温隔热处理的墙体
D. 是同时在墙外侧涂抹一层胶粉聚苯颗粒和玻化微珠保温浆料的墙体
E. 以上都是
7. 墙体节能工程采用的保温材料和黏结材料等，进场时应对其（　　）性能进行复验。
A. 保温板材的导热系数、密度、抗压强度或压缩强度
B. 黏结材料的黏结强度
C. 增强网的力学性能
D. 增强网的抗腐蚀性能
E. 保温材料的导热系数、密度、抗拉压强度
8. 采用保温墙板现场安装的墙体，应符合下列（　　）规定。
A. 保温墙板应有型式检验报告，其中应包含安装性能的检验
B. 保温墙板的结构性能、热工性能及与主体结构的连接方法应符合设计要求
C. 保温墙板的板缝、构造节点及嵌缝做法应符合设计要求
D. 保温墙板板缝不得渗漏
E. 保温墙板与主体结构连接必须牢固

三、问答题
1. 简述粘贴保温板保温系统的构造。
2. 现浇混凝土外保温系统有几类？每类的构造是怎样的？
3. 机械固定钢丝网架板外保温系统构造的最大特点是什么？
4. 什么是墙体自保温系统？自保温墙体与普通墙体的区别是什么？
5. 墙体节能工程各种构造的质量标准和检验方法是怎样的？

综合实训

【实训目标】

通过实践，熟悉墙体保温节能工程的一般施工程序、施工要领，习得墙体保温节能工程的基本施工能力。

【实训要求】

（1）根据学校实训条件，选择一种墙体保温节能工程，以小组为单位进行实训。

（2）每小组在层高3m、宽3.6m的墙面上施工保温节能工程。

（3）编写所选墙体保温节能工程的施工方案［含施工准备（技术准备、材料准备、机具准备），施工流程，操作要点，实施计划］。

（4）在校内实训场真实操作，提交成品。

项目 2 幕墙节能工程

思维导图

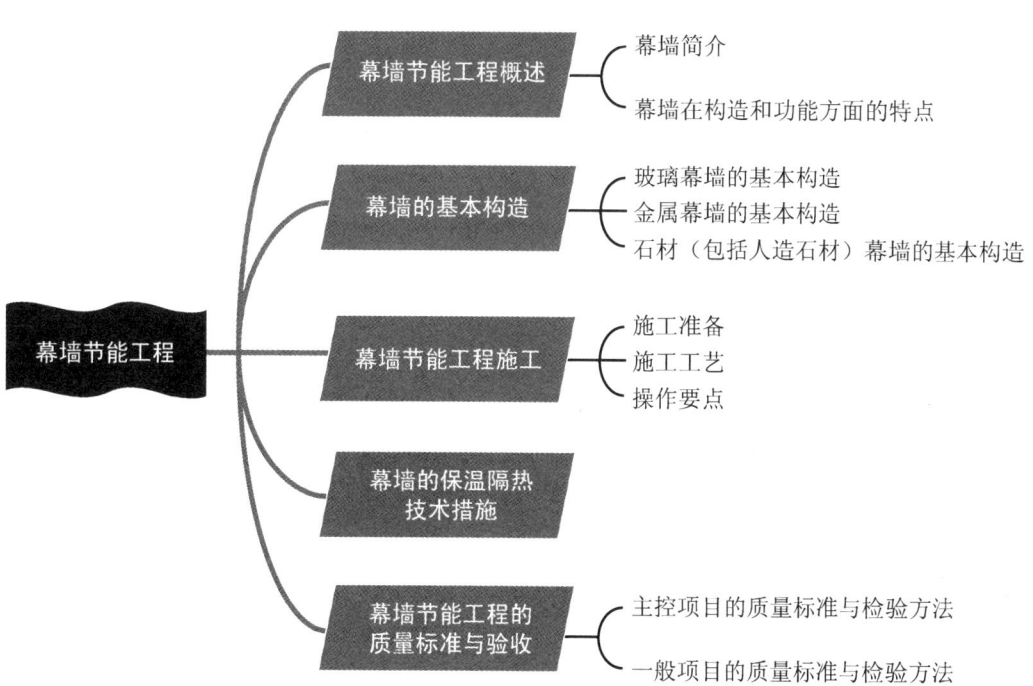

引言

幕墙凭借其美观、轻质、耐久及易维护等优势，已成为现代建筑围护结构的主流选择。作为建筑外围护结构的重要组成部分，幕墙的节能性能会直接影响建筑整体能效。透明幕墙需满足遮阳系数、传热系数等节能要求，而非透明幕墙则在传热系数及热工性能方面有一定要求，以避免结露等问题。通过合理设计与施工，幕墙不仅能实现轻质美观的建筑效果，还能显著提升建筑的节能性能。

任务单元 2.1 幕墙节能工程概述

幕墙节能工程概述

2.1.1 幕墙简介

幕墙包括玻璃幕墙（透明幕墙）、金属幕墙、石材（包括人造石材）幕墙等，种类非常多。

玻璃幕墙的可视部分属于透明幕墙。对于透明幕墙，建筑节能设计标准中对其有遮阳系数、传热系数、可见光透射比、气密性能等相关要求。为了保证幕墙的正常使用功能，在热工方面对玻璃幕墙还有抗结露要求、通风换气要求等。

玻璃幕墙的不透明部分，以及金属幕墙、石材（包括人造石材）幕墙等，都属于非透明幕墙。对于非透明幕墙，建筑节能的指标要求主要是传热系数。但同时，考虑到建筑节能问题，还需要在热工方面有相应要求，包括避免幕墙内部或室内表面出现结露，以及防止冷凝水污损室内装饰或功能构件等。

虽然在建筑中大量使用玻璃幕墙对建筑节能非常不利，但如果能结合使用金属幕墙、石材（包括人造石材）幕墙等，就能很好地解决节能问题，达到既轻质、美观，又满足节能要求的目的。

2.1.2 幕墙在构造和功能方面的特点

（1）具有完整的结构体系。幕墙通常是由支承结构和面板组成的，支承结构可以是钢桁架、单索、平面网索、自平衡拉索（拉杆）体系、鱼腹式拉索（拉杆）体系、玻璃肋、立柱、横梁等，面板可以是玻璃板、石材板、铝板、陶瓷板、陶土板、金属板、彩色混凝土板等。整个幕墙体系通过连接件，如预埋件或化学锚栓挂在建筑主体结构上。

（2）幕墙自身应能承受风荷载、地震荷载和温差作用，并将它们传递到主体结构上。

（3）幕墙应能承受较大的自身平面外和平面内的变形，并具有相对于主体结构较大的变形能力。

（4）幕墙不分担主体结构所受的荷载和作用。

（5）抵抗温差作用能力强。当外界温度变化时，建筑结构会因热胀冷缩效应而产生相应的体积变化。在炎热的夏季，由于气温显著升高，建筑物会大量吸收周围环境中的热量，导致建筑材料因热胀冷缩效应而趋于伸长。然而，建筑物的自重又会限制着这种伸长的自由发生。在自重与热膨胀力的双重作用下，建筑结构内部会产生巨大的应力。若这种应力得不到有效释放，建筑结构就很可能会因此被挤压变形，甚至出现弯曲、裂痕乃至压碎等严重后果。在寒冷的冬季，由于气温非常低，建筑结构会发生显著的收缩。由于建筑物各部分结构之间的相互束缚，这种收缩无法自由进行，从而导致建筑结构内部产生巨大的拉力。这种拉力如果超过材料的承受极限，就可能会把建筑结构拉裂甚至拉断。所以，长的建筑物需设置伸缩缝以应对温度变化引起的热胀冷缩，将其分成几个独立单元，而高层建筑则需要通过其他方式处理这一问题。

由于高楼大厦高度高、结构复杂，不能简单地通过水平分段的方式来解决其结构因热胀冷缩而产生的问题。为了应对这一挑战，建筑师们采用了幕墙这一创新设计。幕墙将整个建筑结构紧密地包围起来，使建筑结构不直接暴露于室外空气中。这种设计显著减少了因季节变化而引起的建筑结构热胀冷缩现象，大大降低了热胀冷缩对结构的损害风险，保证了建筑主体结构在温差作用下的安全。

（6）抗震能力强。砌体填充墙的抗震能力较差，具体来说，当平面内产生1/1000的位移时，砌体填充墙就可能开裂；当位移达到1/300时，墙体就会遭受严重破坏。因此，砌体填充墙一般在小震下就可能产生破损，中震下则会破坏严重。由于砌体填充墙被填充在主体结构内，与主体结构之间不能有相对位移，这导致其在自身平面内的变形能力非常有限。当地震发生时，砌体填充墙与主体结构一起震动，很容易因无法承受地震波带来的变形而开裂，甚至破坏。相比之下，幕墙则展现出了较强的抗震能力。其支承结构一般采用铰连接，这种连接方式使得幕墙在地震中能够有一定的活动空间，从而减少了地震波对幕墙的直接冲击。此外，幕墙的面板之间留有宽缝，这些缝隙在地震时能够吸收和分散部分变形能量，进一步增强幕墙的抗震性能。因此，尽管主体结构在地震波作用下可能会摇晃，但幕墙通常都能够保持安全无恙，能够承受1/100～1/60的大位移、大变形。

（7）节省基础和主体结构的费用。具体来说，玻璃幕墙的质量仅相当于传统砖墙的1/10，相当于混凝土墙板的1/7。以具体数据为例，370mm厚的砖墙质量为760kg/m²，200mm厚的空心砖墙质量为250kg/m²，而玻璃幕墙的质量却仅有35kg/m²～40kg/m²。这一显著的质量差异使得玻璃幕墙在应用中能够极大地减轻主体结构的负担。此外，铝单板幕墙的质量更轻，其质量只有20kg/m²～25kg/m²，这比玻璃幕墙还要轻，这种轻盈的特性使得铝单板幕墙在高层建筑和大型公共设施等需要减轻结构自重的场合具有显著优势。

（8）可用于旧建筑的更新改造。幕墙是悬挂在主体结构外侧的一种轻质围护结构，它并不承担建筑主体的荷载。这一特性使得幕墙在旧建筑的更新改造中发挥了重要作用。设计师和工程师可以在不改动旧建筑主体结构的前提下，通过外挂幕墙的方式，对旧建筑进行外观上的彻底更新。同时，结合内部的重新装修，可以比较简便地完成旧建筑的更新改造工作。改造后的建筑，由于外挂上了现代化的幕墙，其外观将焕然一新，充满着现代化气息，光彩照人，不留任何陈旧的痕迹。

（9）安装速度快，施工周期短。幕墙由钢型材、铝型材、钢拉索和各种面板材料构成，这些型材和板材都能工业化生产，且安装方法简便，特别是单元式幕墙，其主要的制作安装工作都是在工厂完成的，现场施工安装工作非常少，因此安装速度快，施工周期短。

（10）维修更换方便。幕墙构造规格统一，面板材料单一、轻质，安装工艺简便，因此维修更换十分方便。特别是对那些可独立更换单元板块和单元幕墙的构造，维修更换更是简单易行。

（11）建筑效果好。幕墙依据不同的面板材料可以产生实体墙无法达到的现代化建筑效果，如色彩艳丽、多变，充满动感；建筑造型轻巧、灵活；虚实结合，内外交融。

任务单元 2.2　幕墙的基本构造

2.2.1　玻璃幕墙的基本构造

（1）框支承玻璃幕墙的基本构造示意如图 2.1 所示。

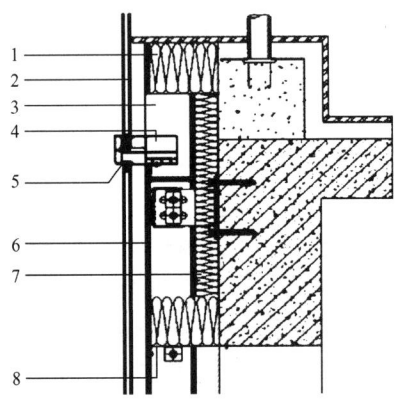

1—不小于 200mm 厚背衬材料（如矿棉等）；2—钢化中空 Low-E 玻璃；3—幕墙立柱；4—幕墙横梁；5—密封胶/胶条；6—防火板；7—保温材料；8—钢制承托板。

图 2.1　框支承玻璃幕墙的基本构造示意

（2）点支承玻璃幕墙的基本构造示意如图 2.2 所示。

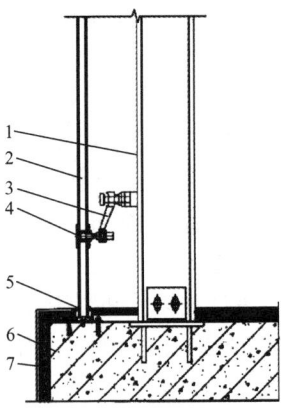

1—幕墙龙骨；2—中空玻璃；3—驳接爪；4—驳接头；5—耐候胶；6—主体结构；7—外墙保温。

图 2.2　点支承玻璃幕墙的基本构造示意

（3）全玻璃幕墙的基本构造示意如图2.3所示。

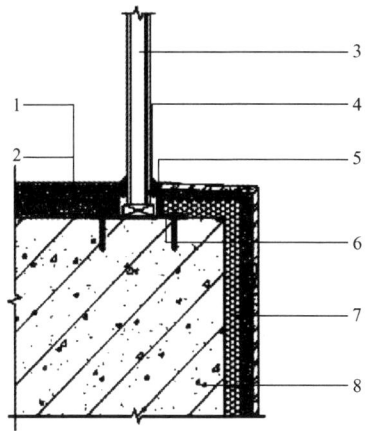

1—室内地面；2—抹灰；3—中空玻璃；4—耐候胶；5—U形槽钢；
6—角钢；7—外墙保温；8—主体结构。

图2.3 全玻璃幕墙的基本构造示意

2.2.2 金属幕墙的基本构造

（1）金属幕墙的基本构造示意如图2.4所示。

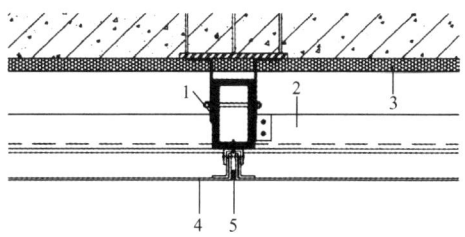

1—幕墙立柱；2—幕墙横梁；3—保温层；4—金属面板；5—耐候胶、泡沫棒。

图2.4 金属幕墙的基本构造示意

（2）金属幕墙与玻璃幕墙的组合分割构造示意如图2.5所示。

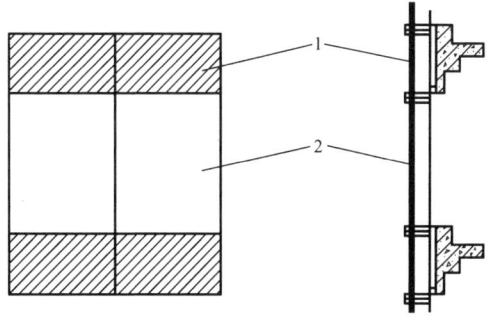

1—金属幕墙；2—玻璃幕墙。

图2.5 金属幕墙与玻璃幕墙的组合分割构造示意

（3）幕墙层间防火保温封堵构造示意如图 2.6 所示。

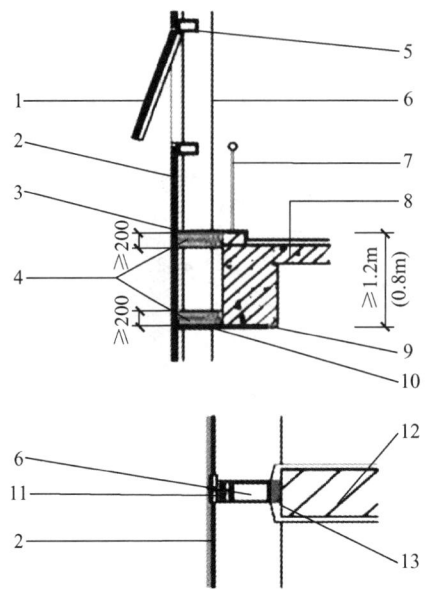

1—可开启外窗；2—幕墙；3—在背衬材料上面覆盖弹性防火封堵材料，如防火密封漆等；
4—填塞背衬材料，如矿棉等；5—幕墙横框；
6—幕墙竖框；7—栏杆；8—楼板；9—防火胶封口；
10—钢承托板；11—密封膏；12—隔墙；13—背衬材料。

图 2.6　幕墙层间防火保温封堵构造示意

（注：当室内设置自动喷水灭火系统时，上、下层开口之间的墙体高度执行括号内数值）

2.2.3　石材（包括人造石材）幕墙的基本构造

石材（包括人造石材）幕墙的基本构造示意如图 2.7、图 2.8 所示。

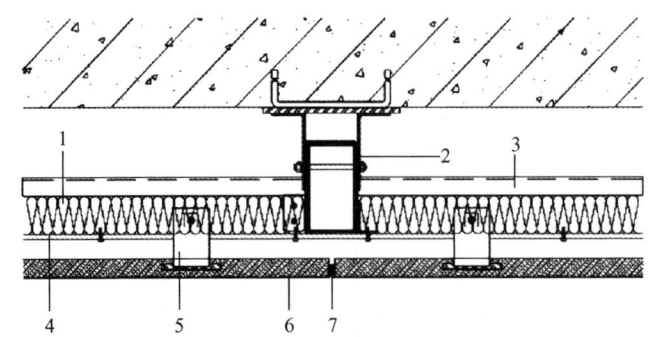

1—保温棉；2—幕墙立柱；3—幕墙横梁；4—镀锌钢板；5—挂件；
6—幕墙面板；7—耐候胶、泡沫棒。

图 2.7　石材（包括人造石材）幕墙的基本构造示意（一）

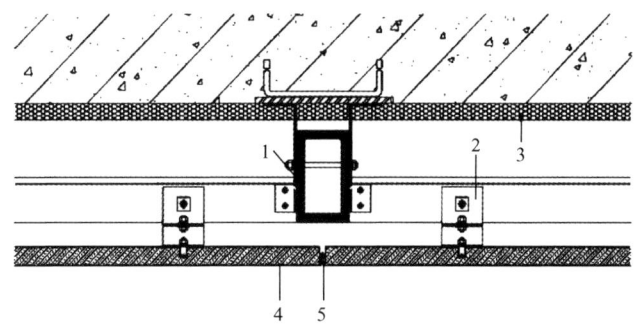

1—幕墙立柱；2—挂件；3—保温材料；4—幕墙面板；5—专用密封胶。

图 2.8　石材（包括人造石材）幕墙的基本构造示意（二）

任务单元 2.3　幕墙节能工程施工

2.3.1　施工准备

虽然建筑幕墙的种类繁多，但作为建筑的围护结构，在建筑节能的要求方面还是有一定共性的，节能标准对其性能指标也有着明确的要求。

（1）保温材料进场后必须有出厂合格证、检验报告单等，进场后应进行见证取样复检，合格后方能使用。施工机具应备齐。

（2）外墙面上的雨水管卡、预埋铁件、设备穿墙管道等应提前安装完毕。基层的处理应达到要求。

2.3.2　施工工艺

1. 玻璃幕墙施工工艺流程

（1）框支承玻璃幕墙施工工艺流程如图 2.9 所示。

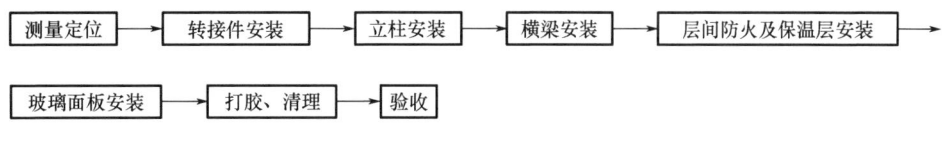

图 2.9　框支承玻璃幕墙施工工艺流程

（2）点支承玻璃幕墙施工工艺流程如图 2.10 所示。

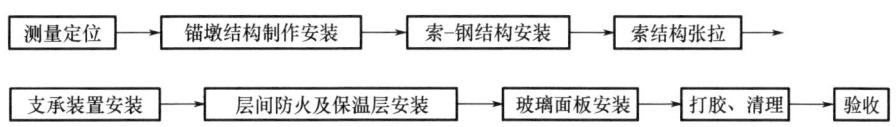

图 2.10　点支承玻璃幕墙施工工艺流程

（3）全玻璃幕墙施工工艺流程如图2.11所示。

图2.11　全玻璃幕墙施工工艺流程

2. 金属幕墙施工工艺流程（图2.12）

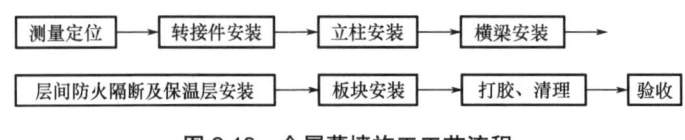

图2.12　金属幕墙施工工艺流程

石材（包括人造石材）幕墙施工工艺流程

3. 石材（包括人造石材）幕墙施工工艺流程（图2.13）

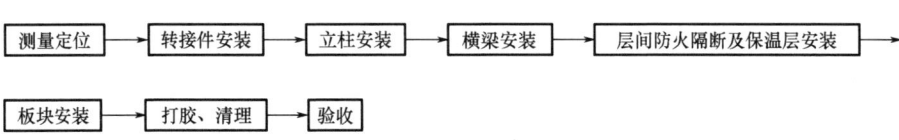

图2.13　石材（包括人造石材）幕墙施工工艺流程

2.3.3　操作要点

1. 保温材料固定

（1）当采用浆料类、板材类、喷涂型保温材料与主体围护结构固定时，其施工工艺参照相关规范要求施工。

（2）棉毡型保温材料可采用保温钉或尼龙锚栓与结构固定，其数量宜大于或等于5个/m^2，锚入结构层深度不宜小于25mm。保温钉布置示意如图2.14所示。

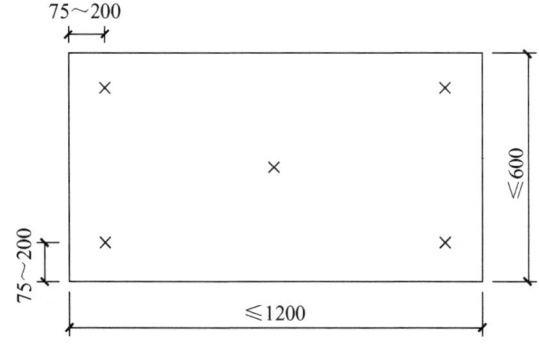

图2.14　保温钉布置示意

棉毡型保温材料安装须在幕墙面板安装前完成。棉毡型保温材料应自下而上按标准整张幅面进行排列，门窗洞口四角处不得拼接。棉毡型保温材料应紧贴拼搭整齐，不得有褶皱，接缝缝隙不得大于3mm，最后应用胶带密封所有接缝。

如果棉毡型保温材料内侧设有隔汽膜，则应在围护结构上用射钉先固定隔汽膜。如果棉毡型保温材料外侧设有防风防水透汽膜，则宜将该膜置于保温层外侧，且应一次性固定。

填装防火保温材料时，应采用铝箔或塑料薄膜包扎，以防防火保温材料受潮失效。此外，填塞防火保温材料时，不宜在雨天或有风天气下施工。

当采用胶钉固定棉毡型保温材料时，应根据棉毡型保温材料的规格先布置胶钉位置，一般每一块棉毡型保温材料需要9个胶钉，胶钉粘贴于墙体外表面，待胶钉固化后，再将棉毡型保温材料挂装在胶钉上固定。布置胶钉处，表面必须清理干净，不允许有水分、油污及灰尘等。

2. 层间防火保温材料安装

（1）根据现场的实际距离，弹出镀锌铁皮安装的水平线，进行镀锌铁皮的裁切加工。

（2）采用射钉将镀锌铁皮固定在结构面上，射钉的间距应以300mm为宜。

（3）依据现场实际间隙将防火保温材料裁剪后，平铺在镀锌铁皮上面。

（4）在防火保温材料接缝部位，采用防火密封胶进行封堵。

（5）进行顶部封口处理，即安装封口板。

3. 其余要求

幕墙保温节能应按上述要求进行施工，其余施工操作要点详见常规施工规范的相关要求。

任务单元2.4　幕墙的保温隔热技术措施

（1）建筑的玻璃幕墙面积不宜过大；空调建筑或空调房间应尽量避免在东西朝向大面积采用玻璃幕墙；供暖建筑应尽量避免在北朝向大面积采用玻璃幕墙。

（2）在有保温性能要求时，玻璃幕墙宜采用中空玻璃、Low-E中空玻璃、充惰性气体的Low-E中空玻璃、两层或多层中空玻璃等。严寒地区可采用双层玻璃幕墙提高保温性能。

（3）在有遮阳要求时，玻璃幕墙宜采用吸热玻璃、镀膜（包括热反射镀膜、Low-E镀膜、阳光控制镀膜等）玻璃、吸热中空玻璃、镀膜（包括热反射镀膜、Low-E镀膜、阳光控制镀膜等）中空玻璃等。

（4）保温型玻璃幕墙应采取措施，避免形成跨越分隔室内外保温玻璃面板的热桥，主要措施包括采用隔热型材连接紧固件、采用隐框结构等。保温型幕墙的非透明面板应加设保温层，保温层可采用岩棉、超细玻璃棉或其他不燃保温材料制作的保温板。

(5)保温型玻璃幕墙周边与墙体或其他围护结构连接处应采用有弹性、防潮型保温材料填塞,缝隙应采用密封剂或密封胶密封。

(6)玻璃幕墙的遮阳应综合考虑建筑效果、建筑功能和经济性,合理采用建筑外遮阳,并和特殊的玻璃系统相配合。空调建筑的向阳面,特别是东西朝向的玻璃幕墙,应采用各种固定或活动式遮阳装置等。在建筑设计中宜结合外廊、阳台、挑檐等处理方法进行遮阳。

(7)医院、办公楼、旅馆、学校等公共建筑采用玻璃幕墙时,在每个有人员经常活动的房间,玻璃幕墙均应设置可开启的窗扇或独立的通风换气装置。

(8)当建筑采用双层玻璃幕墙时,严寒、寒冷地区宜采用空气内循环的双层形式;夏热冬暖地区宜采用空气外循环的双层形式;夏热冬冷地区与温和地区应综合考虑建筑外观、建筑功能和经济性。

(9)严寒、寒冷、夏热冬冷地区的建筑的玻璃幕墙应进行结露验算,在设计计算条件下,其内表面温度不应低于室内的露点温度。

(10)幕墙的非透明部分,应充分利用幕墙面板背后的空间,采用高效、耐久的保温材料进行保温。在严寒、寒冷地区,幕墙非透明部分面板背后的保温材料,其所在的空间应充分隔汽密封,以防结露。幕墙与主体结构间(除结构连接部位外)不应形成热桥。

(11)当空调建筑大面积采用玻璃幕墙时,应根据建筑功能、建筑节能的需要,采用智能化控制的遮阳系统、通风换气系统等。智能化控制的系统应能够感知天气的变化,能结合室内的建筑需求,对遮阳装置、通风换气装置等进行实时监控,以达到最佳的室内舒适效果和降低空调能耗。

(12)非透明幕墙(包括石材幕墙和金属幕墙),其热工性能由传热系数表征。非透明幕墙的后面一般是实体墙,因此只要在非透明幕墙和实体墙之间做保温层即可。保温层一般采用保温棉或聚苯板,只要厚度达到要求即可实现良好的保温效果。

任务单元 2.5 幕墙节能工程的质量标准与验收

2.5.1 主控项目的质量标准与检验方法

(1)幕墙节能工程使用的材料、构件应进行进场验收,验收结果应经监理工程师检查认可,且应形成相应的验收记录。各种材料和构件的质量证明文件与相关技术资料应齐全,并应符合设计要求和国家现行有关标准的规定。

检验方法:观察、尺量检查;核查质量证明文件。

检查数量:按进场批次,每批随机抽取3个试样进行检查;质量证明文件应按照其出厂检验批进行核查。

(2)幕墙的气密性能应符合设计规定的等级要求。密封条应镶嵌牢固、位置正确、对接严密。单元式幕墙板块之间的密封应符合设计要求。开启部分关闭应严密。

检验方法：观察检查，开启部分启闭检查。核查隐蔽工程验收记录。当幕墙面积合计大于3000m^2或幕墙面积占建筑外墙总面积超过50%时，应核查幕墙气密性检测报告。

检查数量：质量证明文件、性能检测报告全数核查。现场观察及启闭检查按国家标准《建筑节能工程施工质量验收标准》（GB 50411—2019）第3.4.3条的规定抽检。

（3）每幅幕墙的传热系数、遮阳系数均应符合设计要求。幕墙工程热桥部位的隔断热桥措施应符合设计要求，隔断热桥节点的连接应牢固。

检验方法：对照设计文件核查幕墙节点及安装。

检查数量：节点及开启窗每个检验批按国家标准《建筑节能工程施工质量验收标准》（GB 50411—2019）第3.4.3条的规定抽检，最小抽样数量不得少于10处。

（4）幕墙节能工程使用的保温材料，其厚度应符合设计要求，安装应牢固，不得松脱。

检验方法：对保温板或保温层应采取针插法或剖开法，尺量厚度；手扳检查。

检查数量：每个检验批依据板块数量按国家标准《建筑节能工程施工质量验收标准》（GB 50411—2019）第3.4.3条的规定抽检，最小抽样数量不得少于10处。

（5）幕墙遮阳设施安装位置、角度应满足设计要求。遮阳设施安装应牢固，并满足维护检修的荷载要求。外遮阳设施应满足抗风的要求。

检验方法：核查质量证明文件；检查隐蔽工程验收记录；观察、尺量、手扳检查；核查遮阳设施的抗风计算报告或产品检测报告。

检查数量：安装位置和角度每个检验批按国家标准《建筑节能工程施工质量验收标准》（GB 50411—2019）第3.4.3条的规定抽检，最小抽样数量不得少于10处；牢固程度全数检查；报告全数核查。

（6）幕墙隔汽层应完整、严密、位置正确，穿透隔汽层处应采取密封措施。

检验方法：观察检查。

检查数量：每个检验批抽样数量不少于5处。

（7）幕墙保温材料应与幕墙面板或基层墙体可靠黏结或锚固，有机保温材料应采用非金属不燃材料作防护层，防护层应将保温材料完全覆盖。

检验方法：观察检查。

检查数量：每个检验批按国家标准《建筑节能工程施工质量验收标准》（GB 50411—2019）第3.4.3条的规定抽检，最小抽样数量不得少于5处。

（8）幕墙与基层墙体、窗间墙、窗槛墙及裙墙之间的空间，应在每层楼板处和防火分区隔离部位采用防火封堵材料封堵。

检验方法：观察检查。

检查数量：每个检验批按国家标准《建筑节能工程施工质量验收标准》（GB 50411—2019）第3.4.3条的规定抽检，最小抽样数量不得少于5处。

（9）幕墙可开启部分开启后的通风面积应满足设计要求。幕墙通风器的通道应通畅、尺寸满足设计要求，开启装置应能顺畅开启和关闭。

检验方法：尺量核查开启窗通风面积；观察检查；通风器启闭检查。

检查数量：每个检验批依据可开启部分或通风器数量按国家标准《建筑节能工程施工质量验收标准》(GB 50411—2019) 第3.4.3条的规定抽检，最小抽样数量不得少于5个，开启窗通风面积全数核查。

(10) 凝结水的收集和排放应通畅，并不得渗漏。

检验方法：通水试验、观察检查。

检查数量：每个检验批抽样数量不少于5处。

(11) 采光屋面的可开启部分应按国家标准《建筑节能工程施工质量验收标准》(GB 50411—2019) 第6章的要求验收。采光屋面的安装应牢固，坡度正确，封闭严密，不得渗漏。

检验方法：核查质量证明文件；观察、尺量检查；淋水检查；核查隐蔽工程验收记录。

检查数量：200m² 以内全数检查；超过200m² 则抽查30%，抽查面积不少于200m²。

2.5.2 一般项目的质量标准与检验方法

(1) 幕墙镀（贴）膜玻璃的安装方向、位置应符合设计要求。采用密封胶密封的中空玻璃应采用双道密封。采用了均压管的中空玻璃，其均压管在安装前应密封处理。

检验方法：观察、检查施工记录。

检查数量：每个检验批按国家标准《建筑节能工程施工质量验收标准》(GB 50411—2019) 第3.4.3条的规定抽检，最小抽样数量不得少于5件（处）。

(2) 单元式幕墙板块组装应符合下列要求。

① 密封条规格正确，长度无负偏差，接缝的搭接符合设计要求。

② 保温材料固定牢固。

③ 隔汽层密封完整、严密。

④ 凝结水排水系统通畅，管路无渗漏。

检验方法：观察检查；手扳检查；尺量；通水试验。

检查数量：每个检验批依据板块数量按国家标准《建筑节能工程施工质量验收标准》(GB 50411—2019) 第3.4.3条的规定抽检，最小抽样数量不得少于5件（处）。

(3) 幕墙与周边墙体、屋面间的接缝处应按设计要求采用保温措施，并应采用耐候密封胶等密封。建筑伸缩缝、沉降缝、抗震缝处的幕墙保温或密封做法应符合设计要求。严寒、寒冷地区当采用非闭孔保温材料时，应有完整的隔汽层。

检验方法：观察检查；对照设计文件观察检查。

检查数量：每个检验批抽样数量不少于5件（处）。

(4) 幕墙活动遮阳设施的调节机构应灵活，并应能调节到位。

检验方法：遮阳设施现场进行10次以上完整行程的调节试验；观察检查。

检查数量：每个检验批按国家标准《建筑节能工程施工质量验收标准》(GB 50411—2019) 第3.4.3条的规定抽检，最小抽样数量不得少于10件（处）。

项目 2 幕墙节能工程

项目小结

幕墙节能是建筑围护结构节能的重要内容，对建筑能否达到节能要求具有重要意义。本项目主要介绍了幕墙的基本构造、幕墙节能工程施工、幕墙的保温隔热技术措施，以及幕墙节能工程的质量标准与验收等内容。

习题

一、单选题

1. 棉毡型保温材料可采用保温钉或尼龙锚栓与结构固定，其数量不宜少于（　　）。
   A. 3 个 /m²　　B. 4 个 /m²　　C. 5 个 /m²　　D. 6 个 /m²
2. 当建筑采用双层玻璃幕墙时，严寒、寒冷地区宜采用（　　）形式。
   A. 空气内循环的双层　　　　B. 空气外循环的双层
   C. 空气内循环的单层　　　　D. 空气外循环的多层
3. 建筑的玻璃幕墙面积不宜过大，供暖建筑应尽量避免在（　　）大面积采用玻璃幕墙。
   A. 东朝向　　B. 南朝向　　C. 西朝向　　D. 北朝向
4. 棉毡型保温材料安装须在幕墙面板安装前完成。棉毡型保温材料应紧贴拼搭整齐，不得有褶皱，接缝缝隙不得大于（　　），最后应用胶带密封所有接缝。
   A. 2mm　　B. 3mm　　C. 4mm　　D. 5mm
5. 严寒、寒冷、夏热冬冷地区的建筑的玻璃幕墙应进行结露验算，在设计计算条件下，其内表面温度不应低于室内的（　　）温度。
   A. -5℃　　B. 零点　　C. 露点　　D. 20℃

二、多选题

1. 幕墙主要类型有（　　）。
   A. 玻璃幕墙　　B. 金属幕墙　　C. 石材幕墙　　D. 板材幕墙
   E. 中空幕墙
2. 有保温性能要求时，玻璃幕墙宜采用（　　）。
   A. 中空玻璃　　B. 双层玻璃　　C. 单层玻璃　　D. 钢化玻璃
   E. 吸热玻璃
3. 保温型幕墙的非透明面板应加设保温层，保温层可采用（　　）材料。
   A. 岩棉　　B. 超细玻璃棉　　C. 不燃保温板　　D. 沥青油膏
   E. 普通泡沫保温板

三、问答题

1. 幕墙在构造和功能方面有哪些特点？
2. 在有遮阳要求时，玻璃幕墙宜采用哪些玻璃？
3. 简述框支承玻璃幕墙的施工工艺流程。

项目 2 在线答题

项目 3 门窗节能工程

思维导图

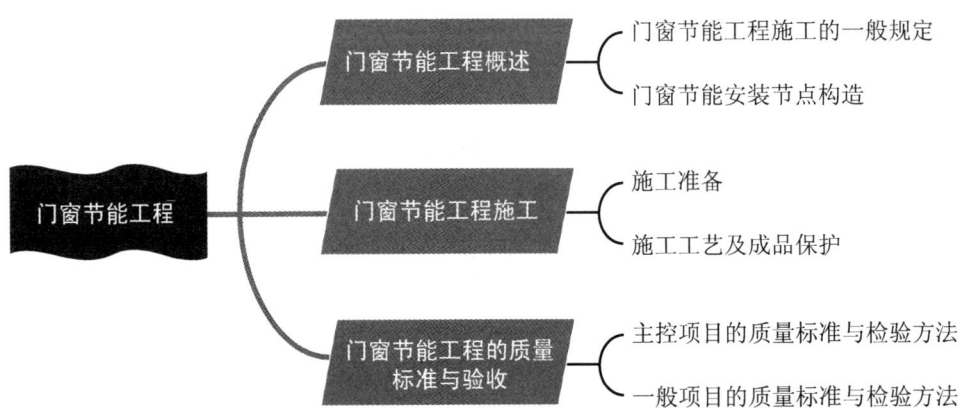

项目 3　门窗节能工程

引言

门窗对建筑内部适应外界环境条件起着重要的作用。随着建筑设计的现代化、高层化和窗户面积的不断扩大，新型门窗不断出现，也对门窗的抗风压性能、气密性能、水密性能、保温性能、隔热性能、隔声性能及采光性能等各方面提出了更高的要求。门窗是整个建筑围护结构中保温隔热最薄弱的一个环节，是影响建筑节能的主要因素之一。门窗的保温隔热性能（传热系数）和空气渗透性能（气密性能）两项物理性能指标达到或高于所在地区建筑节能设计标准及各省、市、区实施细则技术要求的建筑门窗统称为节能门窗。

任务单元 3.1　门窗节能工程概述

3.1.1　门窗节能工程施工的一般规定

门窗节能工程概述

门窗进场后，应对其外观、品种、规格及附件等进行检查验收，对质量证明文件进行核查。门窗节能工程安装施工中，应对门窗框与墙体接缝处的保温材料填充等隐蔽工程进行验收，并应有隐蔽工程验收记录和必要的图像资料。

1. 材料、构件和设备复验要求

门窗（包括天窗）节能工程施工采用的材料、构件和设备进场时，除核查质量证明文件、节能性能标识证书、门窗节能性能计算书及复验报告外，还应对下列内容进行复验。

（1）严寒、寒冷地区门窗的传热系数及气密性能。

（2）夏热冬冷地区门窗的传热系数、气密性能，玻璃的太阳得热系数及可见光透射比。

（3）夏热冬暖地区门窗的气密性能，玻璃的太阳得热系数及可见光透射比。

（4）严寒、寒冷、夏热冬冷和夏热冬暖地区透光、部分透光遮阳材料的太阳光透射比、太阳光反射比及中空玻璃的密封性能。

材料、构件和设备复验结果不合格的，工程施工中不得使用。

2. 门窗节能工程验收的检验批划分

（1）同一厂家的同材质、类型和型号的门窗每 200 樘划分为一个检验批。

（2）同一厂家的同材质、类型和型号的特种门窗每 50 樘划分为一个检验批。

（3）异形或有特殊要求的门窗检验批的划分也可根据其特点和数量，由施工单位和监理单位协商确定。

3.1.2　门窗节能安装节点构造

下面以窗的节能安装节点构造为例进行介绍。

（1）金属窗节能安装节点构造如图 3.1 所示。

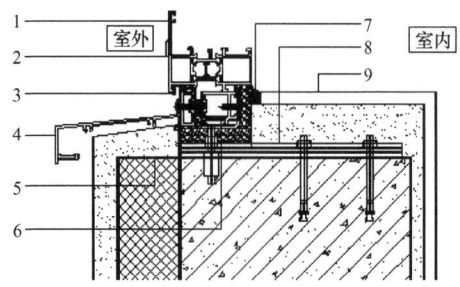

1—窗框；2—排水孔盖；3—遇水膨胀密封胶条；4—铝合金窗台板；5—外窗防水；
6—隔热断桥铝合金附框；7—建筑密封胶；8—三维调节装置；9—内饰面。

图 3.1　金属窗节能安装节点构造

（2）塑料窗节能安装节点构造如图 3.2 所示。

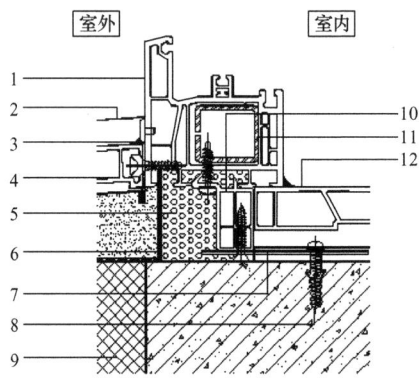

1—窗框；2—外窗台板封堵板；3—建筑密封胶；4—PVC 外窗台板；5—聚氨酯发泡胶；6—外窗防水；
7—固定片；8—膨胀螺栓；9—外保温；10—窗台板附框；11—钢衬；12—PVC 内窗台板。

图 3.2　塑料窗节能安装节点构造

（3）木质窗节能安装节点构造如图 3.3 所示。

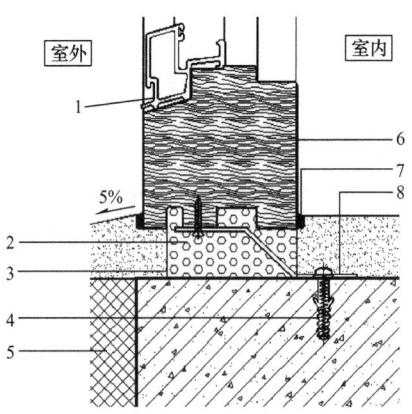

1—泄水孔；2—现场灌聚氨酯发泡胶；3—外窗防水；4—膨胀螺栓；5—外保温；6—窗框；
7—建筑密封胶；8—固定片。

图 3.3　木质窗节能安装节点构造

(4)铝塑复合窗节能安装节点构造如图3.4所示。

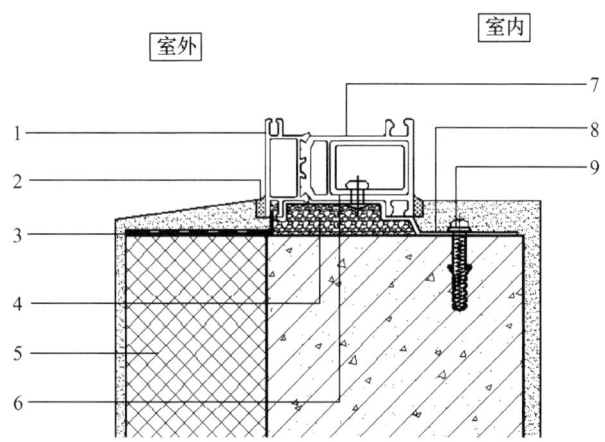

1—窗框(室外侧铝合金);2—建筑密封胶;3—外窗防水;
4—聚氨酯发泡胶;5—外保温;6—钢衬;
7—窗框(室内侧塑料);8—1.5mm厚镀锌连接件;9—膨胀螺栓。

图3.4 铝塑复合窗节能安装节点构造

(5)彩钢窗节能安装节点构造如图3.5所示。

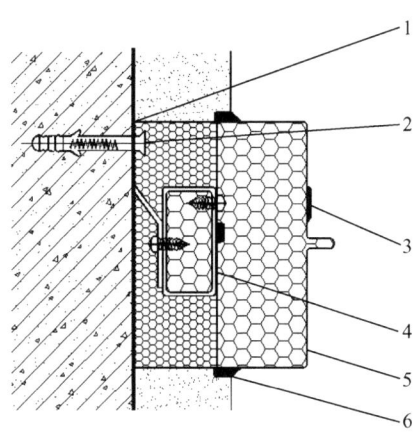

1—连接件;2—膨胀螺栓;3—盖帽;
4—附框;5—彩钢窗框;6—建筑密封胶。

图3.5 彩钢窗节能安装节点构造

(6)玻纤增强聚氨酯窗节能安装节点构造如图3.6所示。

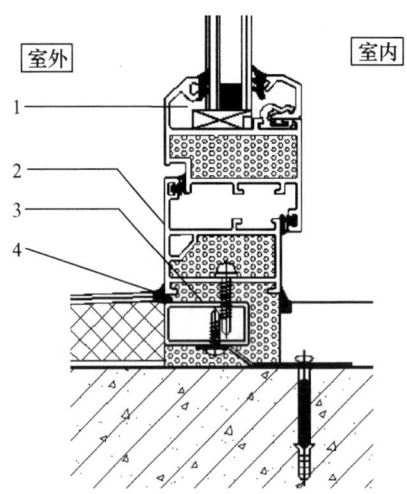

1—窗扇；2—窗框；3—钢附框；4—建筑密封胶。

图3.6 玻纤增强聚氨酯窗节能安装节点构造

任务单元3.2 门窗节能工程施工

3.2.1 施工准备

1. 技术准备

（1）根据设计图纸的门窗品种、规格、型号进行翻样，并委托具备资质的专业单位加工及安装。

（2）施工前对相关人员做好技术交底工作。

（3）确定门窗洞口的收口做法。

（4）节能门窗根据设计门窗传热系数（K值），确定型材及玻璃性能。

（5）门窗节能工程施工前，应在现场采用相同材料和工艺制作样板件，经有关各方确认后方可进行施工。

2. 材料准备

（1）门窗的构件、附件，以及材料品种、规格、色泽和性能应符合设计要求。门窗安装前，应按设计图纸要求检查门窗的数量、品种、规格、开启方向等。门窗的五金件、密封条、紧固件应齐全。

（2）嵌缝剂、密封条、密封膏、防锈漆、玻璃胶，以及防火、防腐、防蛀、防潮等处理剂和胶黏剂应有产品合格证，并有环保检测报告。

（3）其他材料（如自攻螺钉、连接件、膨胀螺栓、焊条等配件）应符合相关标准要求。

3. 施工机具准备

(1) 施工机具：电焊机、手枪钻、电锤等。
(2) 施工工具：卷尺、打胶筒、抹子、锤子、玻璃吸盘、活动扳手、钳子、螺丝刀、射钉枪、割刀、拉铆枪等。
(3) 测量工具：水准仪、经纬仪、钢尺、水平尺、线坠、直角尺等。

4. 作业条件准备

(1) 门窗应采用预留洞口法安装。门窗安装应在洞口尺寸符合规定且验收合格，并办好工种间交接手续后，方可进行。
(2) 安装前洞口应进行抹灰找平，以使洞口表面平整、尺寸规整。门窗框与洞口的间隙应符合表3-1的规定。

表3-1 门窗框与洞口的间隙 单位：mm

墙体饰面层材料	门窗框与洞口的间隙
清水墙	10～15
墙体外饰面采用水泥砂浆抹灰或贴马赛克	15～20
墙体外饰面贴釉面瓷砖	20～25

注：带下槛的门框高度应小于洞口高度5mm～10mm。

(3) 门窗框安装宜在室内外保温系统、粉刷找平等作业完工且硬化后进行。外窗窗台面应做散水坡度，窗台板伸入墙体内的部分应略高于外沿。
(4) 当墙体材料为空心砖、轻质砌块砌体时，应在门窗紧固件位置预埋实心砖或混凝土块。
(5) 组合窗的洞口，应在拼樘料的对应位置设预埋件或预留孔洞。当洞口需要设置预埋件时，应检查预埋件的数量、规格及位置。预埋件的数量应和固定连接件的数量一致，且位置应正确。
(6) 门窗已进场，其外形及平整度均已检查校正，无翘曲、开焊、变形等缺陷，保护膜完好，已按不同规格和安装顺序存放在专用架上备用。

5. 作业环境

(1) 门窗安装的环境温度不宜低于5℃。
(2) 避免在雨天进行外门窗安装的嵌缝工作。
(3) 焊接作业时，必须有防雨、雪设施，雨、雪不得直接落在施焊部位。
(4) 冬期使用聚氨酯发泡胶和密封胶嵌缝时，应在无大风天且环境温度不低于5℃时注胶。
(5) 存放玻璃库房与作业面的温度差不宜过大，应待玻璃温度与作业面温度相近后再进行安装。

3.2.2 施工工艺及成品保护

1. 金属门窗节能工程施工工艺

(1) 金属门窗节能工程施工工艺流程如图 3.7 所示。

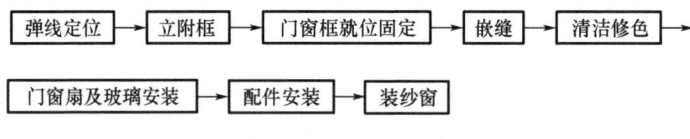

图 3.7 金属门窗节能工程施工工艺流程

(2) 操作要点。

① 与水泥砂浆直接接触的金属门窗框安装前应进行防腐处理，经阳极氧化着色表面处理的铝型材，应涂刷环保的、与外框和墙体砂浆黏结性好的防腐涂料。

② 先将连接件固定在附框上，然后按照弹线的位置将门窗附框准备就位，再用检测工具校正附框的水平度、垂直度，调整正确后用木楔临时固定。连接件可采用 Q235 钢材，其表面应进行镀锌处理。连接件厚度应不小于 1.5mm，宽度应不小于 20mm，在外框型材室内外两侧双向固定。固定点的数量与位置应根据门窗的尺寸、荷载、质量的大小和不同开启形式、着力点等情况合理布置。连接件距门窗边框四角的距离应不大于 18mm，其余固定点的间距应不大于 500mm。

③ 门窗框与连接件宜采用卡槽连接。当采用紧固件穿透门窗框型材固定连接件时，紧固件宜置于门窗框型材的中心线上，且不能破坏隔热条，紧固件处应采取密封防水措施。

④ 连接件与洞口混凝土墙基体可采用射钉、塑料膨胀螺栓、金属膨胀螺栓等紧固件连接固定。对于砌体墙基体，可在连接点处预埋强度等级在 C20 以上的实心混凝土预制块，或根据各类砌体材料的应用技术规程或要求确定合适的连接固定方法。严禁用射钉直接在砌体墙上固定。

⑤ 采用附框连接时，用螺钉将门窗与附框连接牢固，并采取可靠的密封防水措施。门窗框、附框与门窗洞口的安装缝隙密封防水胶宽度不应小于 6mm。预埋附框和后置附框在洞口墙基体上的预埋、安装应连接牢固，密封防水措施可靠。不带附框的门框与墙体的连接和附框与墙体的连接方法一样。

⑥ 金属门窗固定后，应先进行隐蔽工程验收，合格后及时按设计要求处理门窗框与墙体之间的缝隙。门窗框与洞口之间的缝隙内应采用聚氨酯发泡胶填塞饱满。填塞时，宜先采用泡沫条填塞，再在内外侧用聚氨酯发泡胶嵌填密实，最后用密封胶和耐候胶收口密封。

⑦ 门窗框与洞口墙体的密封，应符合密封材料的使用要求。门窗框室外可视面与洞口粉刷层侧面应留出密封槽，确保防水密封胶胶缝的宽度和深度均不小于 6mm。

⑧ 密封材料应采用与基材相容并且黏结性能良好的硅酮密封胶。密封胶施工应嵌填密实、表面平整美观。

2. 塑料门窗节能工程施工工艺

（1）塑料门窗节能工程施工工艺流程如图3.8所示。

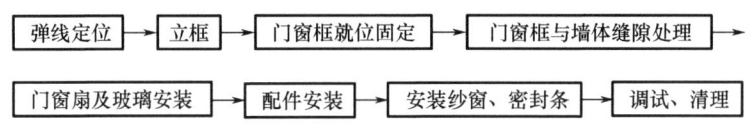

图3.8　塑料门窗节能工程施工工艺流程

（2）操作要点。

① 门窗框固定时，应先将塑料门窗的安装连接件用自攻螺钉与门窗框固定，操作时应先钻孔再拧入自攻螺钉，严禁用锤击的方式将螺钉钉入。

② 门窗框连接件与墙体之间的固定方法依墙体的不同而不同。混凝土墙体宜采用射钉或塑料膨胀螺栓；砖墙或其他砌体墙，门窗框连接件可直接与墙上的预埋件固定。

③ 门窗框固定后，框与墙体之间的缝隙一般采用闭孔泡沫塑料条、聚苯板等弹性材料进行嵌缝，填嵌不宜过紧，以免使框架变形。门窗框四周的内外接缝应采用密封胶嵌填收口，亦可以采用硅橡胶嵌缝条收口，但严禁采用嵌缝棉纱和水泥砂浆。对保温、隔声要求高的工程，外门窗框与洞口的缝隙应采用聚氨酯发泡胶和密封胶等隔热、隔声材料嵌缝。

④ 玻璃及门窗框周边注入的密封胶要平整、饱满。

3. 木质门窗节能工程施工工艺

（1）木质门窗节能工程施工工艺流程如图3.9所示。

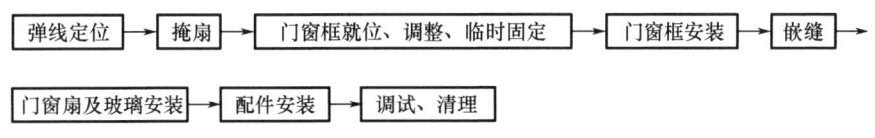

图3.9　木质门窗节能工程施工工艺流程

（2）操作要点。

① 将门窗扇根据图纸要求安装到框上，称为掩扇。在大面积安装前，对有代表性的门窗进行掩扇称为做样板。做样板的目的是对掩扇质量进行控制。做样板时主要对缝隙大小、各部尺寸、五金位置及安装方式等进行试装、调整、检查等，待符合质量验收标准后，确定出掩扇工艺及各部尺寸、五金位置等，然后进行大面积安装施工。

② 门窗框安装应在地面和墙面抹灰施工前完成。门窗框安装时，以弹好的控制线为准，先用木楔将门窗框临时固定于门窗洞内，再用水平尺、线坠、方尺调平，找垂直，找方正，在保证门窗框的水平度、垂直度和开启方向无误后，最后将门窗框与墙体固定。

③ 门窗框使用膨胀螺栓固定时，螺杆直径应大于或等于6mm。用射钉时，要保证射钉射入混凝土内不少于40mm；达不到时，必须使用固定条固定。除混凝土墙外，禁止使用射钉固定门窗框。

④ 内门窗通常在墙体抹灰前，用与墙面抹灰相同的砂浆将门窗框与洞口的缝隙塞实。外门窗一般采用保温砂浆或聚氨酯发泡胶将门窗框与洞口的缝隙塞实。

4. 铝塑复合门窗节能工程施工工艺

（1）铝塑复合门窗节能工程施工工艺流程如图 3.10 所示。

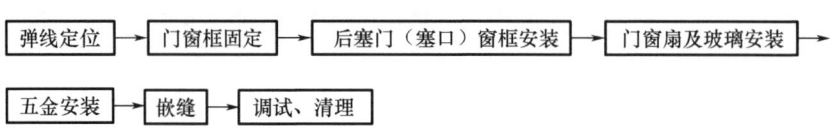

图 3.10　铝塑复合门窗节能工程施工工艺流程

（2）操作要点。

① 门窗框与墙体连接件可采用 Q235 钢材，其表面应进行镀锌处理。连接件厚度不小于 1.5mm，宽度不小于 20mm，在外框型材室内外两侧双向固定。固定点的数量与位置应根据门窗的尺寸、荷载、质量、开启形式和着力点等情况合理布置。

② 门窗框与洞口之间的缝隙内应采用聚氨酯发泡胶填塞饱满。填塞时，宜先用泡沫条填塞，再在内外侧用聚氨酯发泡胶嵌填密实，最后用密封胶和耐候胶收口密封。门窗下框填塞时，不能使门窗框胀凸变形，临时固定用的木楔、垫块等不得遗留在洞口缝隙内。

5. 彩钢门窗节能工程施工工艺

（1）彩钢门窗节能工程施工工艺流程如图 3.11 所示。

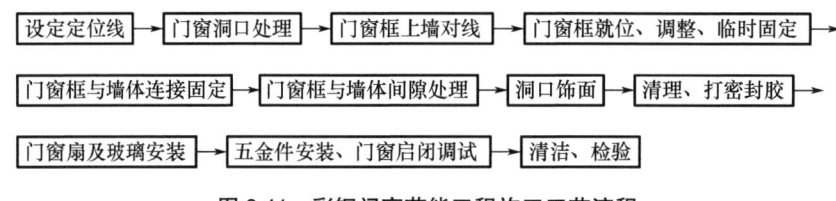

图 3.11　彩钢门窗节能工程施工工艺流程

（2）操作要点。

① 若在门窗洞口抹灰前进行门窗框安装，应将门窗框与洞口墙连接，即将连接片一端用螺钉与门窗框连接，另一端用膨胀螺栓在预留洞口固定。

② 若在门窗洞口抹灰后进行门窗框安装，则门窗框与洞口墙的连接应在门窗框安装孔位置安装膨胀管，并通过门窗框安装孔用自攻螺钉连接膨胀管，最后将门窗框安装孔用堵盖封闭。

③ 空心砌块和蒸压加气混凝土砌块墙与门窗框连接时，应在门窗洞口两侧砌筑不少于一砖的实心砌块，砖和砌块必须咬砌，然后用金属（塑料）膨胀螺栓将门窗框连接件固定在砖墙上，最后用堵盖将螺孔封闭。

④ 外门窗框与墙的缝隙应先清理干净，然后采用闭孔弹性材料进行填充。填充完成后，需要在门窗框的四周留设凹槽，并采用耐候密封胶填缝。在打耐候密封胶时，应确保耐候密封胶均匀不间断地填充在凹槽内，并保证表面平整、光滑。

⑤ 节能彩钢门窗框与水泥砂浆的接触面应涂防腐涂料，且所选用的防腐涂料应与型材涂层具有相容性。

6. 玻纤增强聚氨酯门窗节能工程施工工艺

（1）玻纤增强聚氨酯门窗节能工程施工工艺流程如图 3.12 所示。

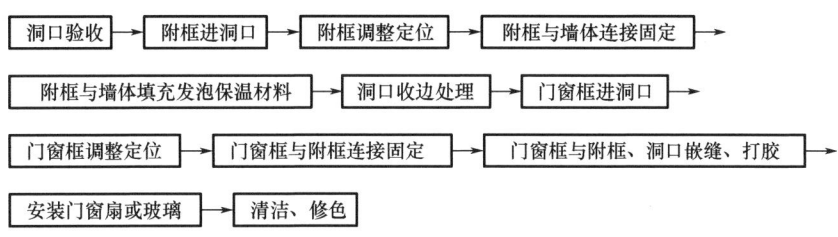

图 3.12 玻纤增强聚氨酯门窗节能工程施工工艺流程

（2）操作要点。

① 玻纤增强聚氨酯门窗节能工程施工工艺应符合现行国家、地方标准或规程的要求。

② 附框的内外两侧宜采用膨胀螺栓或门窗连接件与洞口墙体连接固定，膨胀螺栓公称直径不宜小于 8mm，埋入墙内的有效深度不应小于 40mm；门窗连接件宜采用 Q235 钢材，厚度不应小于 1.5mm，宽度不应小于 20mm，表面应做镀锌处理。

③ 门窗框与附框的安装缝隙应采用聚氨酯发泡胶填塞饱满，室内侧用刮刀刮平后用硅酮密封胶密封，密封胶的色泽应与室内装饰相协调。

④ 玻纤增强聚氨酯门窗安装完成后，门窗框四周与墙体之间应做好密封防水处理，并应符合下列规定。

a. 应采用黏结性能良好且相容的耐候密封胶。

b. 打胶前应清洁黏结表面，去除灰尘、油污，黏结面应保持干燥，墙体部位应平整、洁净。

c. 注胶应平整、密实，胶缝应宽度均匀、表面光滑、整洁美观。

7. 成品保护

（1）装卸门窗应轻拿轻放，不得撬、甩、摔。吊运门窗时，其表面应采用非金属软质材料衬垫，并选择牢靠的着力点，不得在框内插入抬杆起吊。

（2）门窗进场后，应按规格、型号分类垫高、垫平码放，立放角度不小于 70°。严禁与酸、碱、盐类物质接触，应放置在通风、干燥的房间内，防止雨水侵入。

（3）门窗运输时应轻拿轻放，并采取保护措施，避免挤压、磕碰，防止变形损坏。

（4）抹灰时残留在门窗框和扇上的砂浆应及时清理干净。

（5）严禁以门窗为脚手架的固定点和架子的支点，禁止将架子拉、绑在门窗框和扇上，防止门窗移位、变形。

（6）严禁在门窗上连接地线，或在门窗框上引弧进行焊接作业。当连接件与预埋铁件焊接时，应对门窗采取保护措施，防止电焊火花损坏门窗。

（7）拆架子时应注意保护门窗。若有开启的门窗，必须关好后再落架子，防止撞坏门窗。

（8）门窗安装后应随时检查门窗框保护膜，若有损伤应及时修补。保护膜应在墙面装饰面层完成后再撕除,以防将门窗框表面划伤,影响美观。

(9)金属、塑料、木质成品门在出厂时,应用薄膜进行表面保护。

(10)对于面积较大的玻璃,应采用设围栏、贴提示条等保护措施,防止损坏玻璃。

(11)门窗安装完成后,应及时清除表面污物,避免排水孔堵塞,并采取防护措施,不得使门窗受污损。

(12)不应在门窗框和扇上搁置脚手架、悬挂重物;外脚手架不得顶压在门窗框和扇上,不应蹬踩门窗框和扇。应防止利器划伤门窗表面,并应防止电、气焊火花烧伤或烫伤门窗表面。

任务单元3.3 门窗节能工程的质量标准与验收

门窗节能工程的施工质量既是建筑工程质量的重要保证,又是直接影响门窗使用功能、保温节能效果的重要因素,某些地区已将其列为工程质量验收的重要项目。因此,应根据现行国家标准《建筑节能工程施工质量验收标准》(GB 50411—2019)的要求,对门窗节能工程的施工质量进行检查和验收。

3.3.1 主控项目的质量标准与检验方法

(1)建筑门窗节能工程使用的材料、构件应进行进场验收,验收结果应经监理工程师检查认可,且应形成相应的验收记录。各种材料和构件的质量证明文件和相关技术资料应齐全,并应符合设计要求和国家现行有关标准的规定。

检验方法:观察、尺量检查;核查质量证明文件。

检查数量:按进场批次,每批随机抽取3个试样进行检查;质量证明文件应按其出厂检验批进行核查。

(2)金属外门窗框的隔断热桥措施应符合设计要求和产品标准的规定,金属附框应按照设计要求采取保温措施。

检验方法:随机抽样,对照产品设计图纸,剖开或拆开检查。

检查数量:同厂家、同材质、同规格的产品各抽查不少于1樘。金属附框的保温措施每个检验批按国家标准《建筑节能工程施工质量验收标准》(GB 50411—2019)第3.4.3条的规定抽检。

(3)外门窗框或附框与洞口之间的间隙应采用弹性闭孔材料填充饱满,并进行防水密封;夏热冬暖地区、温和地区当采用防水砂浆填充间隙时,窗框与砂浆间应用密封胶密封;外门窗框与附框之间的缝隙应使用密封胶密封。

检验方法:观察检查;核查隐蔽工程验收记录。

检查数量:全数检查。

(4)严寒和寒冷地区的外门应按照设计要求采取保温、密封等节能措施。

检验方法:观察检查。

检查数量:全数检查。

（5）外窗遮阳设施的性能、位置、尺寸应符合设计和产品标准要求；遮阳设施的安装应位置正确、牢固，满足安全和使用功能的要求。

检验方法：核查质量证明文件；观察、尺量、手扳检查；核查遮阳设施的抗风计算报告或性能检测报告。

检查数量：每个检验批按国家标准《建筑节能工程施工质量验收标准》（GB 50411—2019）第3.4.3条的规定抽检；安装牢固程度全数检查。

（6）用于外门的特种门的性能应符合设计和产品标准要求；特种门安装中的节能措施，应符合设计要求。

检验方法：核查质量证明文件；观察、尺量检查。

检查数量：全数检查。

（7）天窗安装的位置、坡向、坡度应正确，封闭严密，不得渗漏。

检验方法：观察检查；用水平尺（坡度尺）检查；淋水检查。

检查数量：每个检验批按国家标准《建筑节能工程施工质量验收标准》（GB 50411—2019）第3.4.3条规定的最小抽样数量的2倍抽检。

（8）通风器的尺寸、通风量等性能应符合设计要求；通风器的安装位置应正确，与门窗型材间的密封应严密，开启装置应能顺畅开启和关闭。

检验方法：核查质量证明文件；观察、尺量检查。

检查数量：每个检验批按国家标准《建筑节能工程施工质量验收标准》（GB 50411—2019）第3.4.3条规定的最小抽样数量的2倍抽检。

3.3.2 一般项目的质量标准与检验方法

（1）门窗扇密封条和玻璃镶嵌的密封条，其物理性能应符合相关标准中的要求。密封条安装位置应正确，镶嵌牢固，不得脱槽。接头处不得开裂。关闭门窗时密封条应接触严密。

检验方法：观察检查，核查质量证明文件。

检查数量：全数检查。

（2）门窗镀（贴）膜玻璃的安装方向应符合设计要求，采用密封胶密封的中空玻璃应采用双道密封，采用了均压管的中空玻璃其均压管应进行密封处理。

检验方法：观察检查，核查质量证明文件。

检查数量：全数检查。

（3）外门窗遮阳设施调节应灵活、调节到位。

检验方法：现场调节试验检查。

检查数量：全数检查。

项 目 小 结

本项目介绍了金属门窗、塑料门窗、木质门窗、铝塑复合门窗、彩钢门窗、玻纤增强聚氨酯门窗等门窗节能工程的构造、施工工艺、质量标准和检验方法。

习 题

一、单选题

1. 门窗节能工程，每个检验批应抽查（　　），并不少于（　　）樘。
   A. 3%，5　　　B. 5%，3　　　C. 3%，3　　　D. 5%，5

2. 冬期使用聚氨酯发泡胶和密封胶嵌缝时，应在无大风天且环境温度不低于（　　）℃时注胶。
   A. 0　　　B. 5　　　C. 10　　　D. 15

3. 同一厂家的同材质、类型和型号的门窗每（　　）樘划分为一个检验批。
   A. 50　　　B. 100　　　C. 150　　　D. 200

4. 作业施工时，墙体饰面层采用水泥砂浆抹灰或贴马赛克时，门窗框与洞口的间隙应为（　　）mm。
   A. 10~15　　　B. 15~20　　　C. 20~25　　　D. 15

5. 建筑外门窗工程施工中，应对（　　）的保温填充做法进行隐蔽工程验收，并应有隐蔽工程验收记录和必要的图像资料。
   A. 门窗框与墙体接缝处　　　B. 门窗框
   C. 外墙　　　D. 保温、隔热门窗框

二、多选题

1. 门窗安装前，应按设计图纸要求检查门窗的（　　）。
   A. 数量　　　B. 品种　　　C. 规格　　　D. 开启方向
   E. 外观

2. 建筑门窗进场后，应对其（　　）等进行检查验收。
   A. 外观　　　B. 品种　　　C. 尺寸、厚度　　　D. 规格
   E. 附件

3. 夏热冬冷地区，门窗（包括天窗）节能工程施工采用的材料、构件和设备进场时，应对门窗及玻璃的（　　）等性能进行复验。
   A. 气密性能　　　B. 太阳得热系数
   C. 可见光透射比　　　D. 传热系数
   E. 中空玻璃露点

4. 夏热冬暖地区，门窗（包括天窗）节能工程施工采用的材料、构件和设备进场时，应对门窗及玻璃的（　　）等性能进行复验。
   A. 气密性能　　　B. 太阳得热系数
   C. 可见光透射比　　　D. 传热系数
   E. 中空玻璃露点

5. 门窗（包括天窗）节能工程施工采用的材料、构件和设备进场时，需要核查（　　）等内容。
   A. 质量证明文件　　　B. 节能性能标识证书
   C. 门窗施工方案、施工图　　　D. 门窗节能性能计算书

E. 复验报告

三、案例题

某夏热冬冷地区的高校教学楼项目，建筑面积为 12000m²，建筑层数为 6 层，采用框架结构，设计选用的建筑外窗为隔热断桥铝合金型材，Low-E 玻璃。目前，该项目主体结构已经通过验收，窗的施工条件已经具备，安装作业班组已经就位。通过本项目的学习并认真查阅相关资料后，完成下面的问题。

（1）该工程的外窗在入场时应对哪些项目进行核查？复验的项目有哪些？

（2）门窗节能工程验收时，应对哪些文件和记录进行检查？

（3）门窗节能工程检验批划分的原则是什么？检查数量应符合什么规定？

项目3 在线答题

项目 4 屋面节能工程

思维导图

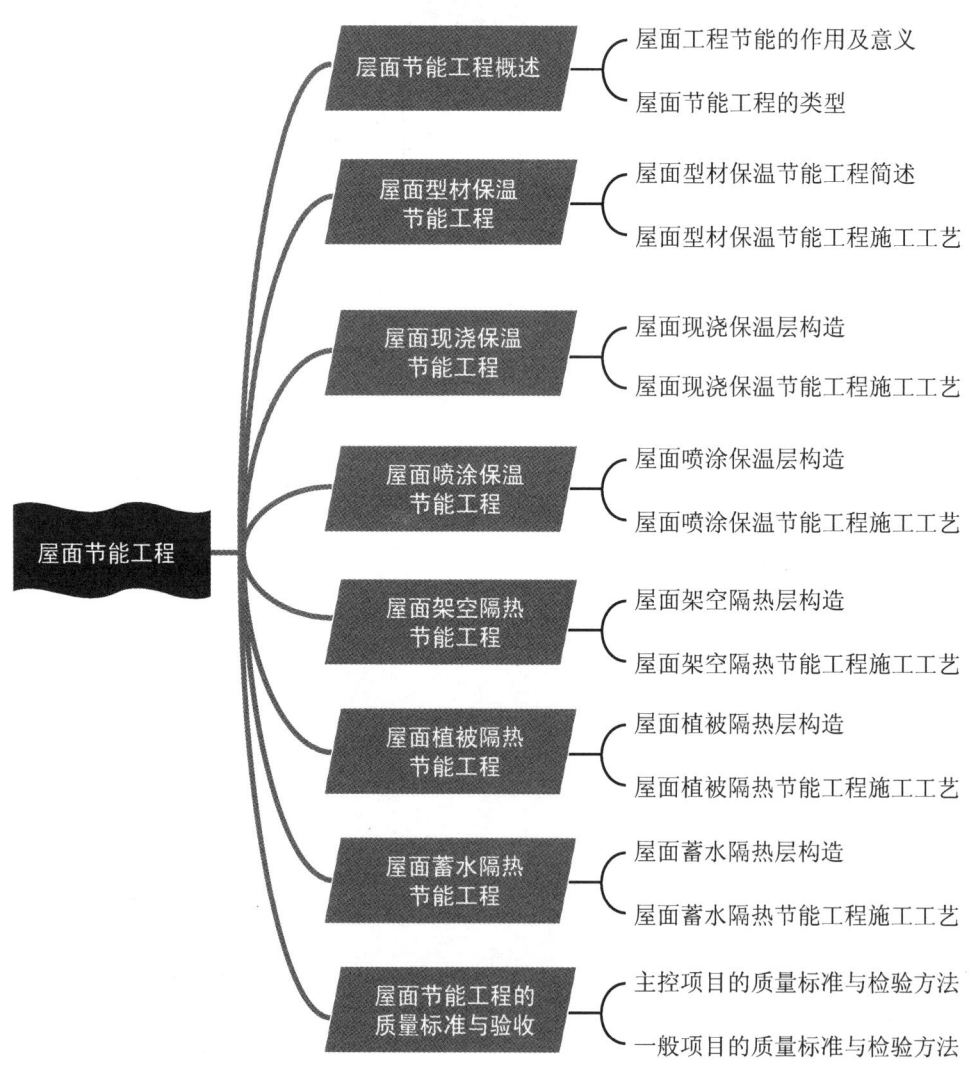

项目 4 屋面节能工程

引 言

屋面是建筑物最上部的承重构件与围护构件,其防水、保温和节能施工及质量对建筑造价及后期使用将产生重要的影响。

任务单元 4.1 屋面节能工程概述

4.1.1 屋面工程节能的作用及意义

屋面是房屋顶部的覆盖部分,其所造成的室内外温差传热耗热量大于任何一面外墙或地面的耗热量。我国华中大部分地区属亚热带季风气候,夏季炎热,全年气温变化幅度大,干湿交替频繁。如武汉市区年绝对最高温度与最低温度差距近50℃,有时日温差接近20℃,夏季日照时间长,而且太阳辐射强度大,通常水平屋面外表面的空气综合温度达到60℃~80℃,顶层室内温度比其下层室内温度要高出2℃~4℃。因此,提高屋面的保温隔热性能,对提高房屋抵抗夏季室外热作用的能力尤其重要,这也是减少空调能耗、改善室内热环境的一个重要措施。在多层建筑围护结构中,屋面所占面积虽然较小,但能耗却可占到总能耗的15%(图4.1)。据测算,室内温度每降低1℃,空调能耗可减少10%,人体的舒适性也能大大提高。因此,加强屋面保温节能对建筑造价影响不大,节能效益却很明显。

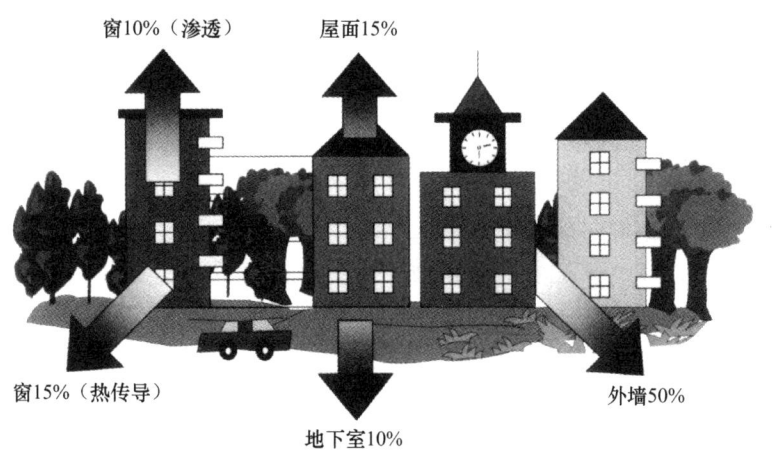

图 4.1 住宅能量损失比例(来源:360图片)

4.1.2 屋面节能工程的类型

屋面节能工程,按照屋面类型,可分为坡屋面节能工程和平屋面节能工程;按照选用的节能材料、构造做法、工序流程的不同，可分为屋面型材保温节能工程、屋面现浇保温节能工程、屋面喷涂保温节能工程、屋面架空隔热节能工程、屋面植被隔热节能工程以及屋面蓄水隔热节能工程等。屋面节能工程类型较多，且各具优点和不足。

1. 坡屋面（屋面坡度为 >5%）节能工程

（1）木结构小青瓦坡屋面。

这类坡屋面通过架空层增加了层高，极大地改善了透气性能，使得夏季隔热、冬季保暖成为可能，同时还能在春秋季节促进空气对流，为居住者提供了宜人的生活环境，大幅减少了对降温保暖辅助设备的依赖。但此类屋面使用的是木结构和黏土小青瓦，其在资源消耗、节能效果、维修频率，以及抗渗、抗强风性能等方面均存在明显不足，无法满足现代建筑节能、节地、节水、节材的要求。因此，从 20 世纪 70 年代开始，木结构小青瓦坡屋面已逐渐被淘汰，仅在少数标志性的具有历史保存价值的建筑中使用。

（2）钢筋混凝土坡屋面。

这类坡屋面从建筑材料入手，主要针对传统木结构小青瓦坡屋面的不足进行了优化。其适用于全国热工分区的各个地区，且保温隔热效果优于传统木结构小青瓦坡屋面，真正达到了节能、节地、节水、节材的目的。但是，此种坡屋面存在以下不足：使用功能比较单一，屋面功能无法最大限度地得到利用；结构相对于木结构小青瓦坡屋面复杂，特别是细部节点构造更加复杂；由于屋面坡度较大，因此现浇钢筋混凝土结构施工难度也较大，这也导致这类坡屋面存在混凝土振捣不密实、防水性能差等问题，很难满足施工质量标准、规范的要求，达不到设计的预期效果；由于混凝土与砌体的热膨胀系数和弹性模量不同，在室内外温差反复不定的变化下，大面积混凝土自身内力和变形较大，将产生较大的水平拉力和剪力，致使砌体工程和混凝土屋面板容易开裂；由于屋面坡度较大，装饰用的混凝土波瓦、筒瓦和陶瓷琉璃瓦难以牢靠固定，容易顺坡下滑，影响使用安全。

（3）轻钢坡屋面。

轻钢坡屋面是由屋架、定向结构刨花板（OSB）、防水层、轻型屋面瓦（金属瓦或沥青瓦）组成的。轻钢坡屋面自重适中，主体为冷弯薄壁型钢，抗风能力一般可达到 12 级以上，施工工序简单，工期短。轻钢坡屋面的材料有多种，皆为常规建筑材料，易取材。使用轻钢坡屋面可节约大量木材、水泥等建材，比同等条件下的钢筋混凝土坡屋面可降低结构自重 70%～80%，经济指标高。轻钢坡屋面全程采用干作业施工方式，施工后顶层舒适度明显得到改善，且空间利用率相比钢筋混凝土坡屋面更高，具有节能环保的特点。

2. 平屋面（屋面坡度为 2%～5%）节能工程

早期现浇的钢筋混凝土平屋面，由于混凝土屋面较薄（通常只有 100mm～120mm 厚），材料的热阻和热导率均较差，导致混凝土屋面的传热较快、散热较慢，保温隔热性能不明显。这种屋面在极端气候（如夏季高温和冬季严寒）条件下，往往难以提供舒适的居住环境，因此人们不得不增设降温保暖设施，从而耗费了大量的能源。然而，随着时代的进步和建筑科技的发展，人类对屋面的保温隔热问题有了更深入的认识。人们开始思索和实践如何改善屋面的保温隔热性能，以减少对降温保暖设施的依赖，从而降低能源耗费。这一过程中，人们从感性探索逐渐走向理性总结，不断探讨屋面节能的最佳类型。

（1）架空隔热层屋面。

这类屋面是在平屋面的刚性或柔性防水层上增设一层高400mm以上的架空层，架空层屋面盖板一般选用40mm厚的钢筋混凝土平板。这类屋面的架空隔热层主要以空气为介质，具有以下特点。

① 因架空高度仅有400mm～500mm，并且在平屋面周围又设置了高约1100mm的女儿墙，影响了空气对流，所以通风隔热效果差。

② 因钢筋混凝土平板或玻纤水泥瓦较薄（仅40mm或15mm厚），其阻热小、传热快、散热受阻，所以屋面的保温隔热效果不明显。

架空隔热层屋面，因其施工简单、造价低廉，在20世纪70年代末和80年代初是常见的做法。

（2）蓄水屋面。

在平屋面防水层上增设一个较大的蓄水池，蓄水高度为200mm～400mm（随季节的变化有所增减）。这类屋面，在夏天酷暑季节，通过水介质的作用，能增加屋面热阻，有效减慢传热速度，降低顶层室内温度，从而节约空调能耗，达到节能的目的。但是，将屋面建成蓄水屋面，必然会增加屋面的防水设防，加大防水投入，因此，只有局部夏热冬暖地区的少数房屋选用这类屋面。

（3）保温隔热层屋面。

保温隔热层屋面是在屋面柔性（或刚性）防水层与屋面面层之间，或者在防水层以上（倒置法）增设一道高约300mm厚的保温隔热层。因选用的保温隔热材料不同，其节能效果也有差异。

① 炉渣保温隔热层屋面。

这种屋面是利用工厂废料——炉渣作介质制作的屋面保温隔热层。这种屋面能就地取材，具备取材方便、废料新用、保护环境、造价低廉的优点，自20世纪90年代至今，一直受到多数房屋建筑工程的青睐。但是炉渣作为保温隔热材料，由于其密度较小、热阻性能不佳，材料的热导率较大，因此炉渣保温隔热层的传热速度较快，节能效果并不理想。而且在昼夜温差反复变化的情况下，水也在液态与气态之间不断变化，若屋面排气设施设置不当或遭受破坏，则极易导致屋面渗漏，因此这种屋面做法目前已极少采用。

② 珍珠岩（或蛭石）保温隔热层屋面。

这种屋面与炉渣保温隔热层屋面相比，其保温隔热效果和节能效果基本相同，只是造价略高，不能就地取材，因此，选用珍珠岩（或蛭石）作保温隔热层的房屋建筑工程并不多。

③ 聚苯颗粒砂浆保温隔热层屋面。

这种屋面比较薄，一般控制在50mm的厚度，该材料容重小，比较轻。聚苯颗粒的热阻较大，材料的热导率较小，屋面的传热速度较慢，因而保温隔热效果比较理想。一般情况下，聚苯颗粒砂浆保温隔热层屋面须增设屋面排气设施。

④模(挤)塑聚苯乙烯泡沫板(EPS、XPS)(简称"聚苯板")保温隔热层屋面。

由于聚苯板的热阻较大,热导率较小,抗压强度高,力学性能和化学性能稳定,防火性能和抗老化性能较好,因此这种屋面能满足夏季隔热、冬季保温的要求,可以有效地降低制冷保暖设施的运行频率,达到节能的目的。加之聚苯板保温隔热层较薄(仅在50mm内)且轻,施工也较方便,是屋面节能工程的理想材料。

⑤喷涂硬质聚氨酯泡沫塑料保温隔热层屋面。

这种屋面是以含有羟基的聚醚树脂与异氰酸酯反应生成的聚氨基甲酸酯为主体,以异氰酸酯与水反应生成的二氧化碳为发泡剂制成的泡沫塑料,直接喷涂在屋面找平层上作为保温防水层的屋面。目前,在国外硬质聚氨酯泡沫塑料的应用主要为板材和喷涂施工:硬质聚氨酯泡沫塑料夹心板材已有40多年的应用历史,其表层一般为镀锌彩色压型钢板,质轻、强度高,保温隔声性能和耐候性好,集保温、防水、装饰于一体;现场喷涂硬质聚氨酯泡沫塑料在国外应用已很普遍,主要适用于混凝土、金属、塑料、沥青等多种基层的保温工程,已有40年以上的应用历史。

(4)绿色(种植)屋面。

这种屋面是以土壤和植被为介质,在建筑屋面种植花草树木,以改善生态环境、营造绿色空间、降低能耗并节约能源的有效方式。这种屋面能够用较少的能源取得相同,甚至更好的室内环境质量,从而显著提高人民群众的居住和生活质量(图4.2)。

图4.2 绿色(种植)屋面

①绿色(种植)屋面的主要优点如下。

a.提高建筑的隔热性能。绿色(种植)屋面可以有效遮挡太阳直射,减少建筑物的热量吸收,从而降低室内温度,节约空调能耗。在夏季,绿色植被能够阻挡大量的光热辐射,为建筑物降温;在冬季,植被则能提供一层保温层,减少热量散失。

b.净化空气。绿色(种植)屋面能够吸收大量的CO_2、PM2.5等有害物质,释放氧气,净化空气。植物通过光合作用能减少并进一步过滤空气中的污染物和其他颗粒物质,改善空气质量。

c.节约能源。绿色(种植)屋面可以提高建筑物的热阻性能,减少能源消耗。它不仅可以减少建筑物制冷或制热所消耗的能量,还可以为长期保存能源提供可持续的解决方案。此外,节约能源还意味着减少温室气体排放。

d.增强建筑的抗震性。绿色(种植)屋面可以增加建筑的质量,从而在一定程度上增强建筑的抗震性能。

e.改善隔声效果。绿色（种植）屋面具有吸声功能，能够降低噪声污染，为居民提供更加宁静的生活环境。

f.创造生物多样性。绿色（种植）屋面为城市中的动植物提供了生存空间，有助于创造和保护生物多样性，促进生态平衡。

② 绿色（种植）屋面存在的不足如下。

a.屋面结构荷载增大。

b.根须与施肥对防水层等有可能造成不利影响。

c.防水层的维修有一定难度。

任务单元 4.2　屋面型材保温节能工程

4.2.1　屋面型材保温节能工程简述

屋面型材保温节能工程中采用的板（块）保温型材是指采用水泥、沥青胶结材料或其他有机胶结材料与松散保温材料按一定比例拌和、加工形成的板（块）状制品，以及用化学合成聚酯、合成橡胶类材料或其他有机或无机保温材料加工制成的板（块）状制品。常用的板（块）保温型材有挤塑聚苯乙烯泡沫板、硬质聚氨酯泡沫塑料板、水泥膨胀珍珠岩板（块）、水泥膨胀蛭石板（块）、沥青膨胀蛭石板（块）、沥青膨胀珍珠岩板（块）、预制加气混凝土板、水泥陶粒板、矿物板和岩棉板等。以挤塑聚苯乙烯泡沫板屋面为例，其构造如图 4.3 所示。

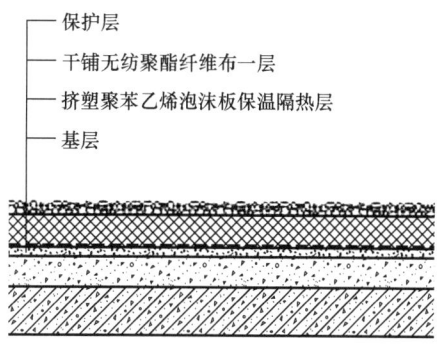

图 4.3　挤塑聚苯乙烯泡沫板屋面构造

4.2.2　屋面型材保温节能工程施工工艺

1. 材料性能要求

（1）保温层所用材料的品种、规格、技术性能和质量必须满足设计要求，并符合现行国家、行业相应材料规范和产品标准。

（2）设计未提出明确要求时，各种板状保温型材应符合表 4-1 的质量要求。

表 4-1 板状保温型材的质量要求

材料名称		表观密度/(kg/m³)	导热系数/[W/(m·K)]	抗压强度/MPa	在10%形变下的压缩应力/MPa	70℃，48h后的尺寸变化率/%	吸水率/(V/V,%)	外观质量
矿棉、岩棉半硬板		<200	<0.052	—	—	—	<5	板的外形基本平整，无严重凹凸不平；厚度允许偏差为5%，且不大于4mm
聚苯乙烯泡沫塑料	挤压	≥32	≤0.03	—	≥0.15	≤2.0	≤1.5	
	模压	15～30	≤0.041	—	≥0.05	≤5.0	≤6	
硬质聚氨酯泡沫塑料		≥30	≤0.027	—	≥0.15	≤5.0	≤3	
泡沫玻璃		≥150	≤0.062	≥0.4	—	≤0.5	≤0.5	
微孔混凝土类		500～700	≤0.22	≥0.4	—			
膨胀蛭石（珍珠岩）制品		300～800	≤0.26	≥0.3	—			

（3）铺砌板块材料的砂浆、保温灰浆或沥青胶结材料和其他有机胶结材料，其质量应符合设计要求和相关材料标准要求。

（4）板（块）状保温型材应有产品出厂合格证，且应满足设计要求的厚度，规格一致、外形整齐，表观密度、导热系数、强度等应符合设计要求。

2. 施工机具准备

（1）板锯、铁抹子、小压子、胶皮锤、木杠、铁铲、灰桶，以及不同胶结材料的搅拌设备等。

（2）采用沥青胶结材料时，应准备相应的熬制设备或调制器具，砂箱、泡沫灭火器等常用消防灭火设备，以及常用的操作安全防护用品。

3. 作业条件准备

（1）基层已通过检查验收，质量符合设计和规范规定。

（2）黏结铺设或干铺时基层宜找平，并应清扫干净。用水泥砂浆或混合砂浆铺砌时基层表面应湿润，用沥青胶结材料和其他有机胶结材料黏结铺设或干铺时基层表面应干燥。

（3）施工所需的各种材料已按计划进入现场，并经验收。

（4）基层已按设计和施工方案找好坡度、分格等规矩，并已弹出准线且做好标准。

（5）基层变形缝和其他接缝已按设计要求处理完毕。

（6）禁止在雨天、雪天、5级风及5级风以上的环境中施工。干铺板（块）状保温型材保温层可在负温下施工；板（块）状保温型材用热沥青粘贴时，不宜在低于 −10℃

的气温条件下施工；用水泥砂浆或用水泥胶结的保温灰浆铺砌板（块）状保温型材时，不宜在低于5℃的气温条件下施工，除非有可靠的冬季施工措施。

4. 施工工艺

板（块）状保温型材保温层施工工艺流程如图4.4所示。

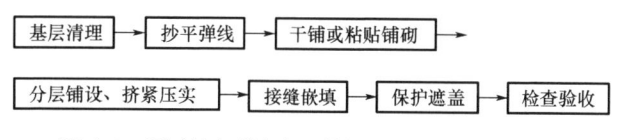

图4.4 板（块）状保温型材保温层施工工艺流程

5. 操作要点

（1）处理好基层接缝、变形缝等，清扫干净基层表面，坐浆铺砌应湿润基层，干铺或粘贴铺砌应找平并干燥基层。

（2）在平整、干燥、洁净的基层面上分线并做好记号。

（3）干铺时按分线位置逐一放平垫稳保温板（块），接缝挤紧或用同类材料碎屑或矿（岩）棉填嵌满。

（4）坐浆铺砌时应边摊铺灰浆边粘贴保温板（块），周边端缝应用保温灰浆填实勾缝。铺砌中应随时用木杠控制和找平顶面。

（5）用热（冷）沥青胶结材料或其他有机胶结材料粘贴铺砌时，应将板状保温型材的四周及与基层粘贴的底面均满刮或满涂胶结材料，并按分线位置逐一粘贴牢固。基层面宜先涂刷冷底子油或其他与胶结材料匹配的基层处理剂，以保证与基层之间的可靠黏结。

（6）破碎不齐的板状保温型材可锯平拼接使用，小的棱角缺损、贴靠不紧的接缝可用同类材料粘贴补齐或嵌填密实。

（7）设计有要求的、坡度过大的屋面，铺贴板状保温型材时应有固定措施。

（8）节点处理。

① 檐沟、女儿墙保温做法（图4.5～图4.8）。檐沟、女儿墙泛水部位宜连续保温，女儿墙外侧保温做法同外墙，内侧则应设置保温层。

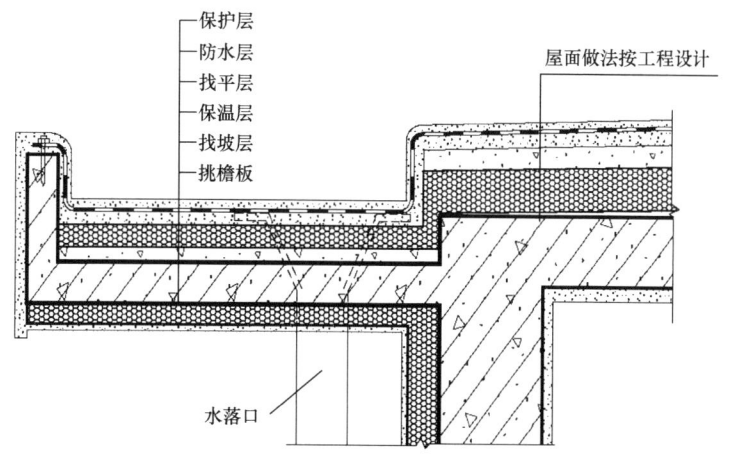

图4.5 正置式屋面挑檐保温做法

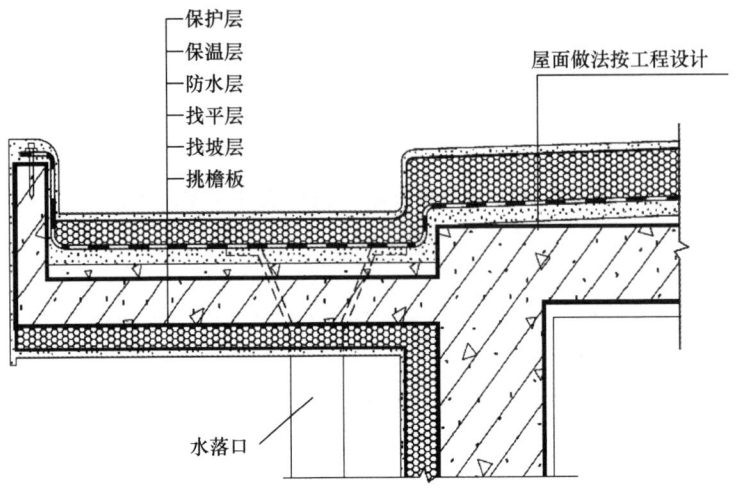

图 4.6 倒置式屋面挑檐保温做法

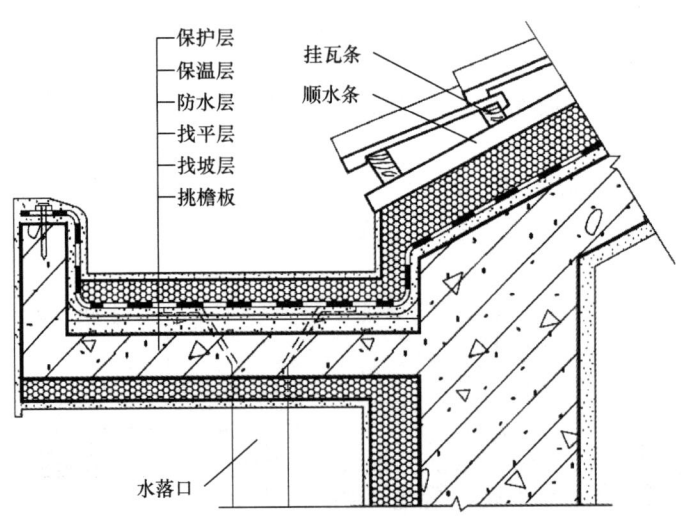

图 4.7 坡屋面檐沟保温做法

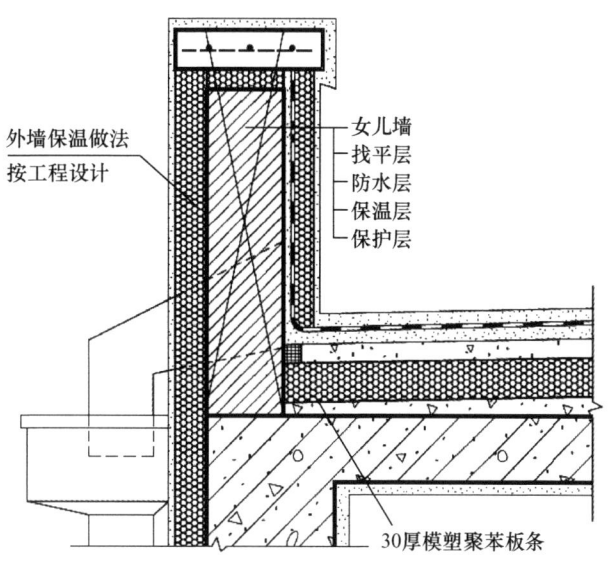

图 4.8 女儿墙保温做法

② 变形缝保温做法（图 4.9）。保温层宜连续保温到变形缝顶部。变形缝内宜填充泡沫塑料，上部填放衬垫材料，并用卷材封盖。变形缝顶部应加扣混凝土盖板或金属盖板。

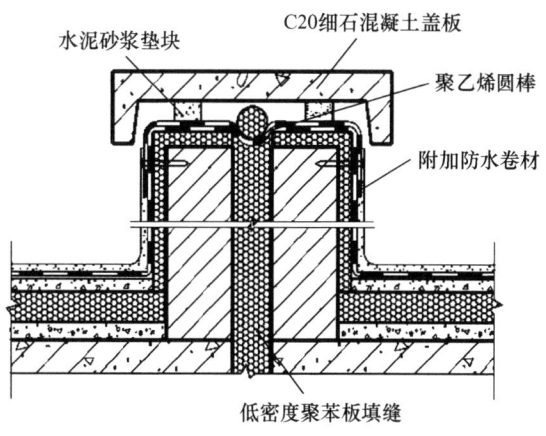

图 4.9 变形缝保温做法

③ 水落口保温做法（图 4.10、图 4.11）。水落口埋设标高应考虑水落口设保温层时增加的厚度及排水坡度加大的尺寸。水落口周围直径 500mm 范围内的坡度不应小于 5%；水落口与基层接触处应留宽 20mm、深 20mm 凹槽，凹槽内嵌填密封材料。保温层距水落口 500mm 的范围内应逐渐均匀减薄，最薄处厚度不应小于 15mm。

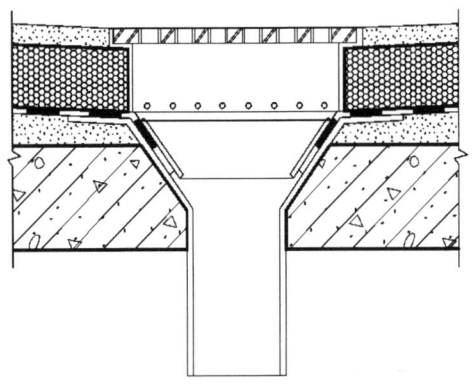

图4.10 倒置式屋面内排水水落口保温做法

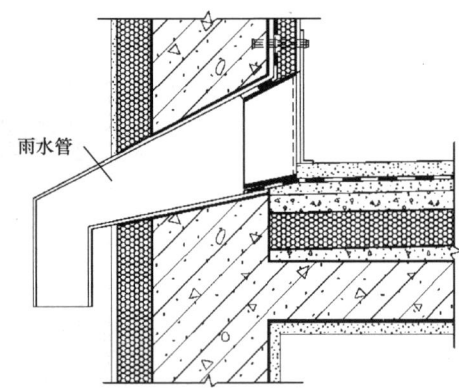

图4.11 普通屋面女儿墙水落口保温做法

④ 伸出屋面管道保温做法（图4.12）。伸出屋面管道周围的找平层应做成圆锥台。保温层应直接做至管道距屋面高度250mm处，防水材料收头处应采用金属盖板加箍箍紧，并用密封材料封严。

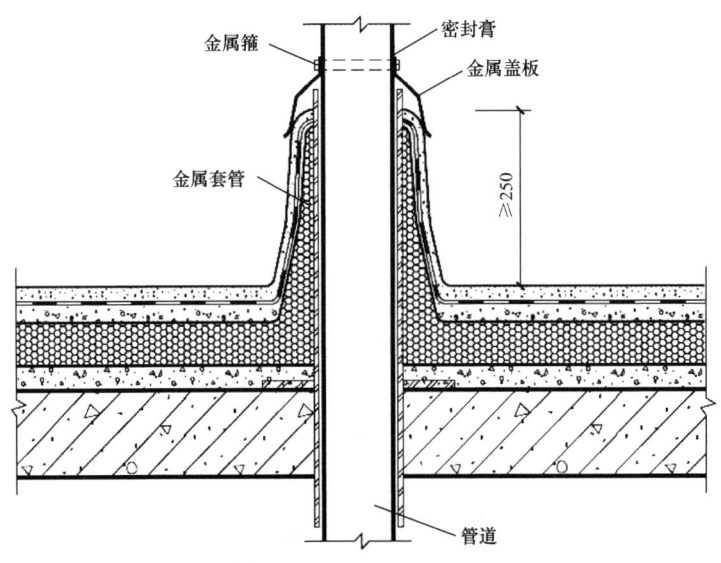

图4.12 伸出屋面管道保温做法

任务单元4.3 屋面现浇保温节能工程

4.3.1 屋面现浇保温层构造

屋面现浇保温层是采用松散保温材料膨胀蛭石和膨胀珍珠岩，用水泥作胶结材料，按设计要求配合比拌制、浇筑，经固化而形成的保温层（图4.13、图4.14）。

现浇水泥膨胀蛭石及水泥膨胀珍珠岩不宜用于整体封闭式保温层，需要采用时应做排汽道。排汽道应纵横贯通，并应通过排汽孔与大气连通，排汽孔应做好防水处理。

应根据基层的潮湿程度和屋面构造确定留置排汽孔的位置，其数量宜按屋面面积每 36m² 设置一个。

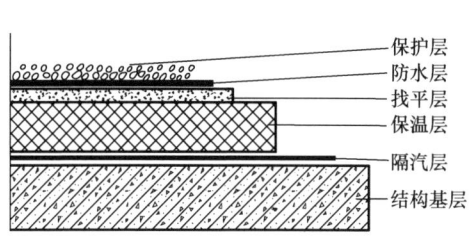

图 4.13 屋面现浇保温层构造

图 4.14 屋面现浇保温层施工

4.3.2 屋面现浇保温节能工程施工工艺

1. 材料性能要求

（1）应选择表观密度和导热系数小、吸水率低的松散保温材料，使用的松散保温材料（膨胀蛭石和膨胀珍珠岩）质量要满足表 4-2 中的要求。

表 4-2 松散保温材料质量要求

项目	膨胀蛭石	膨胀珍珠岩
粒径 /mm	3～15	≥0.15，<0.15 的含量不大于 8%
堆积密度 /（kg/m³）	≤300	≤120
导热系数 /［W/（m·K）］	≤0.14	≤0.07

（2）水泥的强度等级不得低于 32.5 级，不同品种和不同强度等级的水泥严禁混用。

（3）搅拌用水应采用饮用水。

2. 施工机具准备

桨叶型搅拌机、计量桶、运输小车、铁铲（锹）、灰桶、木拍子、刮尺、铁抹子、木抹子、筛子等。

3. 作业条件准备

（1）基层表面应平整、牢固、干燥（含水率小于 9%）、无油污，并清扫干净。若找平层设排汽管，则排汽管的安装固定应在聚氨酯保温防水层施工前进行完毕。基层与凸出屋面结构的连接处及基层的转角处均应做成 100mm～150mm 的圆弧或钝角，有组织排水的水落口周围应做成略低的凹坑。

（2）施工所需的各种材料已按计划进入现场，并经验收。施工面上水通、电通。

（3）现浇拌和材料配合比已经确认，基层已按设计和施工方案找好坡度、分格等规矩，并已弹出准线和做好标准。

（4）基层变形缝和其他接缝已按设计要求处理完毕。

（5）禁止在雨天、雪天、5级及5级以上大风天环境中施工作业。

（6）当环境温度在5℃以下时，施工作业和养护期间必须采取并落实可靠的专项施工技术措施。

4. 施工工艺

屋面现浇保温层施工工艺流程如图4.15所示。

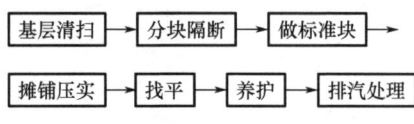

图4.15 屋面现浇保温层施工工艺流程

5. 操作要点

（1）清扫基层并预先湿润，支设、固定分格边模，做好控制标准块。

（2）参照标准块将拌和好的材料摊铺开，并用木拍子拍实，用刮尺初步刮平，最后用木楔收整到设计厚度；兼作找坡层的现浇保温层还必须达到屋面规定的坡度要求。

（3）拍实压平的分格内宜随即完成找平层施工，未随即铺抹找平层砂浆的分格宜使用薄膜遮盖养护。

（4）由于机械搅拌水泥膨胀蛭石（水泥膨胀珍珠岩）会使保温材料颗粒破损过多，因此宜采用人工拌和，最好在铺设位置随拌随铺；人工拌和应先将水泥调制成水泥浆，再将水泥浆均匀泼洒在料堆上，应边泼边拌、混合均匀；通常通过目视拌合料色泽是否均匀、用手紧捏已拌和好的材料能否成团不松散、指缝间是否有水泥浆珠滴下来检查判断材料的拌和质量和施工加水量的适宜度。

（5）水泥膨胀蛭石（水泥膨胀珍珠岩）虚铺厚度一般为设计厚度的130%，同时每层不宜大于150mm，摊铺后用木拍子拍打或压辊滚压密实，通常压缩率控制在1.3。

（6）节点处理。屋面现浇保温层排汽出口和排汽道的防水构造分别如图4.16、图4.17所示。

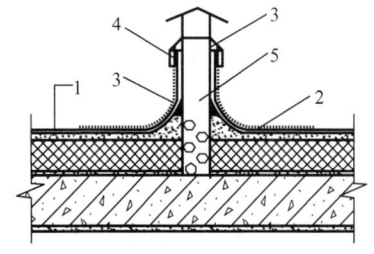 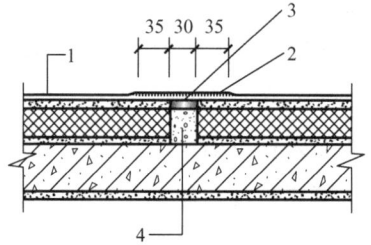

1—卷材或涂膜防水层；2—防水附加层；
3—密封材料；4—金属箍；5—排汽管。

图4.16 排汽出口防水构造

1—卷材或涂膜防水层；2—干铺卷材条；
3—排汽道20mm×30mm；4—松填粗粒保温材料。

图4.17 排汽道防水构造

任务单元 4.4 屋面喷涂保温节能工程

屋面喷涂保温节能工程

4.4.1 屋面喷涂保温层构造

屋面喷涂保温节能工程主要适用于钢筋混凝土平屋面、坡屋面保温层施工。喷涂保温层材料最常用的是硬质聚氨酯泡沫塑料,其构造分别如图 4.18、图 4.19 所示。

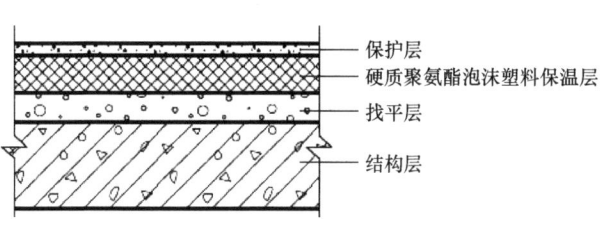

图 4.18 喷涂硬质聚氨酯泡沫塑料保温层平屋面构造

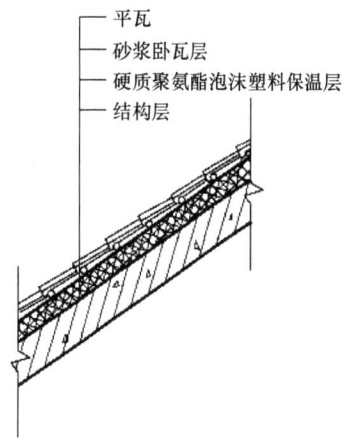

图 4.19 喷涂硬质聚氨酯泡沫塑料保温层坡屋面构造

4.4.2 屋面喷涂保温节能工程施工工艺

1. 材料性能要求

(1) 硬质聚氨酯泡沫塑料性能要求见表 4-3。

表 4-3 硬质聚氨酯泡沫塑料性能要求

检验项目	性能要求	测试标准
表观密度 /(kg/m³)	≥35	GB/T 6343
热导率 /[W/(m·K)]	≤0.03	GB/T 10294
压缩性能(形变 10%)/MPa	≥0.25	GB/T 8813
抗拉强度 /MPa	≥0.3	GB/T 9641
−30℃~70℃,48h 后尺寸变化率 /%	≤3.0	GB/T 8811
闭孔率 /%	≥95	GB/T 10799
吸水率 /%	≤2.0	GB/T 5486
燃烧性能	阻燃型	GB/T 10801.1

(2) 耐碱网格布性能要求见表 4-4。

表 4-4　耐碱网格布性能要求

实验项目	性能指标
单位面积质量 /（g/m²）	≥130
耐碱断裂强度（经、纬向）/（N/50mm）	≥900
耐碱断裂强度保留率（经、纬向）/%	≥50
断裂应变（经、纬向）/%	≤5.0

(3) 聚氨酯防潮底漆、聚氨酯界面砂浆、抗裂砂浆的性能指标应符合设计要求和现行国家行业标准的规定，并有出厂合格证。

(4) 水泥：采用强度等级不小于 42.5 级的硅酸盐水泥、普通硅酸盐水泥或矿渣硅酸盐水泥。

(5) 砂：采用中砂，含泥量不大于 2%。

2. 施工机具准备

(1) 施工机具：空压机、聚氨酯喷涂机、砂浆搅拌机、垂直运输机械、手推车等。

(2) 施工工具：水平仪、水平尺、方尺、量针、钢直尺、平锹、钢抹子、大杠尺、筛子、手锯、钢丝刷、手提式搅拌器、水桶、剪刀、滚刷、锤子等。

3. 作业条件准备

(1) 建筑屋面的结构层为混凝土时，应设找坡层或找平层。找坡层或找平层应坚实、平整、干燥（含水率应小于 8%），表面不应有浮灰和油污。

(2) 平屋面的排水坡度不应小于 2%，天沟、檐沟的纵向排水坡度不应小于 1%。

(3) 屋面与山墙、女儿墙、天沟、檐沟以及凸出屋面结构的连接处应为圆弧形。

(4) 屋面上的设备、管线等应在硬质聚氨酯泡沫塑料保温层喷涂施工前安装就位，管根部位应用细石混凝土填塞密实。

4. 施工工艺

屋面喷涂硬质聚氨酯泡沫塑料保温层施工工艺流程如图 4.20 所示。

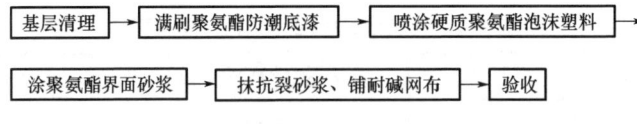

图 4.20　屋面喷涂硬质聚氨酯泡沫塑料保温层施工工艺流程

5. 操作要点

(1) 基层清理。

先用打磨机将凸出屋面基层的多余混凝土或砂浆结块清除，再用钢丝刷和清水清除基层表面的浮浆、返碱、尘土、油污以及表面涂层等杂物，并使光滑的混凝土表面变成粗糙面，然后用清水冲洗至中性。

坡屋面基层预埋锚固钢筋缺少处，应进行补埋（预埋锚固钢筋直径应不小于 6mm，外露长度不应穿出保温层）。

平屋面设计填充材料和坡度应进行找坡层施工，找坡层表面应用1：3水泥砂浆找平（厚度20mm）。

（2）满刷聚氨酯防潮底漆。

待基层含水率小于8%后，用滚刷将聚氨酯底漆均匀地涂刷于基层表面。涂刷两遍，两遍之间的时间间隔为2h，以第一遍表干为标准。阴雨天、大风天不得施工。

（3）喷涂硬质聚氨酯泡沫塑料。

① 做好相邻部位防污染遮挡后，开启喷涂机，将硬质聚氨酯泡沫塑料均匀地喷涂于屋面之上，喷涂次序应从屋面边缘向中心方向喷涂，待聚氨酯发泡后，沿发泡边沿喷涂施工。

② 第一遍喷涂厚度宜控制在10mm左右。喷涂第一遍之后在喷涂保温层上插标准厚度标杆（间距300mm～400mm），然后继续喷涂施工，喷涂可多遍完成，每遍喷涂厚度宜控制在20mm以内，控制喷涂厚度至刚好覆盖标准厚度标杆为止。

③ 喷涂聚氨酯保温材料时要注意防风，风速超过5m/s时应停止施工。

④ 喷涂过程中要严格控制保温层的平整度和厚度，对于保温层厚度超出5mm的部分，可用手锯将过厚处修平。

⑤ 硬质聚氨酯泡沫塑料保温层喷涂施工完成后，应按要求检查保温层厚度。

（4）涂聚氨酯界面砂浆。

硬质聚氨酯泡沫塑料保温层喷涂4h后，可用滚刷将聚氨酯界面砂浆均匀地涂于保温基层上，也可用喷斗喷涂施工。

（5）抹抗裂砂浆、铺耐碱网格布。

硬质聚氨酯泡沫塑料保温层施工完成3d～7d后，即可进行抗裂砂浆层施工。

先在保温层上抹2mm厚抗裂砂浆，待抗裂砂浆初凝后，分段铺挂耐碱网格布，然后在底层抗裂砂浆终凝前再抹一道抗裂砂浆罩面，厚度为2mm～3mm。耐碱网格布之间的搭接宽度不应小于50mm，先压入一侧，再压入另一侧，严禁干搭。耐碱网格布应含在抗裂砂浆中，铺贴要平整，无褶皱，可隐约见网格。抗裂砂浆饱满度应达到100%，局部不饱满处应随即补抹抗裂砂浆找平并压实。

（6）节点处理。

① 山墙、女儿墙。

屋面与山墙、女儿墙间的硬质聚氨酯泡沫塑料保温层应直接连续地喷涂至泛水高度，最低泛水高度不应小于250mm（图4.21）。

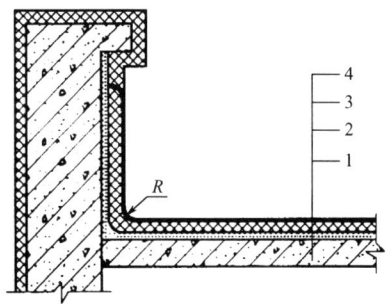

1—结构层；2—找平层或找坡层；3—硬质聚氨酯泡沫塑料保温层；4—防护层；R=100mm～150mm。

图4.21　山墙、女儿墙的泛水收头

② 檐沟。

硬质聚氨酯泡沫塑料保温层在檐沟（或天沟）的连接处应连续地直接喷涂（图 4.22）。

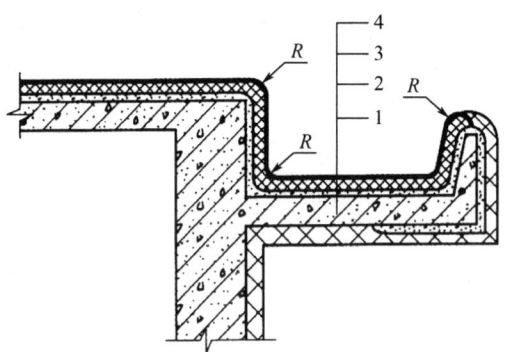

1—结构层；2—找平层或找坡层；3—硬质聚氨酯泡沫塑料保温层；4—防护层；$R=100mm \sim 150mm$。

图 4.22　檐沟

③ 无组织排水檐口。

对于无组织排水檐口，硬质聚氨酯泡沫塑料保温层收头应连续地喷涂到檐口平面端部，喷涂厚度应逐步连续均匀地减薄至不小于 15mm 为止（图 4.23）。

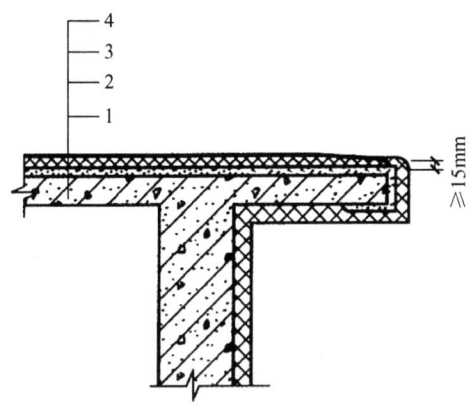

1—结构层；2—找平层或找坡层；3—硬质聚氨酯泡沫塑料保温层；4—防护层。

图 4.23　无组织排水檐口

④ 伸出屋面的管道。

伸出屋面的管道（或通气管）应根据泛水高度要求连续地直接喷涂（图 4.24）。

⑤ 出入口。

出入口处的硬质聚氨酯泡沫塑料保温层收头应连续地直接喷涂至帽口（图 4.25）。

⑥ 水落口。

水落口处的硬质聚氨酯泡沫塑料保温层收头构造应符合下列规定。

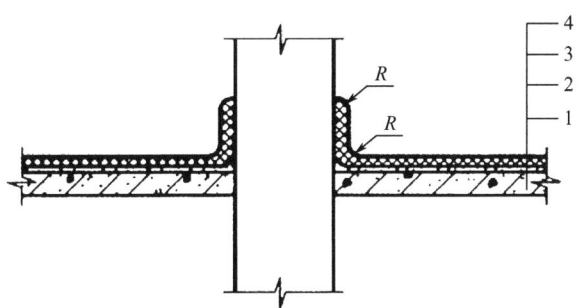

1—结构层；2—找平层或找坡层；3—硬质聚氨酯泡沫塑料保温层；4—防护层；$R=100mm \sim 150mm$。

图 4.24　伸出屋面的管道

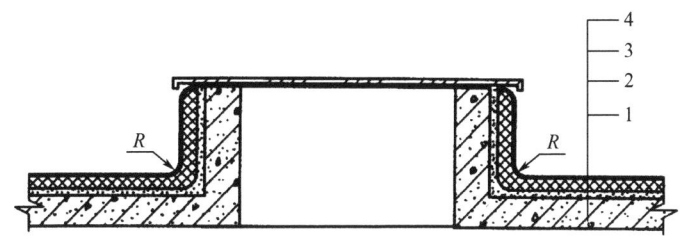

1—结构层；2—找平层或找坡层；3—硬质聚氨酯泡沫塑料保温层；4—防护层；$R=100mm \sim 150mm$。

图 4.25　垂直出入口保温层的构造

a. 水落口杯宜采用金属或塑料制品。

b. 直式水落口直径 500mm 范围内的坡度不应小于 5%，如图 4.26 所示。

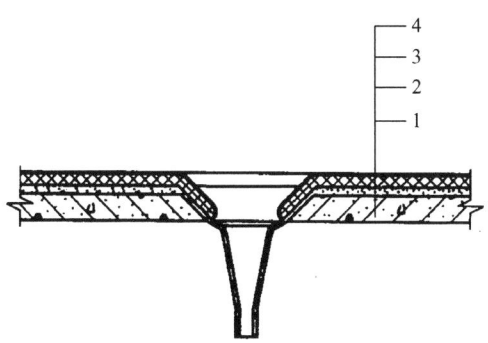

1—结构层；2—找平层或找坡层；3—硬质聚氨酯泡沫塑料保温层；4—防护层。

图 4.26　直式水落口

c. 横式水落口在山墙或女儿墙上应根据泛水高度要求，将硬质聚氨酯泡沫塑料保温层连续地直接喷涂至水落口内，如图 4.27 所示。

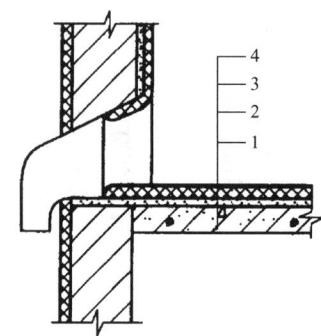

1—结构层；2—找平层或找坡层；3—硬质聚氨酯泡沫塑料保温层；4—防护层。

图 4.27　横式水落口

⑦ 水平伸缩缝。

水平伸缩缝保温层的施工方法：在伸缩缝内应填充塑料棒，并用密封膏密封，然后连续地直接喷涂至帽口（图 4.28）。

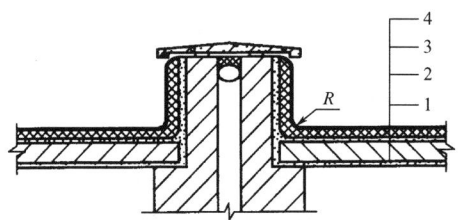

1—结构层；2—找平层或找坡层；3—硬质聚氨酯泡沫塑料保温层；4—防护层；
$R=100\text{mm} \sim 150\text{mm}$。

图 4.28　水平伸缩缝

⑧ 高低跨变形缝。

屋面与山墙间变形缝的施工方法：硬质聚氨酯泡沫塑料保温层应连续地直接喷涂至泛水高度，然后在变形缝内填充塑料棒，并用密封膏密封，再在山墙上用螺钉固定能自由伸缩的钢板（图 4.29）。

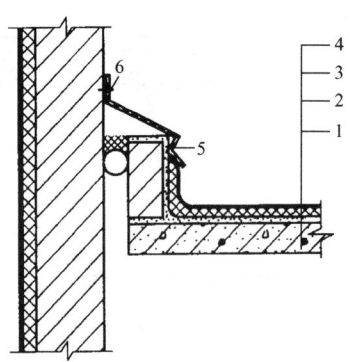

1—结构层；2—找平层或找坡层；3—硬质聚氨酯泡沫塑料保温层；
4—防护层；5—金属盖板；6—螺钉。

图 4.29　高低跨变形缝

任务单元 4.5 屋面架空隔热节能工程

4.5.1 屋面架空隔热层构造

屋面架空隔热层构造如图 4.30～图 4.33 所示。

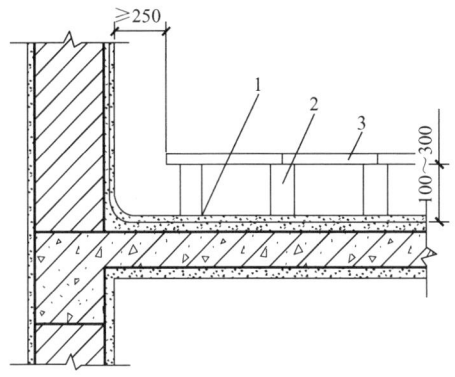

1—防水层；2—支柱；3—架空板。

图 4.30 砖砌支墩大阶砖或混凝土预制薄板架空层

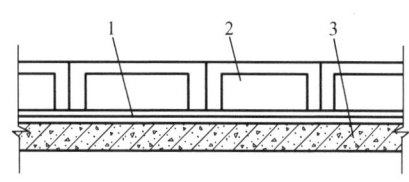

1—防水层；2—混凝土板凳；3—结构层。

图 4.31 混凝土板凳架空层

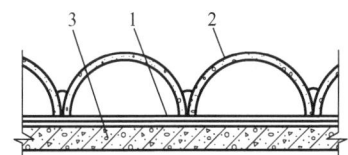

1—防水层；2—混凝土半圆拱；3—结构层。

图 4.32 混凝土半圆拱架空层

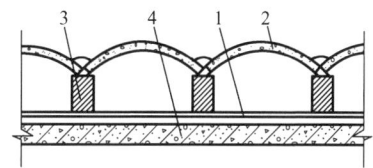

1—防水层；2—水泥大瓦；3—砖墩；4—结构层。

图 4.33 水泥大瓦架空层

4.5.2 屋面架空隔热节能工程施工工艺

1. 材料性能要求

（1）烧结砖：宜采用烧结空心砖，砖的品种、强度等级必须符合设计要求，并应有出厂合格证及复验单。

（2）水泥：宜采用强度等级为 32.5 级的普通硅酸盐水泥或矿渣硅酸盐水泥，并应有出厂合格证及复验报告。

（3）砂：宜采用中砂，并通过 5mm 筛孔。配制 M5（含 M5）以上的砂浆，砂的含泥量不应超过 2%；配制 M5 以下的砂浆，砂的含泥量不应超过 3%，且不得含有草根等杂物。

（4）掺合料：有石灰膏、磨细生石灰粉、电石膏和粉煤灰等，石灰膏的熟化时间不应少于 7d，严禁使用冻结或脱水硬化的石灰膏。

(5)外加剂:多使用微沫剂或各种不同品种的有机塑化剂,其掺量、稀释办法、拌和要求和使用范围应严格按有关技术规定执行,并由试验室试配确定。

(6)水:应用自来水或不含有害物质的洁净水。

2. 施工机具准备

(1)施工机具:砂浆搅拌机、垂直提升设备、手推车等。

(2)施工工具:水平仪、水平尺、平锹、钢抹子、瓦刀、筛子、钢丝刷、笤帚等。

3. 作业条件准备

(1)屋面防水层(防水保护层)施工完成,已办理验收手续和隐蔽记录。

(2)穿过屋面的各种管件根部及屋面构筑物、伸缩缝、天沟等根部均已按设计要求施工完毕。

(3)屋面杂物已清理干净。

(4)砌筑砂浆配合比已经确认。

(5)施工机具已备齐,水、电已接通。

(6)气温不低于5℃。

4. 施工工艺

屋面架空隔热节能工程施工工艺流程如图4.34所示。

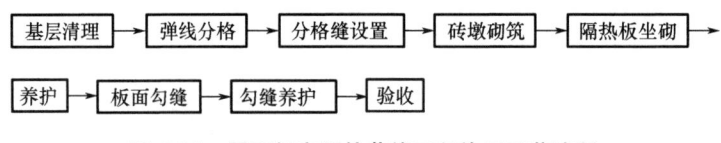

图4.34 屋面架空隔热节能工程施工工艺流程

5. 操作要点

(1)基层清理。

屋面防水层(防水保护层)验收合格后,应将屋面余料、杂物清理干净,并清扫表面灰尘。

(2)弹线分格。

按设计及有关标准要求进行分格弹线,做好隔热板的平面布置,注意应将进风口设于炎热季节最大频率风向的正压区,出风口设在负压区。

(3)分格缝设置。

按设计要求设置分格缝,若设计无要求,则可依照防水保护层的分格间距留设,或以分格缝不大于8m为原则进行分格。

(4)砖墩砌筑。

按砌体施工工艺要求施工,要求灰缝饱满、平滑,并及时清理落地灰和砖碴。如基层为软质基层(如涂膜、卷材等)时,必须在砖墩或板脚处进行防水加强处理,一般用与防水层相同的材料加做一层。砖墩处以凸出砖墩周边150mm~200mm为宜;板脚处以不小于150mm×150mm的方形为宜。

(5)隔热板坐砌。

要求拉线定位、坐浆饱满,确保板缝顺直,达到板面要求的坡度和平整度。施工中应注意随砌随清理落地灰和砖碴。

(6) 养护。

隔热板坐砌后,应进行1d～2d的湿润养护,待砂浆强度达1MPa以后,方可进行板面勾缝。

(7) 板面勾缝。

板缝应先润湿、阴干,然后用1∶2水泥砂浆勾缝。勾缝砂浆表面应反复压光,做到平滑顺直,余灰随勾随清扫干净。

(8) 勾缝养护。

勾缝施工完毕后,应湿润养护1d～2d,然后准备分项验收。

(9) 节点处理。

架空屋面的架空隔热层高度宜为100mm～300mm;架空板与女儿墙的距离不宜小于250mm(图4.30)。当架空隔热屋面做于柔性防水层上,且防水层为高分子卷材或涂膜防水层时,应做20mm厚1∶3水泥砂浆保护层,并在保护层上做1000mm×1000mm见方的半缝分格;当防水层为其他卷材时,可仅在支墩下做20mm厚1∶3水泥砂浆坐浆(图4.35)。

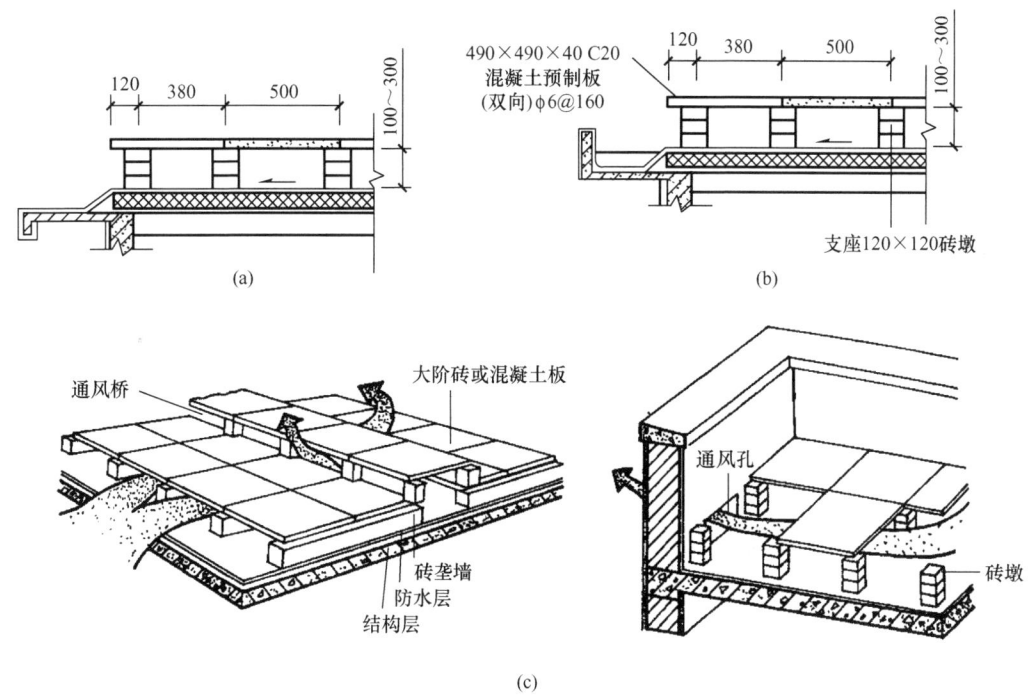

图4.35 架空屋面细部构造

(10) 应同步拍摄必要图像资料的内容。

① 基层。

② 支座砌筑方式。

③ 板缝填充质量。

任务单元 4.6 屋面植被隔热节能工程

4.6.1 屋面植被隔热层构造

屋面植被隔热层的构造方式较多，常见的如图 4.36、图 4.37 所示。

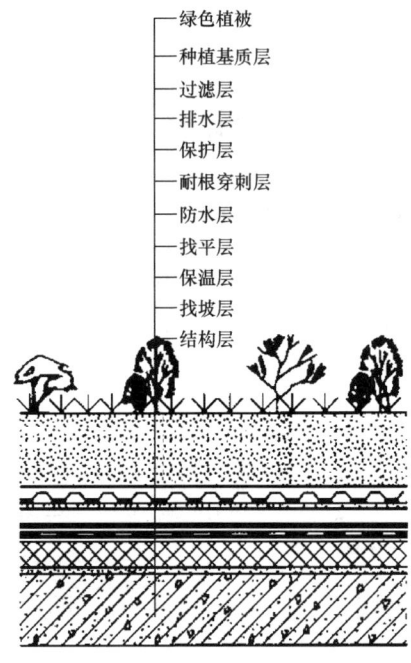

图 4.36 屋面植被隔热层构造（一）

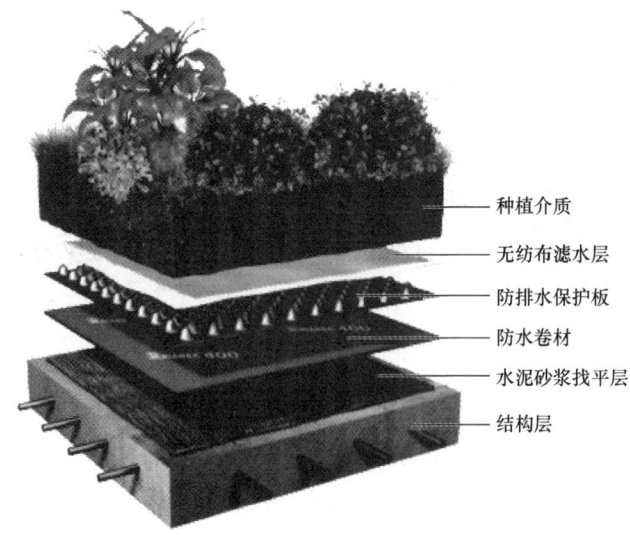

图 4.37 屋面植被隔热层构造（二）

4.6.2 屋面植被隔热节能工程施工工艺

1. 材料性能要求

（1）水泥：采用强度等级不小于32.5级的硅酸盐水泥、普通硅酸盐水泥或矿渣硅酸盐水泥。

（2）砂：采用中砂或粗砂，含泥量不大于2%。

（3）石子：碎石，粒径宜为5mm～15mm，含泥量不大于1%，用于细石混凝土；卵石，粒径宜为10mm～40mm，含泥量不大于1%，用于排水层。

（4）防水材料：符合设计要求和现行国家行业标准的规定，并有产品出厂合格证。

（5）种植介质：蛭石、木屑、种植土等，均应符合设计要求。

（6）聚酯纤维土工布：应符合设计要求和现行国家行业标准的规定。

（7）塑料排水板：应符合设计要求和现行国家行业标准的规定。

2. 施工机具准备

（1）施工机具：混凝土搅拌机、砂浆搅拌机、垂直提升设备、手推车等。

（2）施工工具：水平仪、水平尺、平锹、钢抹子、大杠尺、筛子、钢丝刷、笤帚等。

3. 作业条件准备

（1）屋面结构层和挡墙施工完成，已办理验收手续和隐蔽工程记录。

（2）穿过屋面的各种管件根部及屋面构筑物、伸缩缝、天沟等根部均已按设计要求施工完毕。

（3）屋面标高和排水坡度的基准点和水平基准控制线已设置或标志完毕。

（4）种植屋面所用材料已运到现场，经复检材料质量符合要求；细石混凝土配合比已经确认。

（5）施工机具已备齐，水、电已接通。

（6）气温不低于5℃。

4. 施工工艺

屋面植被隔热节能工程施工工艺流程如图4.38所示。

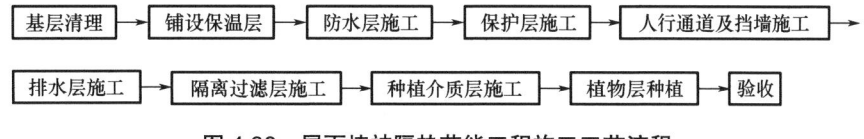

图4.38 屋面植被隔热节能工程施工工艺流程

5. 操作要点

（1）基层清理。

施工前，应将基层表面的泥土、杂物清理干净，不平整度超过10mm要用1∶2水泥砂浆找平；穿过屋面的各种管道根部应固定牢固。

（2）铺设保温层。

铺设保温层前，凡伸出屋面的管道（包括通风道）、管井、设备、水落口杯等须安装到位、固定牢固、嵌填密实,并按设计做密封防水处理。当现浇屋面板保温层采用保温板干铺做法时,保温板应紧靠屋面板表层铺平垫稳。长边采用企口拼接的方式,短边采用平接缝的方式,为确保接缝的严密性,应用胶带纸粘贴成一体。

(3) 防水层施工。

防水层施工时,宜采用刚柔结合的防水方案,柔性防水层应是耐腐蚀、耐霉烂、耐穿刺性能好的涂料或卷材,最佳方案是涂膜防水层和卷材防水层复合,柔性防水层上必须设置细石混凝土保护层或细石混凝土防水层,以抵抗种植根系的穿刺和种植工具对它的损坏。

(4) 保护层施工。

采用柔性防水层的种植屋面应设细石混凝土保护层,其厚度为100mm,强度为C15。

混凝土浇筑应由一端向另一端进行,并采用平板式振捣器振捣。混凝土振捣密实后,应用大杠尺细致刮平表面,以保证排水坡度符合设计要求,然后用抹子收面。

大面积浇筑混凝土时,应分区块进行。每块混凝土应一次连续浇筑完成,如有间歇,应按规定留置施工缝。变形缝应按不大于6m的间距设置。

混凝土浇筑完后,应在12h内覆盖浇水养护,养护时间一般不少于7d。待混凝土的抗压强度达到1MPa以后,方可进行上部施工。

(5) 人行通道及挡墙施工。

挡墙墙身高度要比种植介质面高100mm。距挡墙底部高100mm处应按设计或标准图集留设泄水孔。采用预制槽型板作为分区挡墙和走道板,具体做法参照标准图集。砖砌挡墙构造如图4.39所示。

(6) 排水层施工。

塑料排水板应按设计要求进行排放固定。挡墙泄水孔处应先按设计要求设置钢丝挡水网片,然后在其周围放置卵石疏水骨料。

(7) 隔离过滤层施工。

隔离过滤层是在种植介质和排水层之间铺设的一层聚酯纤维土工布(单位面积质量大于或等于250g/m^2)。施工时,先在排水层上铺50mm厚的中砂,然后铺设聚酯纤维土工布,聚酯纤维土工布压边应大于或等于100mm,随铺随用种植介质土覆盖,并用大杠尺刮平表面。

(8) 种植介质层施工。

按设计要求的层次、厚度和压实系数进行装填,装填不得扰动隔离过滤层,并使种植介质层上表面基本平整且低于四周挡墙100mm。

(9) 植物层种植。

按设计要求的植物种类,选合适的季节种植,并按规定进行养护。

(10) 应同步拍摄必要图像资料的内容。

① 基层。

② 防水层及保护层施工方式。

③ 排水层、隔离过滤层施工方式。

④ 种植介质层施工方式。

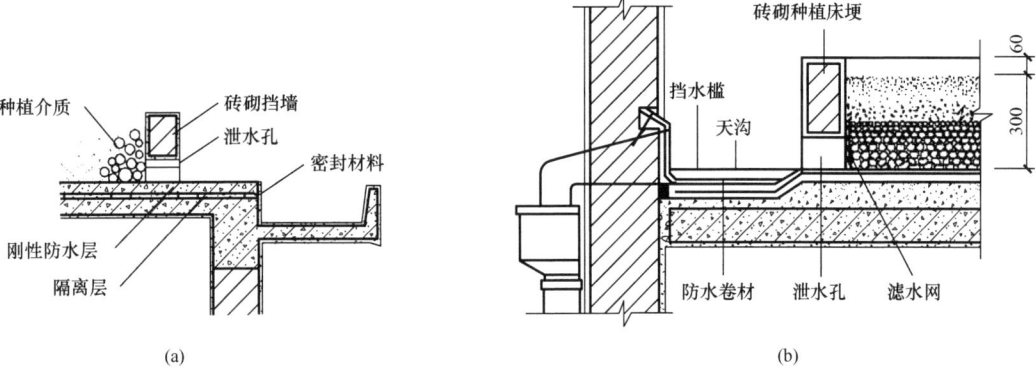

图 4.39 砖砌挡墙构造

任务单元 4.7　屋面蓄水隔热节能工程

4.7.1　屋面蓄水隔热层构造

屋面蓄水隔热层构造如图 4.40 所示。

4.7.2　屋面蓄水隔热节能工程施工工艺

1. 材料性能要求

（1）细石混凝土：强度等级不应低于 C20。
（2）水泥：应选用不低于 42.5 级的普通水泥。
（3）砂：中砂或粗砂，含泥量不大于 2%。
（4）石子：粒径宜为 5mm～15mm，含泥量不大于 1%。

（5）水灰比：宜为 0.5～0.55。

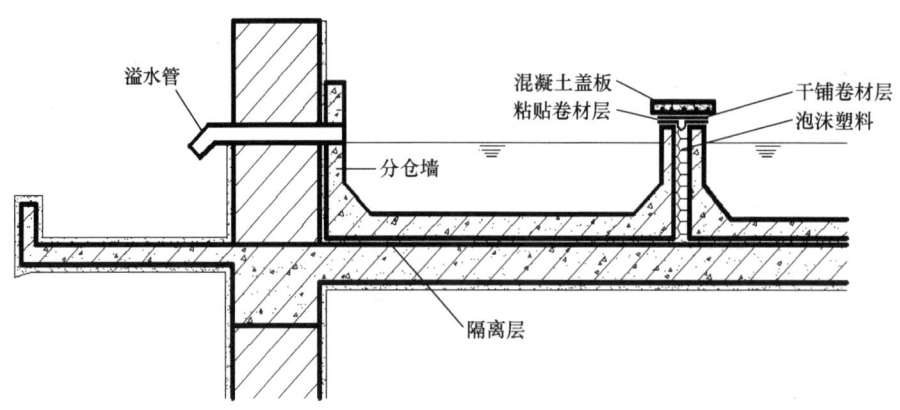

图 4.40 屋面蓄水隔热层构造

2. 施工机具准备

（1）施工机具：混凝土搅拌机、平板式振捣器、运输小车。

（2）施工工具：铁管子、铁抹子、木抹子、直尺、坡度尺、锤子、剪刀、卷扬机、硬方木、圆钢管。

3. 作业条件准备

（1）蓄水屋面的结构层施工已经完毕，其混凝土的强度、密实性均应符合现行规范的规定。

（2）所有设计孔洞已预留，所设置的给水管、排水管和溢水管等在防水层施工前已经安装完毕。

4. 施工工艺

屋面蓄水隔热节能工程施工工艺流程如图 4.41 所示。

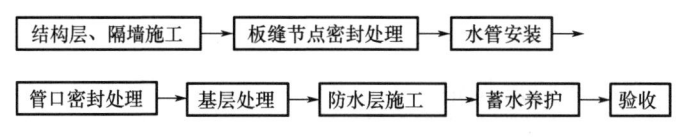

图 4.41 屋面蓄水隔热节能工程施工工艺流程

5. 操作要点

（1）屋面结构层为装配式钢筋混凝土面板时，其板缝应以强度等级不小于 C20 的细石混凝土嵌填，细石混凝土中宜掺膨胀剂。接缝必须以优质密封材料嵌填严密，经充水试验无渗漏，然后在其上施工找平层和防水层。

（2）屋面的所有孔洞应事先预留，不得后凿。所设置的给水管、排水管、溢水管等应在防水层施工前安装好，不得在防水层施工后再在其上凿孔打洞。防水层完工后，再将排水管与水落管连接，最后进行防水处理。

（3）基层处理。

防水层施工前，必须将基层表面的凸起物铲除，并将尘土、杂物等清扫干净，基层必须干燥。

（4）防水层施工。

① 蓄水屋面宜采用刚柔结合的防水方案，柔性防水层应是耐腐蚀、耐霉烂、耐穿刺性能好的涂料或卷材，最佳方案是涂膜防水层和卷材防水层复合，然后浇筑配筋细石混凝土，它既是刚性防水层又是柔性防水层。刚性防水层的分格缝可以和蓄水分区相结合，以便于管理、清扫和维修，且缩小蓄水面积，还可防止大风吹起浪花影响周围环境。细石混凝土的分格缝应嵌填密封材料。

② 蓄水屋面采用刚柔结合的防水方案时，应先施工柔性防水层，再做隔离层，最后浇筑配筋细石混凝土防水层。柔性防水层施工完成后，应进行蓄水检验，经检验无渗漏后，才能继续下一道工序的施工。柔性防水层与刚性防水层或刚性保护层间应设置隔离层。

③ 蓄水屋面采用刚性防水层时，其施工方法可参照屋面现浇保温节能工程施工工艺。

④ 浇筑防水混凝土时，每个蓄水区必须一次性浇筑完毕，严禁留置施工缝，其立面与平面的防水层必须同时进行。

⑤ 蓄水屋面的细石混凝土原材料和配合比应符合刚性防水层的要求，宜掺加膨胀剂、减水剂和密实剂，以减少细石混凝土的收缩。蓄水屋面的分格缝不能过多，一般要放宽间距，分格间距不宜大于10m。

⑥ 应根据屋面的具体情况，对蓄水屋面的全部节点采取"刚柔并举、多道设防"的措施做好密封防水施工。在靠近墙面处，防水材料应向上铺涂，并应高出面层溢水口200mm～300mm，或按设计要求的高度铺涂。

⑦ 防水混凝土必须机械搅拌、机械振捣、随捣随抹，抹压时不得洒水、洒干水泥或加水泥浆。混凝土收水后应进行二次压光，并及时养护，如放水养护，则应结合蓄水，不得再使混凝土干涸。

⑧ 分仓缝嵌填密封材料后，上面应做砂浆保护层埋置保护。

（5）蓄水养护。

① 防水层完工及进行节点处理后，应进行试水，确认合格后方可开始蓄水，蓄水后不得断水而使之干涸。

② 蓄水屋面应安装自动补水装置，屋面蓄水后，应保持蓄水层的设计厚度，严禁蓄水流失、蒸发后导致屋面干涸。

③ 工程竣工验收后，使用单位应安排专人负责蓄水屋面的管理，定期检查并清扫杂物，保持屋面排水系统畅通，严防干涸。

（6）节点处理。

蓄水屋面溢水口应距分仓墙顶面100mm（图4.42）；过水孔应设在分仓墙底部，排水管应与水落管连通（图4.43）；分仓缝内应嵌填泡沫塑料，上部应用卷材封盖，然后加扣混凝土盖板（图4.44）。

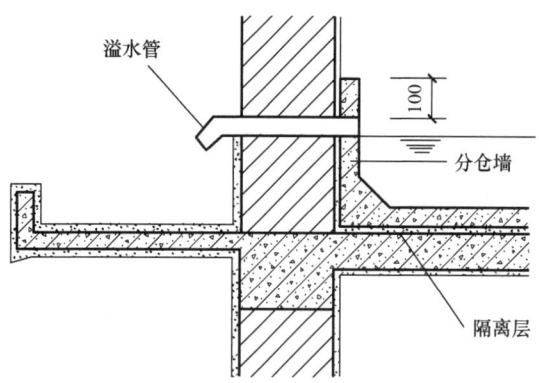

图 4.42 蓄水屋面溢水口

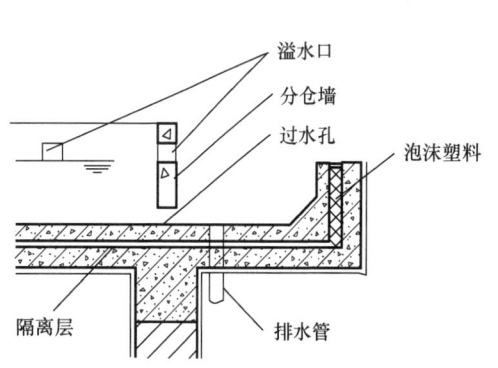

图 4.43 蓄水屋面过水孔、排水管

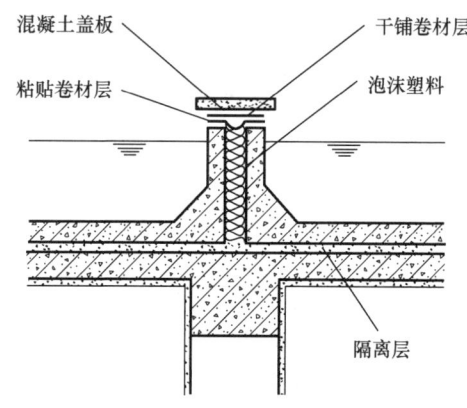

图 4.44 蓄水屋面分仓缝

（7）应同步拍摄必要图像资料的内容。
① 基层。
② 柔性防水层敷设方式。
③ 细石混凝土保护层的敷设方式、厚度。
④ 分仓缝节点的处理方法。

任务单元 4.8　屋面节能工程的质量标准与验收

4.8.1　主控项目的质量标准与检验方法

（1）屋面节能工程使用的保温隔热材料、构件应进行进场验收，验收结果应经监理工程师检查认可，且应形成相应的验收记录。各种材料和构件的质量证明文件与相关技术资料应齐全，并应符合设计要求和国家现行有关标准的规定。

检验方法：观察、尺量检查；核查质量证明文件。

检查数量：按进场批次，每批随机抽取 3 个试样进行检查；质量证明文件应按照其出厂检验批进行核查。

（2）屋面保温隔热层的敷设方式、厚度、缝隙填充质量及屋面热桥部位的保温隔热做法，应符合设计要求和有关标准的规定。

检验方法：观察、尺量检查。

检查数量：每个检验批抽查3处，每处10m²。

（3）屋面的通风隔热架空层，其架空高度、安装方式、通风口位置及尺寸应符合设计及有关标准要求。架空层内不得有杂物。架空面层应完整，不得有断裂和露筋等缺陷。

检验方法：观察、尺量检查。

检查数量：每个检验批抽查3处，每处10m²。

（4）屋面隔汽层的位置、材料及构造做法应符合设计要求，隔汽层应完整、严密，穿透隔汽层处应采取密封措施。

检验方法：观察检查；核查隐蔽工程验收记录。

检查数量：每个检验批抽查3处，每处10m²。

（5）坡屋面、架空屋面内保温应采用不燃保温材料，保温层做法应符合设计要求。

检验方法：观察检查；核查复验报告和隐蔽工程验收记录。

检查数量：每个检验批抽查3处，每处10m²。

（6）当采用带铝箔的空气隔层做隔热保温屋面时，其空气隔层厚度、铝箔位置应符合设计要求。空气隔层内不得有杂物，铝箔应铺设完整。

检验方法：观察、尺量检查。

检查数量：每个检验批抽查3处，每处10m²。

（7）种植植物的屋面，其构造做法与植物的种类、密度、覆盖面积等应符合设计及相关标准要求，植物的种植与维护不得损害节能效果。

检验方法：对照设计检查。

检查数量：全数检查。

（8）采用有机类保温隔热材料的屋面，防火隔离措施应符合设计和现行国家标准《建筑设计防火规范（2018年版）》（GB 50016—2014）的规定。

检验方法：对照设计检查。

检查数量：全数检查。

（9）金属板保温夹芯屋面应铺装牢固、接口严密、表面洁净、坡向正确。

检验方法：观察、尺量检查；核查隐蔽工程验收记录。

检查数量：全数检查。

4.8.2　一般项目的质量标准与检验方法

（1）屋面保温隔热层应按专项施工方案施工，并应符合下列规定。

① 板材应粘贴牢固、缝隙严密、平整。

② 现场采用喷涂、浇注、抹灰等工艺施工的保温层，应按配合比准确计量、分层连续施工、表面平整、坡向正确。

检验方法：观察、尺量检查，检查施工记录。

检查数量：每个检验批抽查3处，每处10m²。

（2）反射隔热屋面的颜色应符合设计要求，色泽应均匀一致，没有污迹，无积水现象。

检验方法：观察检查。

检查数量：全数检查。

（3）屋面、架空屋面当采用内保温时，保温隔热层应设有防潮措施，其表面应有保护层，保护层的做法应符合设计要求。

检验方法：观察检查；核查隐蔽工程验收记录。

检查数量：每个检验批抽查3处，每处10m²。

项目小结

屋面节能工程是建筑节能工程中的重要组成部分。在设计及施工中，设计人员应合理选择节能方案，施工人员应严格按照施工工艺及质量验收规范进行施工，编制详细合理的节能工程施工方案及质量验收资料。

习题

一、单选题

1. 屋面节能工程使用的保温隔热材料，其导热系数、密度、（　　）或压缩强度、燃烧性能应符合设计要求。

A. 厚度　　　　B. 抗拉强度　　　　C. 抗压强度　　　　D. 抗冲击性能

2. 建筑节能验收（　　）。

A. 是单位工程验收的条件之一

B. 是单位工程验收的先决条件，具有"一票否决权"

C. 不具有"一票否决权"

D. 可以与其他部分一起同步进行验收

3. 屋面能耗约占建筑总能耗的（　　）。

A. 8%～15%　　B. 20%　　　　C. 25%　　　　D. 30%

4. 保温层设置在防水层上部时，保温层的上面应做（　　）。

A. 保护层　　　B. 隔汽层　　　C. 隔离层　　　D. 找平层

5. 卷材防水屋面保温层厚度的允许偏差：对于松散保温材料和整体现浇保温层为（　　）。

A. +3%，-2%　　B. +5%，-5%　　C. +8%，-5%　　D. +10%，-5%

二、多选题

1. 屋面保温层的材料宜选用下列哪些特性的材料？（　　）

A. 热导率较低的　B. 不易燃烧的　C. 吸水率较大的　D. 材质厚实的

E. 机械强度不小于1MPa

2. 屋面工程验收的文件和记录包括（　　）、中间检查记录、施工日志、工程检验记录和其他技术资料。
A. 防水设计　　　B. 施工方案　　　C. 技术交底记录　D. 材料质量证明文件
E. 设计变更
3. 建筑围护结构的传热有三种方式：两个分离的（不直接接触）、温度不同的物体之间存在着（　　）传热方式；流体内部温度不均匀引起密度分布不均匀，形成流体为（　　）传热方式；两直接接触物体，热量从温度高的一面传向温度低的一面，为（　　）传热方式。
A. 导热　　　　B. 传导　　　　C. 对流　　　　D. 辐射
E. 介质传递

三、问答题

1. 常用的屋面节能工程类型有哪些？
2. 简述各种类型屋面节能工程的优缺点及使用范围。
3. 简述屋面型材保温节能工程的施工工艺流程。
4. 简述屋面型材保温节能工程的质量验收要点。
5. 简述屋面现浇保温节能工程的施工工艺流程。
6. 简述屋面现浇保温节能工程的质量验收要点。
7. 简述屋面喷涂保温节能工程的施工工艺流程。
8. 简述屋面喷涂保温节能工程的质量验收要点。
9. 简述屋面架空隔热节能工程的施工工艺流程。
10. 简述屋面架空隔热节能工程的质量验收要点。
11. 简述屋面植被隔热节能工程的施工工艺流程。
12. 简述屋面植被隔热节能工程的质量验收要点。
13. 简述屋面蓄水隔热节能工程的施工工艺流程。
14. 简述屋面蓄水隔热节能工程的质量验收要点。

项目 4
在线答题

综合实训

某消防大队办公楼工程位于花园路，为 5 层框架结构，由某消防大队投资兴建，某城乡规划设计研究所设计，某工程咨询监理公司监理，某建筑安装有限公司承建，应设计单位及业主要求，屋面保温采用 4cm 厚挤塑板。针对该工程实际情况，拟定本工程屋面节能施工方案。其他内容辅导教师可根据情况自行设定（施工图由教师提供）。

【实训目标】

依据施工图纸及主要规范、规程进行屋面节能专项施工方案的编制。

【实训要求】

（1）编写内容如下。
① 编制依据。
② 工程概况。

③ 施工部署。
④ 材料选择。
⑤ 施工方法。
⑥ 成品保护。
⑦ 屋面作业的安全、文明施工及环境保护要求。
（2）编写要求如下。
① 教师根据教学实际需要，指导学生根据范本编写屋面节能工程施工方案部分章节。
② 教师可以将本部分实训教学内容分散安排在各节教学过程中，也可以在本项目结束后统一安排。教师要指导学生按照教学内容编写，尽量做到规范化、标准化。

项目 5 楼地面节能工程

思维导图

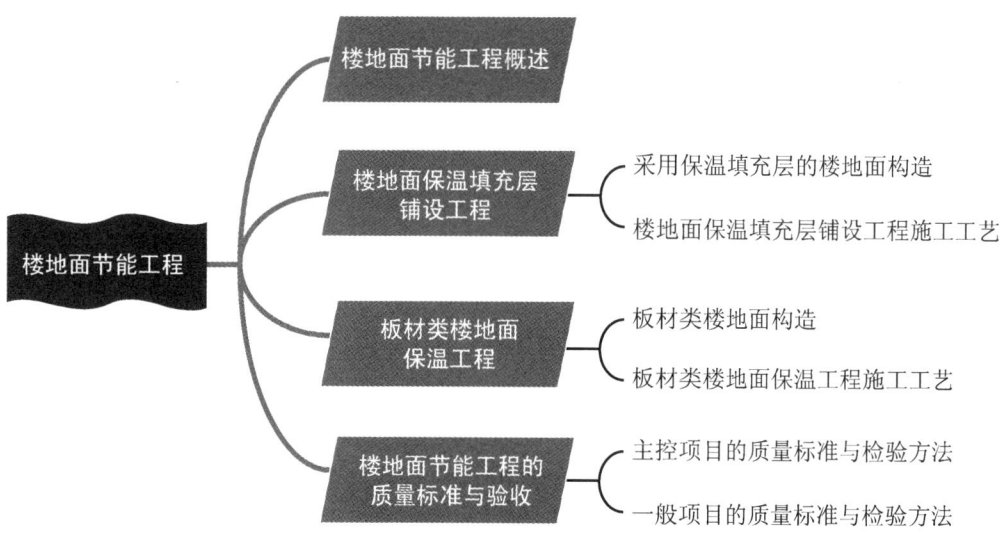

引言

在建筑围护结构中，通过楼地面向外传导的热（冷）量占围护结构传热量的3%～5%。常见的楼地面节能工程主要包括两部分：一部分是直接接触土壤的底层地面保温工程，另一部分是与空气接触的楼层地面保温工程。本项目主要介绍楼地面保温填充层铺设工程和板材类楼地面保温工程的构造、质量标准等内容。

任务单元5.1 楼地面节能工程概述

楼地面包括建筑物的底层地面及楼层地面。楼地面节能工程中底层地面构造一般为保温层、垫层和基层（素土夯实），楼层地面构造一般为面层、保温层和结构层，有时为了满足使用和构造要求，可增设找平层、隔离层、防潮层、保护层等结构层次。楼地面节能工程常用的保温材料有炉渣、膨胀蛭石、膨胀珍珠岩、岩棉等无机材料，以及聚苯乙烯泡沫板（EPS、XPS）、硬质聚氨酯泡沫塑料板等有机材料。

楼地面节能工程的施工，应在主体或基层质量验收合格后进行。施工过程中应及时进行质量检查、隐蔽工程验收和检验批验收，施工后应进行楼地面节能分项工程验收。

（1）楼地面节能工程应对下列内容进行隐蔽工程验收，并应有详细的文字记录和必要的图像资料。

① 基层。
② 被封闭的保温材料厚度。
③ 保温材料的黏结方法。
④ 隔热断桥部位。

（2）楼地面节能分项工程检验批划分，除本项目另有规定外应符合下列规定。

① 检验批宜按施工段或变形缝划分。
② 采用相同材料、工艺和施工做法的地面，每1000m^2面积划分为一个检验批，不足1000m^2也为一个检验批。
③ 不同构造做法的楼地面节能工程应单独划分检验批。
④ 检验批的划分也可根据与施工流程相一致且方便施工与验收的原则，由施工单位与监理单位协商确定。

任务单元5.2 楼地面保温填充层铺设工程

5.2.1 采用保温填充层的楼地面构造

楼地面保温填充层主要起保温、隔声、找平的作用，其一般采用松散保温材料、板状保温材料、现浇成形保温材料等。采用保温填充层的楼地面构造如图5.1所示。

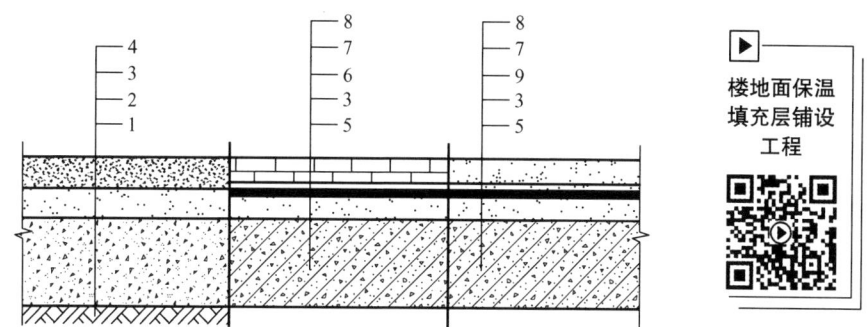

1—基层;2—垫层;3—找平层;4—松散保温填充层;5—楼层结构层;
6—板状保温填充层;7—隔离层;8—保护层;9—现浇整体保温填充层。

图5.1 采用保温填充层的楼地面构造

5.2.2 楼地面保温填充层铺设工程施工工艺

1. 施工工艺流程

楼地面保温填充层铺设工程施工工艺流程如图5.2所示。

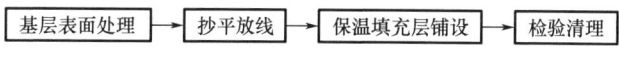

图5.2 楼地面保温填充层铺设工程施工工艺流程

2. 操作要点

(1)保温填充层施工前,应进行基层表面处理,要求基层表面平整、干净和干燥;应弹好标高控制线,并做好厚度控制标准参照物。

(2)保温填充层铺设应符合下列规定。

① 当采用松散材料做保温填充层时,松散保温填充层应干燥,含水率不得超过设计规定。松散保温填充层施工应分层铺设,并适当压实,每层虚铺厚度不宜大于150mm;压实的程度与厚度应经试验确定,压实后的保温填充层应避免受重压。

② 当采用干铺板(块)状材料做保温填充层时,应分层错缝铺贴,每层应选用同一厚度的板(块)状材料,其铺设厚度均应符合设计要求,接缝处应采用同类材料碎屑嵌填饱满。

③ 当采用粘贴板(块)状材料做保温填充层时,铺砌应平整、严实,分层铺设时接缝应错开。同时应边刷、边贴、边压实,防止板(块)状材料翘曲。胶黏剂应按保温材料的材性选用,板缝及缺损处应用同类材料碎屑加胶结料拌匀填补严密。

④ 现浇整体保温填充层铺设时,水泥膨胀珍珠岩、沥青膨胀珍珠岩、膨胀蛭石应采用人工搅拌,避免颗粒破碎。以水泥作胶结料时,应将水泥制成水泥浆后,边泼边拌均匀。以沥青作胶结料时,沥青加热温度不应高于240℃,使用温度不宜低于190℃,膨胀珍珠岩、膨胀蛭石的预热温度宜为100℃~120℃,拌和以色泽均匀一致、无沥青团为宜。

以硬质聚氨酯泡沫塑料作保温填充层时，基层必须平整、干燥，相对湿度小于80%，且无锈、无粉尘、无污染、无潮气。当环境温度和基层表面温度过低（18℃以下）时，应先涂一层涂料，然后进行喷涂施工，喷涂时要连续均匀。当风速超过5m/s时，不应进行施工。现浇整体保温填充层铺设时，应根据配合比计量准确、拌和均匀。现浇整体保温填充层应分层连续铺设，压实适当、表面平整，其虚铺厚度与压实厚度应根据试验确定。

（3）施工中应同步拍摄被封闭保温填充层的图像资料。

任务单元5.3 板材类楼地面保温工程

5.3.1 板材类楼地面构造

板材类楼地面基本构造如图5.3和图5.4所示。

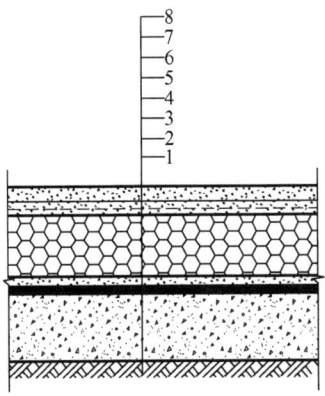

1—回填夯实层；2—垫层；3—防潮层；4—隔离层；5—水泥砂浆找平层；
6—保温层；7—抗裂砂浆、耐碱玻纤网格布层；8—保护层。

图5.3 板材类底层地面基本构造

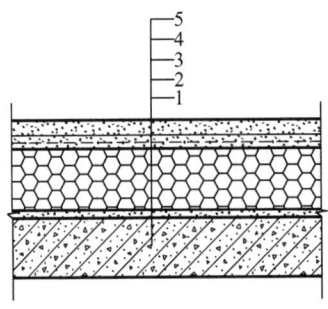

1—基层楼板；2—水泥砂浆找平层；3—保温层；
4—抗裂砂浆、耐碱玻纤网格布层；5—保护层。

图5.4 板材类楼层地面基本构造

项目 5 楼地面节能工程

5.3.2 板材类楼地面保温工程施工工艺

1. 施工工艺流程

板材类楼地面保温工程施工工艺流程如图 5.5 所示。

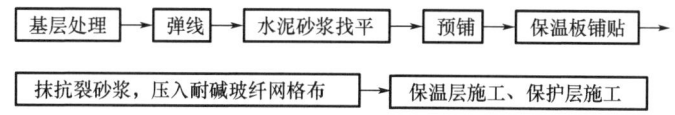

图 5.5 板材类楼地面保温工程施工工艺流程

2. 操作要点

（1）基层处理时，基层楼地面应清理干净，无油渍、浮尘等，大于或等于 10mm 的板面凸起物应铲平。

（2）弹线时应弹好标高控制线，并做好厚度控制标准参照物。

（3）根据所用块材的规格及房间尺寸，按方案要求进行干铺试摆，非整板宜放置在房间四周。非整板的尺寸不宜小于整板尺寸的 1/3。

（4）保温板铺贴应符合下列规定。

① 干铺时，按分线位置逐一放平垫稳保温板，接缝应挤紧。

② 粘贴铺砌时，应边铺边粘贴保温板块，随时用木杠控制和找平顶面。

③ 铺砌时，接缝可采用对接、搭接或榫接（图 5.6～图 5.8）。

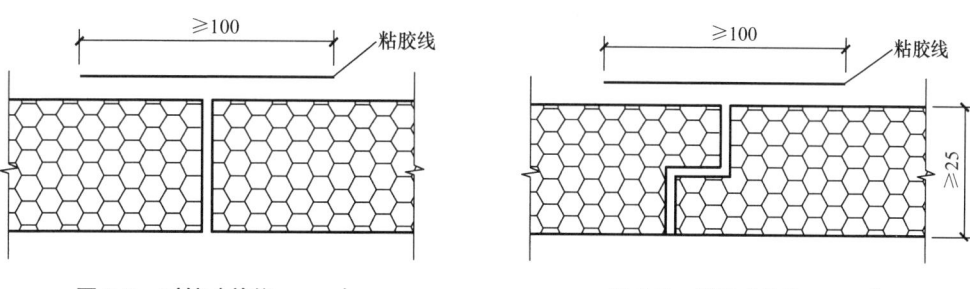

图 5.6 对接（单位：mm）　　图 5.7 搭接（单位：mm）

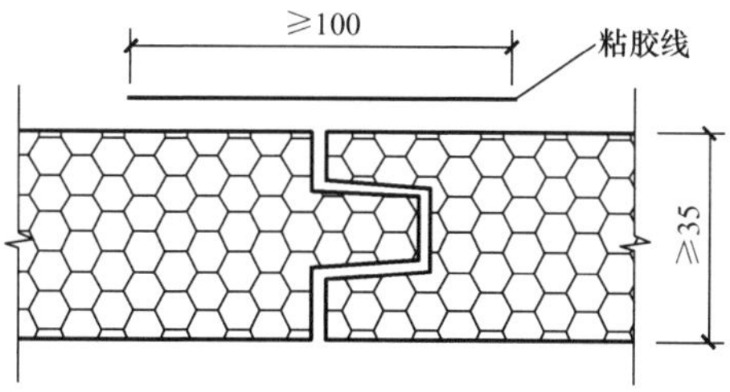

图 5.8 榫接（单位：mm）

④ 铺砌时，板材应逐行错缝，板与板之间要挤紧，周边端缝用保温材料填实。因保温板面不方正或裁切不直形成的缝隙，宜用硬质聚氨酯泡沫塑料嵌填缝隙。

（5）抹抗裂砂浆应符合下列规定。

① 在保温板上先抹 2mm 厚的抗裂砂浆，待抗裂砂浆初凝后，再分段铺挂耐碱玻纤网格布。

② 应在底层抗裂砂浆终凝前再抹一道抗裂砂浆罩面，厚度为 2mm～3mm，以覆盖耐碱玻纤网格布轮廓为宜。面层砂浆切忌不停揉搓，以免形成空鼓。在面层抗裂砂浆抹完后应养护 7d，待其干燥后方可进行保护层施工。

（6）应同步拍摄必要图像资料的内容。

① 保温层附着的基层及其表面处理。

② 墙体热桥部位处理。

③ 保温板的粘接和固定方法。

④ 被封闭的保温板厚度。

任务单元 5.4　楼地面节能工程的质量标准与验收

楼地面节能工程质量验收

5.4.1　主控项目的质量标准与检验方法

（1）用于楼地面节能工程的保温材料、构件应进行进场验收，验收结果应经监理工程师检查认可，且应形成相应的验收记录。各种材料和构件的质量证明文件与相关技术资料应齐全，并应符合设计要求和国家现行有关标准的规定。

检验方法：观察、尺量检查；核查质量证明文件。

检查数量：按进场批次，每批随机抽取 3 个试样进行检查；质量证明文件应按照其出厂检验批进行核查。

（2）地下室顶板和架空楼板底面的保温隔热材料应符合设计要求，并应粘贴牢固。

检验方法：观察检查，核查质量证明文件。

检查数量：每个检验批应抽查 3 处。

（3）楼地面节能工程施工前，基层处理应符合设计和专项施工方案的有关要求。

检验方法：对照设计和专项施工方案观察检查。

检查数量：全数检查。

（4）楼地面保温层、隔离层、保护层等各层的设置和构造做法应符合设计要求，并应按专项施工方案施工。

检验方法：对照设计和专项施工方案观察检查；尺量检查。

检查数量：每个检验批抽查 3 处，每处 10m²。

（5）楼地面节能工程的施工质量应符合下列规定。

① 保温板与基层之间、各构造层之间的黏结应牢固，缝隙应严密。

② 穿越地面到室外的各种金属管道应按设计要求采取保温隔热措施。

检验方法：观察检查；核查隐蔽工程验收记录。

检查数量：每个检验批抽查 3 处，每处 10m²；穿越地面的金属管道全数检查。

（6）有防水要求的地面，其节能保温做法不得影响地面排水坡度，防护面层不得渗漏。

检验方法：观察、尺量检查，核查防水层蓄水试验记录。

检查数量：全数检查。

（7）严寒和寒冷地区，建筑首层直接接触土壤的地面、底面直接接触室外空气的地面、毗邻不供暖空间的地面以及供暖地下室与土壤接触的外墙应按设计要求采取保温措施。

检验方法：观察检查，核查隐蔽工程验收记录。

检查数量：全数检查。

（8）保温层的表面防潮层、保护层应符合设计要求。

检验方法：观察、检查、核查隐蔽工程验收记录。

检查数量：全数检查。

5.4.2 一般项目的质量标准与检验方法

（1）采用地面辐射供暖的工程，其地面节能做法应符合设计要求和现行行业标准《辐射供暖供冷技术规程》（JGJ 142—2012）的规定。

检验方法：观察检查，核查隐蔽工程验收记录。

检查数量：每个检验批抽查 3 处。

（2）接触土壤地面的保温层下面的防潮层应符合设计要求。

检验方法：观察检查，核查隐蔽工程验收记录。

检查数量：每个检验批抽查 3 处。

项目小结

本项目适用于楼地面节能工程的施工及质量验收。本项目主要介绍楼地面保温填充层铺设工程和板材类楼地面保温工程的构造、施工工艺，以及楼地面节能工程的质量标准与检验方法。

习题

一、单选题

1. 现浇整体保温填充层应分层连续铺设，压实适当、表面平整，（　　）应根据试验确定。

A. 标高　　　B. 坡度　　　C. 平整度　　　D. 虚铺厚度和压实厚度

2. 以下不属于板材类楼地面保温的构造层次的是（　　）。

A. 保温层　　B. 垫层　　　C. 保护层　　　D. 饰面层

3. 根据所用块材的规格及房间尺寸，按方案要求进行干铺试摆，非整板宜放置在房间四周。非整板的尺寸不宜小于整板尺寸的（　　）。

A. 1/3　　　　B. 1/4　　　　C. 1/5　　　　D. 1/6

4. 板材类楼地面节能工程施工时，需要在保温板上先抹（　　）mm厚的抗裂砂浆，待抗裂砂浆初凝后，再分段铺挂耐碱玻纤网格布。

A. 1　　　　B. 2　　　　C. 3　　　　D. 4

5. 板材类楼地面节能工程施工时，面层抗裂砂浆抹完后应养护（　　）d，待其干燥后方可进行保护层施工。

A. 3　　　　B. 5　　　　C. 7　　　　D. 14

二、多选题

1. 楼层地面构造一般为（　　）。

A. 面层　　　　B. 保温层　　　　C. 结构层　　　　D. 防水层

E. 保护层

2. 板材类楼地面节能工程施工时，需要同步拍摄图像资料的是（　　）。

A. 保温层附着的基层及其表面处理　　B. 墙体热桥部位处理

C. 保温板的粘接和固定方法　　　　　D. 水泥砂浆找平

E. 被封闭的保温板厚度

3. 下列属于板材类楼层地面基本构造的是（　　）。

A. 基层楼板　　　　　　　　B. 水泥砂浆找平层

C. 隔离层　　　　　　　　　D. 保温层

E. 保护层

4. 下列属于板材类底层地面基本构造的是（　　）。

A. 回填夯实层　　　　　　　B. 水泥砂浆找平层

C. 隔离层　　　　　　　　　D. 保温层

E. 保护层

5. 对楼地面节能工程的保温材料、构件进行进场验收时，可采取的方法是（　　）。

A. 观察　　　　B. 尺量　　　　C. 称重　　　　D. 核查质量证明文件

E. 黏结强度测试

三、案例题

某酒店式公寓项目，室内地面保温要求在楼板上先铺设1.5mm厚的防水层，其上采用30mmXPS挤塑保温板铺贴，保温板上再浇捣40mm厚C20细石混凝土并配置钢筋作保护层。

（1）上述保温项目属于哪一类楼地面保温工程？简述其施工工艺流程。

（2）该项目在实施过程中应对哪些内容同步拍摄图像资料？

项目 6 供暖节能工程

思维导图

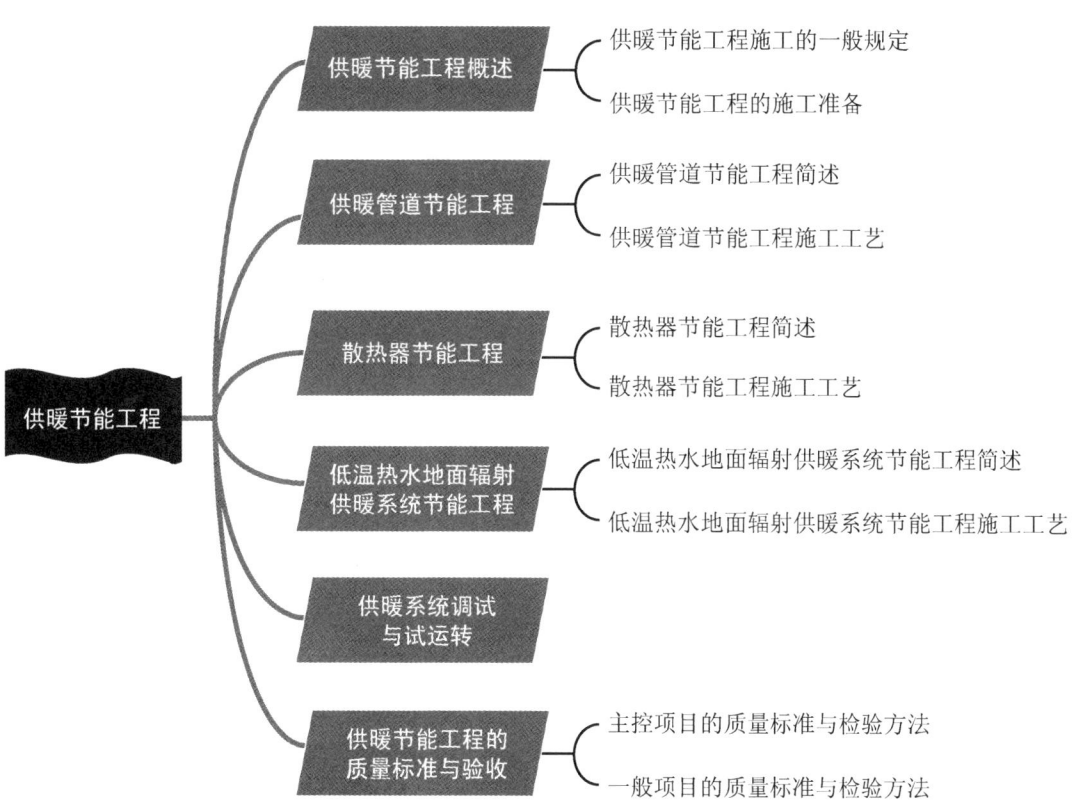

引 言

供暖节能工程，是通过供暖系统的节能安装，来达到在保证使用热舒适度的前提下系统运行能耗减少的目的的。在供暖系统的安装中，做好供暖管道的安装、散热器的安装、低温热水地面辐射供暖系统的安装以及供暖系统调试与试运转中与运行能耗相关的关键施工，是供暖系统节能的关键。

任务单元 6.1　供暖节能工程概述

供暖系统的能耗在整个建筑能耗中占有比较大的比重，供暖的节能效果与供暖系统的设计、施工、调试、运行调节与管理等多个因素有关，而供暖系统的设计、施工和调试对整个供暖系统的运行能耗起着决定性的作用，因此，供暖系统的施工质量和调试效果的优劣，将直接影响供暖系统的节能效果。

供暖节能工程包括供暖管道节能工程、散热器节能工程、低温热水地面辐射供暖系统节能工程以及供暖系统调试与试运转等内容。本项目中所述的施工仅包含与节能有关的施工工艺。

6.1.1　供暖节能工程施工的一般规定

（1）供暖节能工程按分项工程进行验收。当供暖节能分项工程的工程量较大时，可以将分项工程划分为若干个检验批进行验收。

（2）当供暖节能工程验收无法按照现行国家标准《建筑节能工程施工质量验收标准》（GB 50411—2019）的要求划分分项工程或检验批时，可由建设、监理、施工等各方协商进行划分。但验收项目、验收内容、验收标准和验收记录均应符合现行国家标准《建筑节能工程施工质量验收标准》（GB 50411—2019）的相关规定。

（3）供暖节能工程施工中应及时进行质量检查，对隐蔽部位在隐蔽前进行验收，并应有详细的文字记录和必要的图像资料。

（4）供暖节能工程的验收，可按系统或楼层等进行。

（5）供暖节能分项工程和检验批的验收应单独填写验收记录，节能验收资料应单独组卷。

6.1.2　供暖节能工程的施工准备

1. 技术准备

（1）技术人员应熟悉施工图和有关设计技术文件，以及国家、地方和行业现行有关施工及质量验收规范。

（2）施工图采用BIM技术进行深化设计，供暖节能工程施工应与装配式建筑紧密结合，采用工厂化生产、装配化施工。

（3）技术人员应掌握供暖系统制式和管道、设备安装的技术要求。

（4）技术人员应熟悉图纸、参加图纸会审，以消除图纸及施工过程中可能存在的问题。若供暖管道与建筑结构或电气管线发生冲突，应提出明确的解决方案，并通过图纸会审和设计变更确认。

（5）结合地区条件和工程特点，编制供暖节能工程的施工组织设计或施工方案。施工组织设计或施工方案已得到监理工程师审查、审批，已向安装施工人员进行了图纸、技术、质量、安全交底。

2. 材料准备

供暖系统的材料质量是供暖系统施工质量的先决因素，供暖节能工程所使用的散热设备、热计量装置、温度调控装置、自动阀门、仪表、保温材料、管材及设备的类型、材质、规格等都必须符合相应的国家标准和设计要求。所使用的各种材料、配件及设备应有产品出厂合格证，应符合国家现行有关标准和规定，应经过监理工程师的验收，形成相应的验收记录，具体要求如下。

（1）管材的内外表面应光滑、平整、清洁，不应有影响产品性能的明显划痕、凹陷、气泡等缺陷。管材及管件的颜色应一致，色泽均匀，无分解变色。

（2）管件不得有偏扣、断丝和角度不准等缺陷。

（3）各类阀门的强度和严密性试验应符合设计要求。阀门的丝扣应无损伤，开关灵活严密。

（4）散热器的使用压力应符合设计要求，散热器不得有砂眼、对口面凹凸不平、偏口、裂缝和上下口中心距不一致等缺陷。散热器进场后，应见证取样送国家认可的检测机构进行检测，检测散热器的单位散热量、金属热强度等参数，检测合格后方可使用。

（5）仪表应有相关性能检验报告。

（6）保温材料应有在有效期内的材质检测报告。保温材料进场时，应见证取样送国家认可的检测机构进行检测，检测保温材料的导热系数、密度、吸水率等参数，检测合格后方可使用。

（7）低温热水地面辐射供暖系统采用的加热管应有国家授权机构提供的有效期内的符合相关标准要求的检验报告。管材和部件不得暴晒、雨淋，宜储存在温度不超过40℃且通风良好和干净的库房内，应避免因环境温度和物理压力而受到损害，并应远离热源。

（8）低温热水地面辐射供暖系统采用的分水器、集水器（含连接件等）的材料内外表面应光洁，不得有裂纹、砂眼、冷隔、夹渣、凹凸不平等缺陷。表面电镀的连接件，色泽应均匀，镀层应牢固，不得有脱镀等缺陷。

（9）低温热水地面辐射供暖系统的绝热层材料应为难燃或不燃材料，并具有足够的承载能力。

3. 施工机具准备

（1）施工机具：套丝机、切割机、煨管机、钻孔机、气焊机、试压泵、电焊机、手电钻、热熔机等。

（2）施工工具：管钳、钢丝钳、扳手、钢锯、手锤。

（3）测量工具：水平尺、角尺、钢卷尺、线坠等。

4. 作业条件准备

（1）建筑施工主体工程已经全部完工，安装设备的墙面已经抹完灰。预埋件和预留孔洞符合设计要求，土建地面标高控制线和间壁墙位置明确。

（2）施工图齐备，图纸会审和施工方案已经完成，并已得到项目监理机构专业监理工程师和总监理工程师的审查、审批，已向安装施工人员进行了图纸、技术、质量、安全交底。

（3）具有足够面积的独立作业场地和材料、半成品、成品堆放场地。选择场地应尽量减少制作噪声对周围环境的不利影响。

（4）操作平台和施工机具在作业场地应排列整齐有序，符合制作的工艺和安全要求；堆放场地应满足材料、半成品和成品保护的要求。

（5）制作场地应预留现场材料、成品及半成品的运输通道，制作场地和运输通道的选择不得阻碍消防通道。

（6）施工场地应平整、清洁，具有良好的采光和照明。照明和动力电源应有可靠的安全防护装置。

（7）当加工设备布置在建筑物内时，应考虑建筑物楼板、梁的承载能力，应取得建设、土建单位及监理工程师的同意。

（8）现场电源、水源能满足施工要求。

（9）施工草图已绘制完毕。

（10）低温热水地面辐射供暖系统施工的环境温度不宜低于5℃；在低于0℃的环境下施工时，现场应采取升温措施。

任务单元6.2 供暖管道节能工程

6.2.1 供暖管道节能工程简述

供暖管道节能工程安装包括干管安装、立管安装、支管安装、附属设备及附件安装、供暖管道保温层和防潮层施工等内容。供暖系统管道的安装应符合现行国家标准《建筑给水排水及供暖工程施工质量验收规范》（GB 50242—2002）及设计要求。供暖系统的制式应符合设计的要求，应按设计图纸画出管路的位置、管径、变径、预留口、坡向、支架和吊架位置等施工草图，包括干管起点、末端和拐弯、节点、预留口、坐标位置等。管道的连接应按设计要求进行。管道安装前，管材应调直，应检查和清理所有管道内的杂物及垃圾。

6.2.2 供暖管道节能工程施工工艺

1. 施工工艺流程

供暖管道节能工程施工工艺流程如图 6.1 所示。

安装准备→预制加工→卡架安装→干管安装→立管安装→支管安装→试压→冲洗→防腐→保温→调试

图 6.1 供暖管道节能工程施工工艺流程

2. 操作要点

1）干管安装

干管支架、吊架的间距应符合要求，不允许加大间距安装。干管支架、吊架的位置应符合管道安装坡度的设计要求，同时应朝热位移方向偏离预留 1/2 的收缩量。干管与支架、吊架的连接应固定牢靠。干管在穿越墙体时，应放置套管。当干管上安装有补偿器时，补偿器应在预制时按规范要求做好预拉伸（图 6.2），并做好记录。凡需隐蔽的干管，均应按设计或规范要求进行水压试验，并及时办理隐蔽工程验收手续。

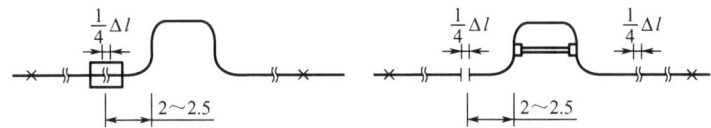

图 6.2 补偿器预拉伸（单位：m）

上供下回式系统的热水水平干管变径应采用顶平偏心（变径管顶部与管道顶部平齐），以便排气；蒸汽水平干管变径应采用底平偏心（变径管底部与管道底部平齐），以便排出凝水。

方形补偿器制作时，应用整根无缝钢管煨制。方形补偿器应水平安装，并与管道的坡度一致。

2）立管安装

立管安装示意图如图 6.3 所示。

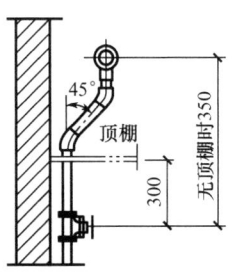

图 6.3 立管安装示意图（单位：mm）

（1）立管弹线。

检查各层楼板立管预留孔洞的中心线与在管道井内安装的立管中心线是否在同一垂

直线上。若不在同一垂直线上，应重新弹线，确保立管中心线在同一垂直线上。

（2）立管的安装顺序。

① 上供下回式的供暖系统，立管应从顶层水平干管的预留口开始自上而下安装。

② 其他制式的供暖系统，立管应从底层水平干管的预留口开始自下而上安装。

（3）穿楼板套管的设置。

穿楼板套管应高出装修地面 20mm，安装在卫生间及厨房内的套管，其顶部应高出装饰地面 50mm，底部应与楼板底面相平。

3）支管安装

（1）核定支管的安装位置。

用量尺检查并核对散热器的安装位置及立管甩口是否准确。

（2）确定支管尺寸和灯叉弯。

用量尺测量支管尺寸和灯叉弯的大小。

（3）校核支管的坡度。

用钢尺、水平尺、线坠校核支管的坡度和平行方向的距墙尺寸，复查立管及散热器有无移位。

4）附属设备及附件安装

（1）水箱安装。

水箱安装完毕后，应及时检查水箱内是否有污物、杂质，并经试漏，合格后方可投入使用。

（2）散热器温控阀（图6.4）安装。

散热器温控阀的安装位置应满足以下条件。

① 明装散热器的恒温阀应安装在进水支管上不狭小和不封闭的空间里，且应水平安装。

② 暗装散热器的恒温阀应采用外置式温度传感器。

③ 散热器温控阀的室内温度传感器不能被窗台板、窗帘、家具或其他障碍物遮挡。

④ 散热器温控阀要能正确反映室内的空气温度。

⑤ 散热器温控阀的安装位置空气应流通。

⑥ 散热器温控阀的安装位置应远离散热器和供水管加热的空气。

⑦ 散热器温控阀的安装位置应避开散热器的热辐射。

图 6.4　散热器温控阀

（3）水力平衡装置安装。

水力平衡装置的安装空间应能保证水力平衡装置的调节和操作。

（4）热计量装置安装。

热计量装置除应审核节能产品认证证书外，还必须得到有关部门的监测合格认可。

热计量装置应能实现分栋热计量和分户或分室（区）热量分摊。

5）供暖管道保温层和防潮层施工

（1）保温层应采用不燃或难燃材料，其材质、规格及厚度等应符合设计要求，松散或软质保温材料的密度应符合规定。

（2）保温管壳的粘贴应牢固、铺设应平整；硬质或半硬质的保温管壳每节至少应用防腐金属丝、难腐织带或专用胶带捆扎或粘贴2道，其间距为300mm～350mm，且捆扎、粘贴应紧密，无滑动、松弛及断裂现象。

（3）硬质或半硬质保温管壳的拼接缝隙不应大于5mm，并应用黏结材料勾缝填满；纵缝应错开，外层的水平接缝应设在侧下方。

（4）松散或软质保温材料应按规定的密度压缩其体积，疏密应均匀；毡类材料在管道上包扎时，搭接处不应有空隙。

（5）防潮层应紧密贴在保温层上，封闭良好，不得有虚粘、气泡、褶皱、裂缝等缺陷。

（6）立管的防潮层应由管道的低端向高端敷设，环向搭接缝应朝向低端；纵向搭接缝应位于管道的侧面，且应顺水。

（7）卷材防潮层采用螺旋形缠绕的方式施工时，卷材的搭接宽度宜为30mm～50mm。

（8）阀门及法兰部位的保温应严密，且能单独拆卸并不得影响其操作功能。

任务单元6.3　散热器节能工程

6.3.1　散热器节能工程简述

散热器（图6.5）节能工程安装包括散热器的检查、散热器的组装、散热器的试压和散热器的安装等内容。散热器的安装应符合现行国家标准《建筑给水排水及供暖工程施工质量验收规范》（GB 50242—2002）及设计的有关规定。

6.3.2　散热器节能工程施工工艺

1. 施工工艺流程

散热器节能工程施工工艺流程如图6.6所示。

图 6.5 柱形散热器

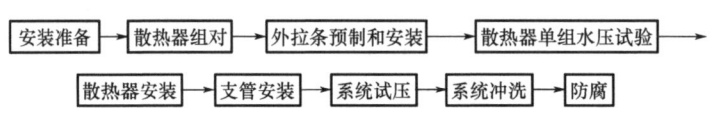

图 6.6 散热器节能工程施工工艺流程

2. 操作要点

1）散热器的检查

检查每组散热器的出厂质量合格证、注册商标、规格、数量、安装方式、出厂日期、工作压力、试验压力等参数。每组散热器的规格、数量及安装方式应符合设计要求。

2）散热器的组装

（1）将散热器内的杂质、污垢以及对口处的浮锈清除干净。

（2）散热器组对前，应根据热源分别选择好衬垫。

（3）按设计要求的片数组对，试扣选出合格的对丝、丝堵、补心。

3）散热器的试压

试验压力应为工作压力的 1.5 倍，且不小于 0.6MPa。试验时间为 2min～3min，压力不降且不渗、不漏者为合格。

4）散热器的安装

散热器的安装如图 6.7 所示。

（1）散热器支架、托架的安装位置应准确，埋设应牢固。

（2）散热器背面与墙表面的安装距离应符合设计要求。若设计未注明，应为 30mm。

（3）散热器底部与地面的安装距离应符合设计要求。若设计未注明，应大于或等于 100mm。

（4）散热器顶部与窗台板的安装距离应符合设计要求。若设计未注明，应大于 100mm。

(5) 注意散热器与支管的连接方式以及散热器的安装形式对散热器散热的影响。
(6) 散热器外表面应刷非金属性涂料。

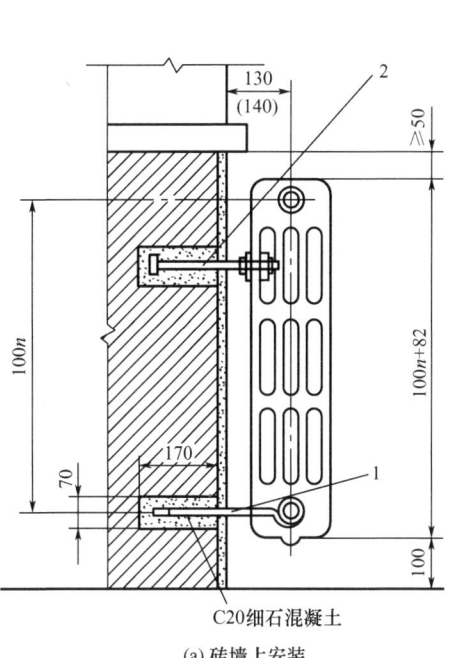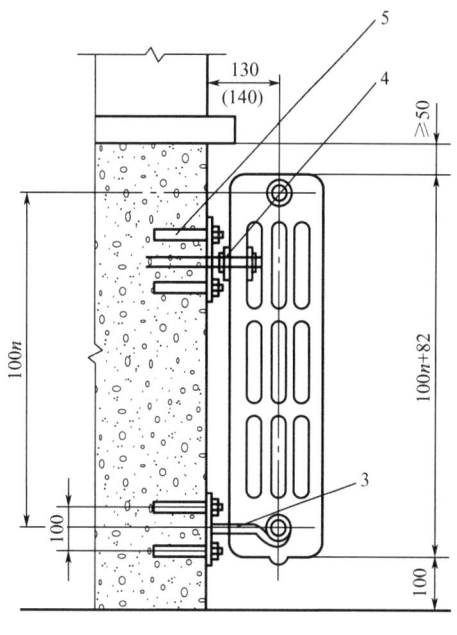

(a) 砖墙上安装　　(b) 混凝土墙上安装

1—A 型托钩；2—卡子一；3—B 型托钩；4—卡子二；5—膨胀螺栓。

图 6.7　散热器的安装

任务单元 6.4　低温热水地面辐射供暖系统节能工程

6.4.1　低温热水地面辐射供暖系统节能工程简述

低温热水地面辐射供暖系统节能工程的类型有混凝土填充式低温热水地面辐射供暖系统、预制沟槽保温板低温热水地面辐射供暖系统和预制轻薄供暖板低温热水地面辐射供暖系统三类。低温热水地面辐射供暖系统节能工程的安装包括基层清理、绝热板材铺设、加热盘管压力及强度试验、加热盘管铺设、室内温控装置及分水器与集水器安装等内容。低温热水地面辐射供暖系统的防潮层、防水层、隔热层及伸缩缝应符合设计要求。填充层强度应符合设计要求。

6.4.2　低温热水地面辐射供暖系统节能工程施工工艺

1. 施工工艺流程

低温热水地面辐射供暖系统节能工程施工工艺流程如图 6.8 所示。

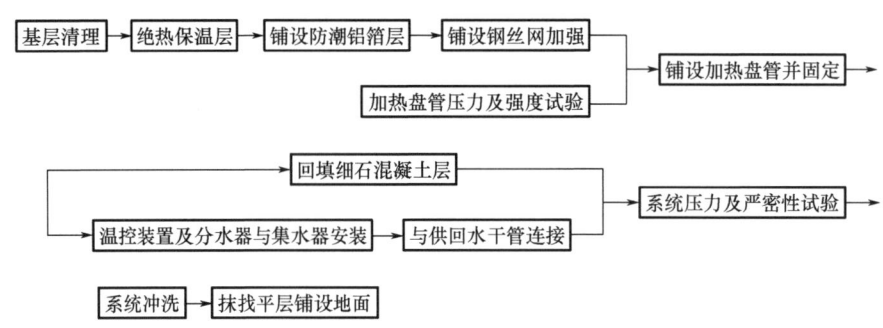

图6.8 低温热水地面辐射供暖系统节能工程施工工艺流程

2. 操作要点

1）基层清理

基层应干燥，楼地面无垃圾、浮灰、附着物、油漆、涂料、油污等。

2）绝热板材铺设

（1）铺设泡沫塑料类绝热层、预制沟槽保温板、预制轻薄供暖板及其填充板的基层应平整，其平整度的允许偏差为±5mm。

（2）混凝土填充式低温热水地面辐射供暖系统绝热板材铺设应符合下列规定。

① 绝热保温板应清洁、无破损，厚度应符合设计要求。

② 绝热保温板的铺设应平整，绝热层相互间接合应严密。采用聚苯乙烯泡沫塑料板时，其切割应整齐，拼接应紧凑，应错缝铺设，接缝宽度不得超过5mm，板接缝处应用胶带粘接，胶带宽度为40mm。

③ 与内外墙、柱等垂直构件交接处应设置不间断的侧面绝热层，绝热材料宜采用高发泡聚乙烯泡沫塑料板或密度不小于20kg/m³的模塑聚苯乙烯泡沫塑料板，高发泡聚乙烯泡沫塑料板的厚度不宜小于10mm，模塑聚苯乙烯泡沫塑料板的厚度应为20mm，应采用搭接方式连接，搭接宽度不应小于20mm，如图6.9所示。

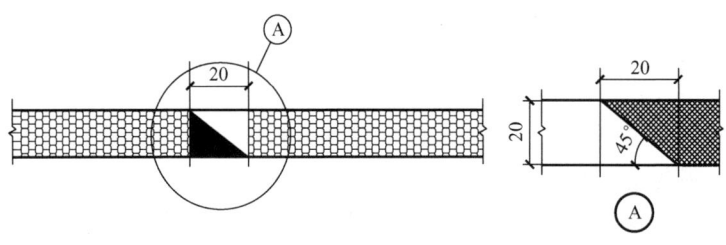

图6.9 侧面绝热层搭接

④ 当地面面积超过30m²或边长超过6m时，应按不大于6m的间距设置伸缩缝，伸缩缝宽度不应小于8mm。伸缩缝宜采用高发泡聚乙烯泡沫塑料板或预设木板条，待填充层施工完毕后取出，缝槽内满填弹性膨胀膏或玻璃胶。

⑤ 直接与土壤接触或有潮湿气体侵入的地面，在铺放绝热层之前应先铺一层防潮层，如图6.10、图6.11所示。

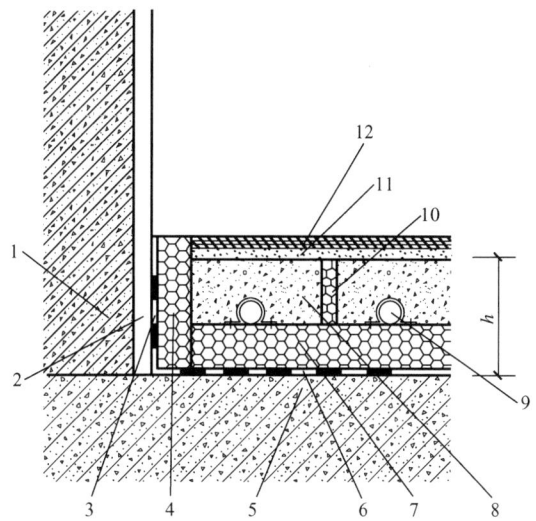

1—外墙；2—抹灰层；3—防潮层；4—侧面绝热层；5—结构层；6—防潮层（与土壤相邻地面）；7—泡沫塑料绝热层；8—细石混凝土填充层；9—加热管；10—伸缩缝；11—找平层；12—装饰面层。

图 6.10　混凝土填充式低温热水地面辐射供暖系统地面做法（与土壤相邻泡沫塑料绝热层）

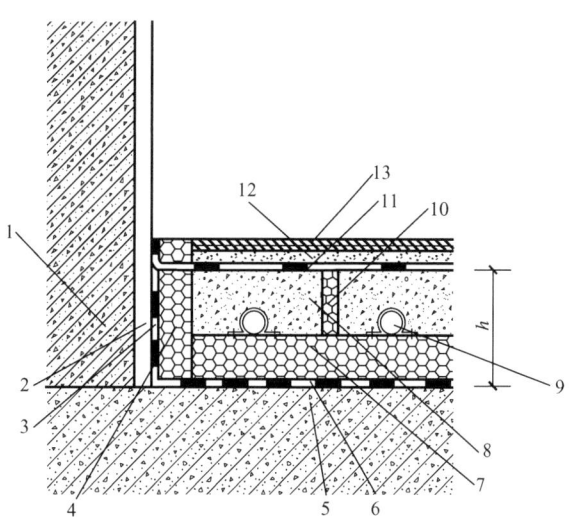

1—外墙；2—抹灰层；3—防潮层；4—侧面绝热层；5—结构层；6—隔离层（潮湿房间）；7—泡沫塑料绝热层；8—细石混凝土填充层；9—加热管；10—伸缩缝；11—隔离层（潮湿房间）；12—找平层；13—装饰面层。

图 6.11　混凝土填充式低温热水地面辐射供暖系统地面做法（潮湿房间泡沫塑料绝热层）

（3）预制沟槽保温板低温热水地面辐射供暖系统保温板铺设应符合下列规定。

① 直接将相同规格的标准板块拼接铺设在楼板基层或发泡水泥绝热层上。当标准板块的尺寸不能满足要求时，可用工具刀裁下所需尺寸的保温板对齐铺设。

② 相邻板块上的沟槽应互相对应，紧密依靠。

③ 带木龙骨的预制沟槽保温板铺设时，应在安装木龙骨后铺设标准模块板和填充板。

（4）预制轻薄供暖板低温热水地面辐射供暖系统供暖板和填充板铺设应符合下列规定。

① 填充板应在现场加龙骨，龙骨间距应不大于 300mm。

② 不带龙骨的供暖板和填充板可采用工程胶点粘在地面上，最后与面层施工时一起固定。

③ 填充板内的输配管安装后，填充板上应采用带胶铝箔覆盖输配管。

④ 房间内未铺设供暖板的部位和敷设输配管的部位应铺设填充板。填充板需现场开槽时，应采用开槽器。

（5）布置在绝热层中的管道及其管件的最大高度不应超过绝热层厚度，管道与绝热层的间隙宜用绝热材料填实，如图 6.12 所示。当管道及管件的最大高度超过绝热层厚度时，应单独设置专用管槽，如图 6.13 所示。

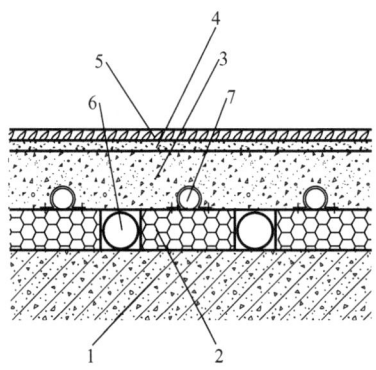

1—结构层；2—绝热层；3—填充层；4—找平层；5—装饰面层；6—其他管道；7—加热管。

图 6.12 管道及管件铺设在绝热层中

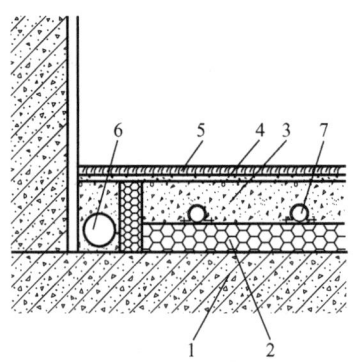

1—结构层；2—绝热层；3—填充层；4—找平层；5—装饰面层；6—其他管道；7—加热管。

图 6.13 管道及管件铺设在专用管槽中

3）加热盘管压力及强度试验

加热盘管隐蔽前必须进行水压试验，试验压力应为工作压力的 1.5 倍，且不应小于

0.6MPa。在试验压力下,稳压1h,其压力降不大于0.05MPa,且不渗、不漏者为合格。

4)加热盘管铺设

(1)加热盘管的检查。

根据施工图核定加热盘管的选型、管径、壁厚,并应检查加热盘管的外观质量,管内部不得有杂质。

(2)加热盘管的切割。

加热盘管的切割应采用专用工具,切口应平整,断口面应垂直管轴线。严禁用电焊、气焊、手工锯等工具分割加热盘管。

(3)加热盘管的布置。

加热盘管的布置如图6.14所示。

加热盘管的铺设

图6.14 加热盘管的布置

① 加热盘管距离外墙内表面不得小于100mm,与内墙表面距离宜为200mm~300mm,距卫生间墙体内表面宜为100mm~150mm。加热盘管应保持平直,管间距的安装误差不应大于10mm,每个环路加热盘管总长度与设计图纸误差不应大于8%。

② 弯曲管道时,圆弧的顶部应加以限制,并用管卡进行固定,不得出现"死折",塑料管弯曲半径不应小于管道外径的8倍,复合管弯曲半径不应小于管道外径的6倍,铜管弯曲半径不应小于管道外径的5倍。加热盘管的最大弯曲半径不得大于管道外径的11倍。

③ 埋设于填充层内的加热盘管不应有接头。地面的固定设备和卫生洁具下,不应布置加热盘管。

④ 加热盘管的环路布置不宜穿越填充层内的伸缩缝。必须穿越时,伸缩缝处应设长度不小于200mm、直径比加热盘管大1号的柔性套管。

⑤ 加热盘管或预制轻薄供暖板的输配管穿墙时应设硬质套管。

⑥ 加热盘管安装间断或完毕时,敞口处应随时封堵。加热盘管布置完成后应及时回填,回填过程中加热盘管应充水保压。

(4)加热盘管的固定。

按测出的轴线及标高设定管卡,加热盘管弯头两端宜设固定卡;直管段固定点间距宜为500mm~700mm,弯曲管段固定点间距宜为200mm~300mm。

加热盘管可采用下列方法之一固定。

① 用固定卡将加热盘管直接固定在发泡水泥绝热层或泡沫塑料类绝热层（包括设有复合面层的绝热板）上，如图6.15所示。

② 用塑料扎带将加热盘管固定在泡沫塑料类绝热层上的钢丝网格上，严禁使用钢丝扎带，如图6.16所示。

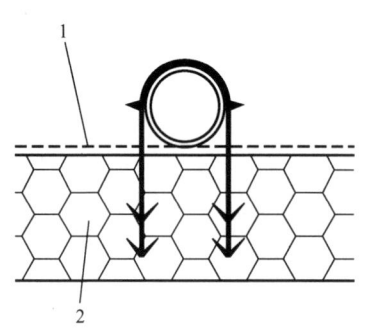

1—铝箔；2—绝热层。

图6.15 用固定卡（塑料卡钉）固定

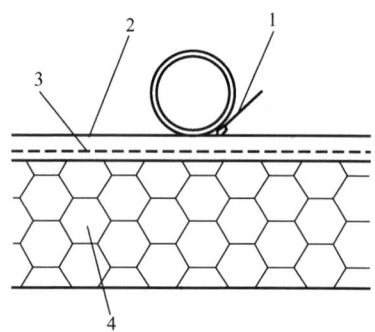

1—塑料扎带；2—金属网；3—铝箔；4—绝热层。

图6.16 用塑料扎带绑扎固定

③ 直接将加热盘管卡在泡沫塑料类绝热层表面的专用管架或管托上，如图6.17所示。

④ 直接固定在绝热层表面凸起之间形成的管槽内，如图6.18所示。

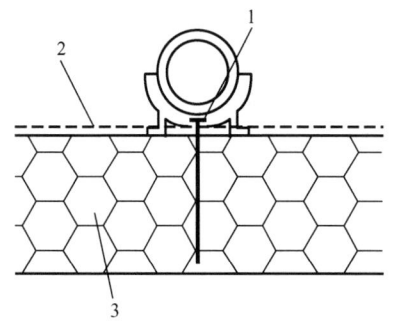

1—管架或管托；2—铝箔；3—绝热层。

图6.17 用管架或管托固定

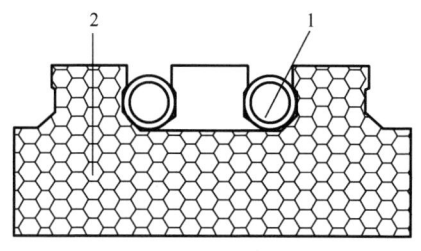

1—管槽；2—绝热层。

图6.18 用管槽固定

⑤ 预制沟槽保温板一般可通过沟槽直接固定加热盘管。弯头等局部位置可采用少量铝箔胶带粘接平顺，或用专用管卡固定。

（5）施工时，严禁施工人员踩踏加热盘管。

5）室内温控装置及分水器与集水器安装

（1）室内温控装置的安装。

室内温控装置的传感器应安装在距地面1.4m处的内墙面上，且应避开阳光直射和发热设备。

（2）分水器与集水器的安装。

① 分水器与集水器宜在铺设加热盘管之前进行安装。

② 分水器与集水器的固定可采用支架、托钩等方式，也可采用嵌墙或箱罩等方式。分水器与集水器的安装应平直、牢固，在细石混凝土回填前应做水压试验，其水压试验可与加热盘管一起做。

分水器与集水器的组装

③ 当水平安装时，宜将分水器安装在上，集水器安装在下，分水器与集水器的中心距为200mm，且集水器中心距地面不小于300mm。当垂直安装时，分水器与集水器下端距地面应不小于150mm。

④ 分水器与集水器加热盘管进出地面宜设弯管卡；加热盘管进出地面至连接分水器与集水器的明装管段，应加装塑料管或波纹套管。

分水器与集水器的安装

⑤ 分水器与集水器后面出管的穿墙安装应在内墙开洞，并预埋钢套管，钢套管管径应比加热盘管大1号～2号。钢套管后面加热盘管密集处应加装塑料管或波纹套管。

任务单元 6.5　供暖系统调试与试运转

调试与试运转是供暖系统安装的最后一个环节，也是检验供暖系统安装质量及节能效果的关键环节。供暖系统调试与试运转应符合现行国家标准《建筑给水排水及供暖工程施工质量验收规范》（GB 50242—2002）的规定。对于高层建筑供暖系统，调试与试运转应分系统、分区域、分楼层进行。

1. 供暖系统的试压

1）灌水前的检查

（1）根据供暖系统试压或分系统试压的实际情况，检查系统上各类阀门的开关状态，不得漏检。试压管道阀门应全部打开，试验管段与非试验管段连接处应予以隔断。

（2）检查试压用的压力表的精度和灵敏度。

2）水压试验

（1）试验压力。

试验压力应符合设计要求。当设计未注明时，应符合下列规定：

① 蒸汽、热水供暖系统，应以系统顶点工作压力加 0.1MPa 做水压试验，同时在系统顶点的试验压力应不小于 0.3MPa。

② 高温热水供暖系统，试验压力应为系统顶点工作压力加 0.4MPa。

③ 使用塑料管及复合管的热水供暖系统，应以系统顶点工作压力加 0.2MPa 做水压试验，同时在系统顶点的试验压力应不小于 0.4MPa。

④ 合格标准。

a. 使用钢管及复合管的供暖系统应在试验压力下 10min 内压力降不大于 0.02MPa，然后降至工作压力下，不渗、不漏者为合格。

b. 使用塑料管的供暖系统应在试验压力下 1h 内压力降不大于 0.05MPa，然后降至工作压力的1.15倍，稳压2h，压力降不大于0.03MPa，同时各连接处不渗、不漏者为合格。

（2）系统试压达到合格验收标准后，放掉管道内的全部存水。不合格时，应待补修后再次进行二次试压，直至达到合格验收标准。

（3）系统试压合格后，应对系统进行冲洗并清扫过滤器及除污器。

（4）系统试压合格后，拆除试压连接管路，将入口处供水管用盲板临时封堵严实。

2. 供暖系统的冲洗

通过关闭阀门控制暂不冲洗或已冲洗的管段，凡带旁通管的除污器、过滤器、疏水器等不允许冲洗的附件，应关闭进口阀，打开旁通管；对流量调节阀、孔板流量计和分户热计量表、温度计、压力表等，应先拆下来用短管临时接通。

3. 供暖系统的试运转

（1）供暖系统安装完毕后，应在供暖期内与热源进行联合试运转与调试。联合试运转与调试结果应符合设计要求，供暖房间温度相对于设计计算温度不得低于2℃，且不高于1℃。

（2）低温热水地面辐射供暖系统未经调试，严禁运行使用。低温热水地面辐射供暖系统的运行调试，应在具备正常供暖的条件下进行。

（3）低温热水地面辐射供暖系统初始加热时，热水升温应平缓，供水温度应控制在比当时环境温度高10℃左右，且不应高于32℃，并应连续运行48h，以后每隔24h水温升高3℃，直至达到设计供水温度，在此温度下应对每组分水器与集水器连接的加热盘管逐路进行调节，直至达到设计要求。

（4）低温热水地面辐射供暖系统的供暖效果，应以房间中央离地1.5m处黑球温度计指示的温度作为评价和检测的依据。

任务单元6.6　供暖节能工程的质量标准与验收

6.6.1　主控项目的质量标准与检验方法

（1）供暖节能工程使用的散热设备、热计量装置、温度调控装置、自控阀门、仪表、保温材料等产品应进行进场验收，验收结果应经监理工程师检查认可，且应形成相应的验收记录。各种材料和设备的质量证明文件与相关技术资料应齐全，并应符合设计要求和国家现行有关标准的规定。

检验方法：观察、尺量检查，核查质量证明文件。

检查数量：全数检查。

（2）室内供暖系统的安装应符合下列规定。

① 供暖系统的形式应符合设计要求。

② 散热设备、阀门、过滤器、温度、流量、压力等测量仪表应按设计要求安装齐全，不得随意增减或更换。

③ 水力平衡装置、热计量装置、室内温度调控装置的安装位置和方向应符合设计要求，并便于数据读取、操作、调试和维护。

检验方法：观察检查。

检查数量：全数检查。

（3）散热器及其安装应符合下列规定。

① 每组散热器的规格、数量及安装方式应符合设计要求。

② 散热器外表面应刷非金属性涂料。

检验方法：观察检查。

检查数量：按国家标准《建筑节能工程施工质量验收标准》（GB 50411—2019）第3.4.3条的规定抽检，最小抽样数量不得少于5组。

（4）散热器恒温阀及其安装应符合下列规定。

① 恒温阀的规格、数量应符合设计要求。

② 明装散热器恒温阀不应安装在狭小和封闭空间，其恒温阀阀头应水平安装并远离发热体，且不应被散热器、窗帘或其他障碍物遮挡。

③ 暗装散热器恒温阀的外置式温度传感器，应安装在空气流通且能正确反映房间温度的位置上。

检验方法：观察检查。

检查数量：按国家标准《建筑节能工程施工质量验收标准》（GB 50411—2019）第3.4.3条的规定抽检，最小抽样数量不得少于5组。

（5）低温热水地面辐射供暖系统的安装，除应符合上述第（2）条的规定外，尚应符合下列规定。

① 防潮层和绝热层的做法及绝热层的厚度应符合设计要求。

② 室内温度调控装置的安装位置和方向应符合设计要求，并便于观察、操作和调试。

③ 室内温度调控装置的温度传感器宜安装在距地面1.4m的内墙上或与照明开关在同一高度上，且避开阳光直射和发热设备。

检验方法：防潮层和绝热层隐蔽前观察检查；用钢针刺入绝热层、尺量；观察检查、尺量室内温度调控装置传感器的安装高度。

检查数量：按国家标准《建筑节能工程施工质量验收标准》（GB 50411—2019）第3.4.3条的规定抽检，最小抽样数量不得少于5处。

（6）供暖系统热力入口装置的安装应符合下列规定。

① 热力入口装置中各种部件的规格、数量应符合设计要求。

② 热计量表、过滤器、压力表、温度计的安装位置及方向应正确，并便于观察、维护。

③ 水力平衡装置及各类阀门的安装位置、方向应正确，并便于操作和调试。

检验方法：观察检查。

检查数量：全数检查。

（7）供暖管道保温层和防潮层的施工应符合下列规定。

① 保温材料的燃烧性能、材质及厚度等应符合设计要求。

② 保温管壳的捆扎、粘贴应牢固，铺设应平整。硬质或半硬质的保温管壳

每节至少应采用防腐金属丝、耐腐蚀织带或专用胶带捆扎或粘贴2道，其间距为300mm～350mm，且捆扎、粘贴应紧密，无滑动、松弛及断裂现象。

③ 硬质或半硬质保温管壳的拼接缝隙不应大于5mm，并应用黏结材料勾缝填满；纵缝应错开，外层的水平接缝应设在侧下方。

④ 松散或软质保温材料应按规定的密度压缩其体积，疏密应均匀，搭接处不应有空隙。

⑤ 防潮层应紧密粘贴在保温层上，封闭良好，不得有虚粘、气泡、褶皱、裂缝等缺陷；防潮层外表面搭接应顺水。

⑥ 立管的防潮层应由管道的低端向高端敷设，环向搭接缝应朝向低端；纵向搭接缝应位于管道的侧面，并顺水。

⑦ 卷材防潮层采用螺旋形缠绕的方式施工时，卷材的搭接宽度宜为30mm～50mm。

⑧ 阀门及法兰部位的保温应严密，且能单独拆卸并不得影响其操作功能。

检验方法：观察检查；用钢针刺入保温层、尺量。

检查数量：按国家标准《建筑节能工程施工质量验收标准》（GB 50411—2019）第3.4.3条的规定抽检，最小抽样数量不得少于5处。

（8）供暖系统安装完毕后，应在供暖期内与热源进行联合试运转和调试，试运转和调试结果应符合设计要求。

检验方法：观察检查；核查供暖系统试运转和调试记录。

检查数量：全数检查。

6.6.2 一般项目的质量标准与检验方法

供暖系统阀门、过滤器等配件的保温层应密实、无空隙，且不得影响其操作功能。

检验方法：观察检查。

检查数量：按国家标准《建筑节能工程施工质量验收标准》（GB 50411—2019）第3.4.3条的规定抽检，最小抽样数量不得少于2件。

项 目 小 结

本项目介绍了供暖管道节能工程、散热器节能工程、低温热水地面辐射供暖系统节能工程和供暖系统调试与试运转的节能施工工艺，以及供暖节能工程的质量标准与验收。

习 题

一、单选题

1. 干管的支架、吊架应朝热位移方向偏离预留（ ）的收缩量。
A. 1/2   B. 1/3   C. 1/4   D. 1/5

2. 上供下回式供暖系统立管的正确安装顺序是（　　）。
A. 从顶层水平干管的预留口开始自上而下安装
B. 从顶层水平干管的预留口开始自下而上安装
C. 从底层水平干管的预留口开始自上而下安装
D. 从底层水平干管的预留口开始自下而上安装

3. 保温材料进场时，见证取样送第三方检测机构，不属于被检测参数的是（　　）。
A. 导热系数　　　B. 密度　　　C. 吸水率　　　D. 强度

4. 在散热器恒温阀的安装检查中，检验数量应为（　　）。
A. 按国家标准《建筑节能工程施工质量验收标准》（GB 50411—2019）第 3.4.3 条的规定抽检，最小抽样数量不得少于 2 组
B. 按国家标准《建筑节能工程施工质量验收标准》（GB 50411—2019）第 3.4.3 条的规定抽检，最小抽样数量不得少于 3 组
C. 按国家标准《建筑节能工程施工质量验收标准》（GB 50411—2019）第 3.4.3 条的规定抽检，最小抽样数量不得少于 4 组
D. 按国家标准《建筑节能工程施工质量验收标准》（GB 50411—2019）第 3.4.3 条的规定抽检，最小抽样数量不得少于 5 组

5. 下列不属于供暖系统热力入口装置的安装要求的是（　　）。
A. 热力入口装置中各种部件的规格、数量应符合设计要求
B. 热计量装置、过滤器、压力表、温度计的安装位置、方向应正确，并便于观察、维护
C. 水力平衡装置及各类阀门的安装位置、方向应正确，并便于操作和调试
D. 散热器支、托架安装位置应准确，埋设应牢固

6. 下列供暖管道保温层和防潮层的施工不正确的是（　　）。
A. 保温材料的燃烧性能、材质及厚度等应符合设计要求
B. 保温管壳的捆扎、粘贴应牢固，铺设应平整。硬质或半硬质的保温管壳每节至少应采用防腐金属丝、难腐织带或专用胶带进行捆扎或粘贴 2 道，其间距为 500mm～550mm，且捆扎、粘贴应紧密，无滑动、松弛及断裂现象
C. 硬质或半硬质保温管壳的拼接缝隙不应大于 5mm，并应用黏结材料勾缝填满；纵缝应错开，外层的水平接缝应设在侧下方
D. 松散或软质保温材料应按规定的密度压缩其体积，疏密应均匀，搭接处不应有空隙

7. 下列关于散热器安装的说法中不正确的是（　　）。
A. 散热器支架、托架安装位置应准确，埋设应牢固
B. 散热器背面与墙表面的安装距离应符合设计要求，若设计未注明，应为 30mm
C. 注意散热器与支管的连接方式以及散热器的安装形式对散热器散热的影响
D. 散热器外表面应刷金属性涂料

8. 防潮层和绝热层检验批的抽查要求是（　　）。
A. 不少于 2 处　　B. 不少于 3 处　　C. 不少于 4 处　　D. 不少于 5 处

9. 关于供暖系统试运转，下列说法正确的是（　　）。
A. 供暖房间温度相对于设计计算温度不得低于1℃，且不高于1℃
B. 供暖房间温度相对于设计计算温度不得低于2℃，且不高于1℃
C. 供暖房间温度相对于设计计算温度不得低于2℃，且不高于2℃
D. 供暖房间温度相对于设计计算温度不得低于3℃，且不高于2℃

10. 关于地面辐射供暖系统，下列说法正确的是（　　）。
A. 供水温度应控制在比当时环境温度高10℃左右，且不应高于32℃，并应连续运行48h，以后每隔24h水温升高3℃，直至达到设计供水温度
B. 供水温度应控制在比当时环境温度高15℃左右，且不应高于40℃，并应连续运行48h，以后每隔24h水温升高3℃，直至达到设计供水温度
C. 供水温度应控制在比当时环境温度高10℃左右，且不应高于32℃，并应连续运行24h，以后每隔12h水温升高3℃，直至达到设计供水温度
D. 供水温度应控制在比当时环境温度高15℃左右，且不应高于40℃，并应连续运行24h，以后每隔12h水温升高3℃，直至达到设计供水温度

二、多选题

1. 散热器进场后，见证取样送第三方检测机构检测，下列属于检测参数的有（　　）。
A. 单位散热量　　B. 金属热强度　　C. 质量　　D. 外形尺寸
E. 材质

2. 供暖系统水压试验，当设计未注明时，下列说法正确的有（　　）。
A. 蒸汽、热水供暖系统，应以系统顶点工作压力加0.1MPa做水压试验，同时在系统顶点的试验压力不应小于0.3MPa
B. 高温热水供暖系统，试验压力应为系统顶点工作压力加0.4MPa
C. 使用塑料管及复合管的热水供暖系统，应以系统顶点工作压力加0.2MPa做水压试验，同时在系统顶点的试验压力不应小于0.4MPa
D. 蒸汽、热水供暖系统，应以系统顶点工作压力加0.1MPa做水压试验，同时在系统顶点的试验压力不应小于0.4MPa
E. 高温热水供暖系统，试验压力应为系统顶点工作压力加0.3MPa

3. 关于供暖系统水压试压的合格标准，下列说法正确的有（　　）。
A. 使用钢管及复合管的供暖系统应在试验压力下10min内压力降不大于0.02MPa，然后降至工作压力下，不渗、不漏者为合格
B. 使用钢管及复合管的供暖系统应在试验压力下1h内压力降不大于0.02MPa，然后降至工作压力下，不渗、不漏者为合格
C. 使用塑料管的供暖系统应在试验压力下1h内压力降不大于0.05MPa，然后降至工作压力的1.15倍，稳压2h，压力降不大于0.03MPa，同时各连接处不渗、不漏者为合格
D. 使用塑料管的供暖系统应在试验压力下10min内压力降不大于0.05MPa，然后降至工作压力的1.15倍，稳压2h，压力降不大于0.03MPa，同时各连接处不渗、不漏者为合格

E. 使用塑料管的供暖系统应在试验压力下 10min 内压力降不大于 0.02MPa，然后降至工作压力下，不渗、不漏者为合格

4. 关于散热器温控阀的安装，下列说法正确的有（　　）。
A. 明装散热器的恒温阀应安装在进水支管上不狭小和封闭的空间里，且应水平安装
B. 暗装散热器的恒温阀应采用内置式温度传感器
C. 散热器温控阀的室内温度传感器不能被窗台板、窗帘、家具或其他障碍物遮挡
D. 散热器温控阀要能正确反映室内的空气温度
E. 散热器温控阀的安装位置空气应流通

5. 关于立管的安装，下列说法正确的有（　　）。
A. 立管中心线应在同一垂直线上
B. 上供下回式的供暖系统，立管应从顶层水平干管的预留口开始自上而下安装
C. 下供上回式的供暖系统，立管应从底层水平干管的预留口开始自下而上安装
D. 穿楼板的立管应设置套管
E. 镀锌立管连接应采用现场焊接

6. 下列属于散热器恒温阀及其安装检查内容的有（　　）。
A. 恒温阀的规格、数量是否符合设计要求
B. 明装散热器恒温阀是否满足安装在开敞的空间里
C. 暗装散热器的恒温阀是否采用外置式温度传感器
D. 明装散热器恒温阀阀头是否水平安装，恒温阀阀头是否被散热器、窗帘或其他障碍物遮挡
E. 暗装散热器的恒温阀是否满足安装在空气流通且能正确反映房间温度的位置上

7. 下列不属于散热器的安装检查内容的有（　　）。
A. 是否通过仪器检查的方法进行检验
B. 是否按散热器组数抽查 5%，且不少于 5 组的检验数量检查
C. 每组散热器的规格、数量及安装方式是否符合设计要求
D. 散热器外表面是否涂刷非金属性涂料
E. 是否按散热器组数抽查 10%，且不少于 10 组的检验数量检查

8. 下列属于低温热水地面辐射供暖系统绝热板材铺设要求的有（　　）。
A. 绝热保温板应清洁、无破损，厚度应符合设计要求
B. 绝热保温板的铺设应平整，绝热层相互间接合应严密
C. 房间周围边墙、柱的交接处应设绝热板保温带，其高度要高于细石混凝土回填层
D. 直接与土壤接触或有潮湿气体侵入的地面，在铺放绝热层之前应先铺一层防潮层
E. 绝热板材的伸缩缝应符合设计要求

9. 在低温热水地面辐射供暖系统安装中，下列不属于加热盘管的切割工具的有（　　）。
A. 切割专用工具　B. 电焊　　　C. 气焊　　　D. 手工锯　　　E. 电锯

三、问答题
1. 供暖节能工程施工中，对材料有哪些要求？
2. 供暖节能工程施工中，对作业条件有哪些要求？

3. 供暖系统安装完成后要进行哪些内容的检查？
4. 供暖管道保温层和防潮层的施工检查内容有哪些？
5. 供暖系统试压的压力有哪些要求？
6. 供暖系统试运转的要求有哪些？

项目 7 通风与空调节能工程

思维导图

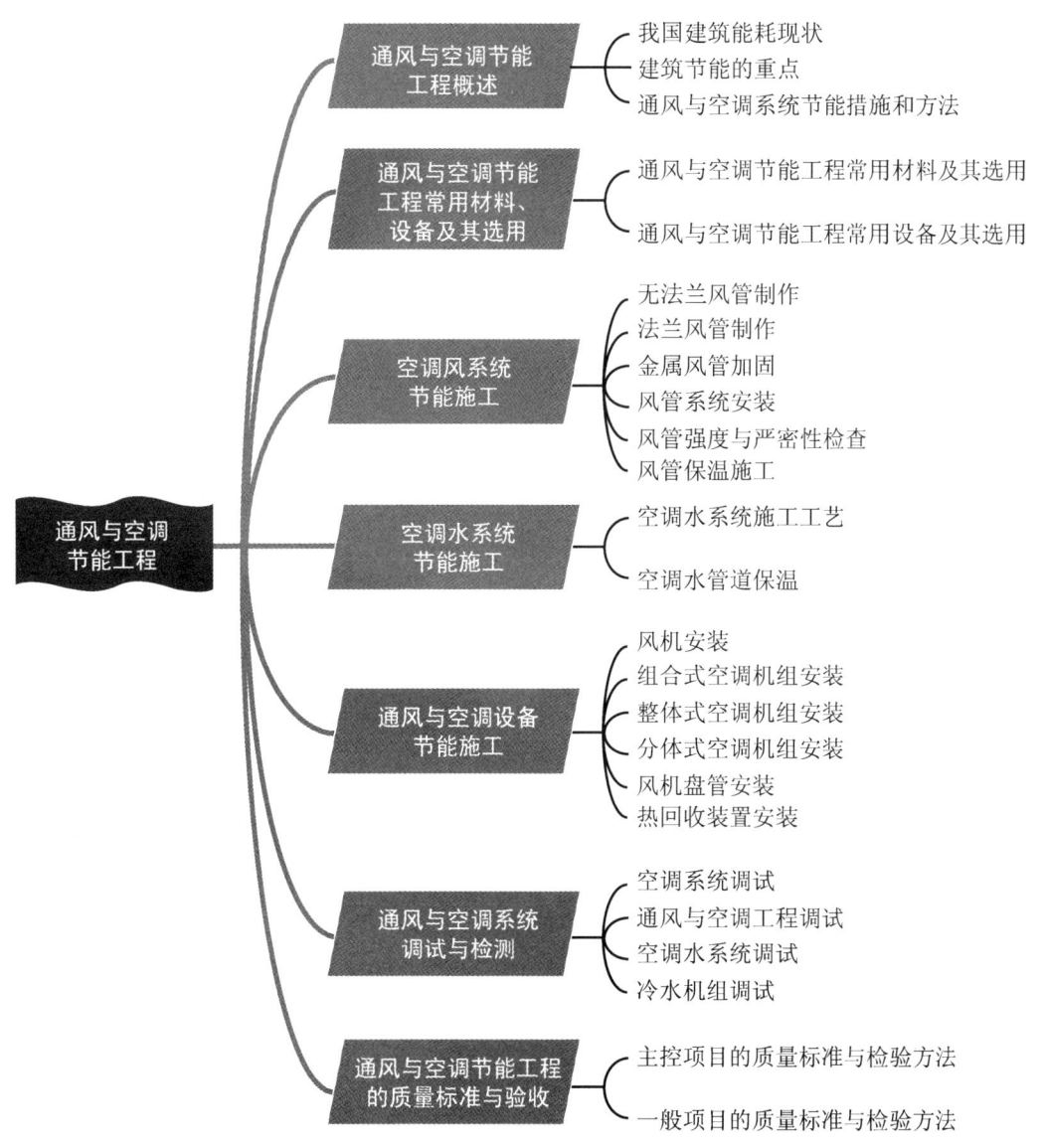

引 言

加快建设资源节约型社会，是我国的重大发展战略决策，是社会发展的科学规划模式，节约能源是资源节约型社会的重要组成部分。建筑能耗大约为全社会能耗的1/3，而通风与空调系统又是建筑能耗中的大户，因此必须予以高度重视。

任务单元 7.1　通风与空调节能工程概述

7.1.1　我国建筑能耗现状

随着经济、社会的发展以及人民生活水平的提高，我国建筑规模越来越大。2022年建筑面积总量约716亿 m^2（图7.1），如此巨大的建筑规模，世界空前。

图 7.1　房屋建筑图

2022年我国建筑运行总能耗为11.9亿 tce，约占全国能源消费总量的22%；2022年我国建筑运行碳排放为23.1亿 t 二氧化碳，占全国能源相关碳排放的21.7%。据统计，我国既有建筑、新建建筑中，大部分是高能耗建筑；单位建筑面积能耗远高于发达国家水平。随着建筑规模的不断扩大和人们生活品质的提高，通风与空调系统的使用越来越广泛，必须采取坚决有效的通风与空调节能措施，为我国经济社会的可持续发展及能源安全和大气环境保护做出贡献。

7.1.2　建筑节能的重点

建筑能耗有两种定义方法：广义的建筑能耗是指从建筑材料制造、建筑施工，一直到建筑使用的全过程能耗；狭义的建筑能耗，即建筑运行能耗，就是人们的日常用能，主要包括供暖、空调、通风、热水供应、照明、炊事、家用电器、电梯等方面的能耗。而在建筑能耗中，通风与空调能耗占主要比例，约为2/3。建筑节能的重点是通风与空调系统节能。

7.1.3 通风与空调系统节能措施和方法

通风与空调系统节能的措施和方法很多，涉及范围很广，但主要表现在以下几个方面。

（1）建筑围护结构采用保温隔热性能好的材料。
（2）合理确定室内温湿度标准，准确计算性能指标，合理进行节能设计。
（3）采用环保、节能型产品和设备，开发新技术。
（4）最大范围地使用天然冷热源，推广地源、水源、空气源热泵等空调节能技术。
（5）开发新能源，回收冷热量，提高能源利用率。
（6）采用节能施工技术，进一步提高节能效果。

本项目将重点讲述通风与空调节能工程施工技术。

任务单元 7.2　通风与空调节能工程常用材料、设备及其选用

7.2.1 通风与空调节能工程常用材料及其选用

通风与空调节能工程常用材料主要包括各种板材、垫料、胶黏剂及绝热材料等。板材一般又可分为金属板和非金属板两大类。

1. 金属板

1）普通薄钢板

普通薄钢板由碳素软钢经热轧或冷轧制成。热轧钢板表面为蓝色发光的氧化铁薄膜，性质较硬而脆，加工时易断裂；冷轧钢板表面平整光洁，性质较软，最适合用于通风与空调工程。冷轧钢板钢号一般为 Q195、Q215、Q235，有板材和卷材两种形态，常用厚度为 0.5mm～2mm，其中板材规格有 750mm×1800mm、900mm×1800mm 及 1000mm×2000mm 等。通风与空调节能工程要求普通薄钢板表面平整光滑、厚度均匀，允许有紧密的氧化铁薄膜，不能有结疤、裂纹等缺陷。

2）镀锌薄钢板

镀锌薄钢板由普通薄钢板表面镀锌制成，俗称"白铁皮"，如图 7.2 所示。常用镀锌薄钢板的厚度为 0.5mm～1.5mm，其规格尺寸与普通薄钢板相同。在工程中常用镀锌薄钢板卷材，在制作风管时非常方便。镀锌薄钢板表面的镀锌层起防腐作用，一般不用刷油防腐。镀锌薄钢板常用于制作潮湿环境中的通风与空调系统的风管和配件。通风与空调节能工程要求镀锌薄钢板表面镀锌层应均匀并有结晶花纹，而无明显氧化层、麻点、粉化、起泡、锈斑、锌层脱落等缺陷，镀锌层厚度不应小于 0.02mm。

图 7.2 镀锌薄钢板

3）塑料复合钢板

塑料复合钢板是在 Q215、Q235 钢板表面喷涂一层厚度为 0.2mm～0.4mm 的软质或半硬质聚氯乙烯塑料膜制成的。它有单面覆层和双面覆层两种。其主要技术性能如下。

（1）耐腐蚀性及耐水性。塑料复合钢板可以耐酸、碱、油及醇类的腐蚀，但不耐有机溶剂的腐蚀；其耐水性好。

（2）绝缘、耐磨性能较好。

（3）剥离强度及深冲性能。塑料膜与钢板间的剥削强度大于或等于 19.6MPa。当深冲时，复合层不会发生剥离现象；当冷弯 180° 时，复合层不会分离开裂。

（4）加工性能。塑料复合钢板具有一般碳素钢板所具有的切断、弯曲、深冲、钻孔、铆接、咬口及折边等加工性能，加工温度以 20℃～40℃ 为宜。

（5）使用温度。塑料复合钢板可在 10℃～60℃ 温度下长期使用，短期可耐 120℃ 高温。

由于塑料复合钢板具有上述性能，因此它常用于防尘要求较高的空调系统和温度在 -10℃～70℃ 下的耐腐蚀通风系统中。通风与空调节能工程要求塑料复合钢板的表面喷涂层应色泽均匀、厚度一致，且表面无起皮、分层或塑料涂层脱落等缺陷。

4）不锈钢板

不锈钢板是以铁为主要成分，添加铬（Cr≥10.5%）、镍（Ni）、钼（Mo）、碳（C）等元素制成的合金钢板。其核心特性是耐腐蚀性，主要依靠表面形成的致密氧化铬（Cr_2O_3）钝化膜实现。

根据组织结构和成分差异，不锈钢板可分为奥氏体不锈钢（如 304、316）、铁素体不锈钢（如 430）、马氏体不锈钢（如 410）、双相不锈钢（如 2205）等。

不锈钢板的技术性能优异，主要表现在以下几个方面。

（1）耐腐蚀性。在潮湿、酸性、碱性或盐雾环境中表现优异，316 不锈钢因含钼（Mo）元素可耐受高氯离子环境。

（2）强度与韧性。抗拉强度（500MPa～1000MPa）和屈服强度较高，低温环境下仍能保持韧性（如奥氏体不锈钢在 -196℃ 下可用）。

（3）耐高温性。奥氏体不锈钢耐高温（800℃以下稳定），但长期高温可能引发晶间腐蚀；铁素体不锈钢耐高温性较差（约400℃）。

（4）加工性能。奥氏体不锈钢延展性好，适合冲压、折弯；马氏体不锈钢需热处理后加工；表面可抛光至镜面（$Ra \leq 0.4\mu m$）或拉丝处理。

（5）焊接性。奥氏体不锈钢焊接性良好，但需控制热输入以避免碳化物析出；双相不锈钢需控制层间温度。

不锈钢板可用于高腐蚀环境的通风系统中，也可以用来制造风机叶轮、过滤器框架等部件。由于其耐高温，还可以用在消防及防排烟系统中。通过合理选材和工艺设计，不锈钢板做成的风管可显著提升通风与空调系统的可靠性和耐久性，尤其适用于严苛工况和长周期运行需求。

5）铝板及铝合金板

铝板具有良好的塑性、导电和导热性，并且在许多介质中有较高的稳定性。铝板的成型方式有退火和冷却硬化两种。退火的铝板塑性较好，强度较低；冷却硬化的铝板塑性较差，而强度较高。

为了改变铝的性能，通常在铝中加入一种或几种其他元素（如铜、镁、锰、锌等）制成铝合金及铝合金板。

由于铝板及铝合金板具有良好的耐腐蚀性且摩擦时不易产生火花，因此它们常用于化工环境通风工程的防爆系统中。

在通风与空调工程中，通常采用铝板或防锈铝合金板，其应有良好的塑性、导电和导热性及耐酸腐蚀性，且表面不得有明显的划痕、刮伤、麻点、斑迹和凹穴等缺陷。

2. 非金属板

1）硬聚氯乙烯塑料板

硬聚氯乙烯塑料板由聚氯乙烯树脂加入稳定剂、增塑剂、填料、着色剂及润滑剂等压制（或压铸）而成。它具有表面平整光滑、耐酸碱腐蚀性强（对各种酸碱的作用均很稳定，但对于强氧化剂如浓硝酸、发烟硫酸和芳香族碳氢化合物是不稳定的）、物理力学性能良好、易于二次加工成型等特点。

硬聚氯乙烯塑料板的厚度一般为2mm～40mm，板宽700mm，板长1600mm，拉伸强度为50MPa（纵横向），弯曲度为90MPa（纵横向）。

由于硬聚氯乙烯塑料板具有一定的强度和弹性，耐腐蚀性良好，又易于加工成型，因此使用相当广泛。在通风工程中采用硬聚氯乙烯塑料板制作风管和配件，绝大部分是用于输送含有腐蚀性气体的系统。但硬聚氯乙烯塑料板的热稳定性较差，具有一定的适用范围，一般在-10℃～60℃。如果温度再高，其强度反而会下降；而温度过低又会变脆易断。

通风与空调工程要求硬聚氯乙烯塑料板表面平整、无伤痕、不含气泡、厚薄均匀、无离层现象。

2）玻璃钢（玻璃纤维增强塑料）

（1）有机玻璃钢。

有机玻璃钢是以玻璃纤维制品（如玻璃布）为增强材料，以树脂为黏结剂，经过一定的成型工艺制作而成的一种有机复合材料。它具有强度高、质量轻、韧性好、防水性好、耐腐蚀性好、耐火性好、成型工艺简单等优点。

有机玻璃钢的密度为1400kg/m³～2200kg/m³，抗拉强度为157MPa～226MPa（钢为392MPa），使用温度为90℃～190℃，导热性为金属的1/1000～1/100。

由于有机玻璃钢具有质量轻、强度高、耐热性及耐腐蚀性优良、电绝缘性好及加工成型方便等特点，因此常应用于纺织、印染、化工等行业需要排除腐蚀性气体的通风系统中。

（2）无机玻璃钢。

无机玻璃钢（又称玻璃纤维增强氯氧镁水泥复合材料，简称GRMC）是一种以氧化镁（MgO）、氯化镁（$MgCl_2$）为胶凝材料，玻璃纤维为增强材料，辅以改性剂制成的复合材料。其固化后形成以$5Mg(OH)_2 \cdot MgCl_2 \cdot 8H_2O$晶体为主的网状结构，兼具无机材料的耐高温性、防火性与复合材料的轻质高强特性。

无机玻璃钢的优点有：耐腐蚀性强、防火性能卓越、轻质高强、防霉抗菌、环保节能、易加工、成本低，可模压成型复杂构件（如三通、弯头），无须焊接，安装效率高。

无机玻璃钢凭借其耐腐蚀、防火、轻质等特性，在通风空调系统中广泛应用于腐蚀性排风、消防排烟、洁净室等区域。其性价比高、环保性好的特点，尤其适合替代传统金属材料在恶劣工况下的应用。

3）玻璃纤维板

玻璃纤维板又称玻璃纤维隔热板、玻纤板（FR-4）、玻璃纤维合成板，它由玻璃纤维材料和高耐热性的复合材料合成，不含对人体有害的石棉成分。其主要控制参数包括基材的导热性能、厚度、密度、覆面层及所使用辅料的特性（如氧指数等）等。玻璃纤维板因其优良的性能，被广泛应用于多个领域，其中之一就是用来制作玻纤复合风管（图7.3）。

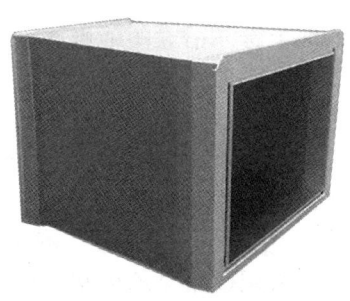

图7.3　玻纤复合风管

玻纤复合风管具有良好的保温和消声性能；同时风管具有材质轻、漏风量小、施工周期短、防火、防潮、无有害挥发物、外形美观、使用寿命长、造价低等特点，是低、中压空调与通风系统较为经济、适用的一种通风管道。

4）复合材料

复合材料是指由两种及以上性能不同的材料组合而成的新材料。用于风管的复合材料大多是由金属或非金属加上绝热材料所组合而成的。根据现行国家标准《通风与空调工程施工质量验收规范》（GB 50243—2016）的规定，复合材料风管的覆面材料必须采用不燃材料，内层的绝热材料应采用不燃或难燃且对人体无害的材料。

3. 垫料

法兰接口之间要加垫料，以保证接口的密封性。垫料应具有较好的弹性，不吸水、不透气，其厚度应为3mm～5mm，其中洁净空调系统的法兰垫料厚度不能小于5mm。

常用的垫料有橡胶板（条）、密封橡胶条、耐火胶板、耐酸橡胶板、软聚氯乙烯板、闭孔海绵橡胶板和泡沫氯丁橡胶板等。

（1）橡胶板（条）。

橡胶板（条）具有较好的弹性，常被用作密封性较高的除尘系统和空调系统中的垫料。

（2）密封橡胶条。

根据断面形状，密封橡胶条有圆形海绵橡胶条、海绵门窗压条、海绵嵌条、包布海绵条、9字胶条、O形密封条、U形防霉条、门胶条等。密封橡胶条广泛用于洁净空调系统中。

（3）耐火胶板。

耐火胶板能在高温（通常为300℃及以上）或明火条件下保持结构完整，同时具备隔热、绝缘和密封功能，常被应用于高温防护、防火隔离及通风排烟系统等的关键部位。

（4）耐酸橡胶板。

耐酸橡胶板有较高硬度和中等硬度两种类型。它具有耐酸碱性能，常被用作输送含有酸碱蒸汽的风管中的垫料。

（5）软聚氯乙烯板。

软聚氯乙烯板具有良好的耐腐蚀性能和弹性，常被用作输送含有腐蚀性气体的风管中的垫料。

（6）闭孔海绵橡胶板。

闭孔海绵橡胶板是一种新型的垫料，其表面光滑，内部有细孔，弹性良好，最适宜用作输运易产生凝结水或含有蒸汽的空气风管中的垫料。

（7）泡沫氯丁橡胶板。

泡沫氯丁橡胶板是目前国内外推广使用的新型垫料。它可加工成扁条状，宽度为20mm～30mm，厚度为3mm～5mm，其一面带胶，用时扯去胶面上的纸条，将其粘贴于法兰上即可。泡沫氯丁橡胶板操作方便，密封性好。

4. **胶黏剂**

洁净空调系统中常用的胶黏剂有橡胶胶黏剂、环氧树脂胶黏剂、聚乙酸乙烯乳液等。其中橡胶胶黏剂主要用于洁净室中高效过滤器、管道、附件等的密封。

5. **绝热材料**

1）常用的绝热材料

常用的绝热材料有有机玻璃棉、矿渣棉、珍珠岩、蛭石、聚苯乙烯泡沫塑料、聚氨酯泡沫塑料等。

2）绝热材料的选择

选择绝热材料时宜采用成型制品，且其性能应满足导热系数小、吸水性小、密度小、强度高，允许使用温度高于设备或管道内热介质的最高运行温度，以及阻燃、无毒等要求。对于内绝热的材料除满足上述要求外，还应具有灭菌性能，并且价格合理、施工方便。对于需要经常维护、操作的设备和管道附件，应采用便于拆装的成型绝热结构。绝热材料的选择具体需满足以下要求。

（1）技术性能要求。绝热材料的选择要满足设计文件上的技术参数要求。

（2）消防规范防火性能的要求。绝热材料应根据工程类别选择不燃或难燃材料，当工程选用绝热材料为难燃材料时，必须对其难燃性能进行检验，合格后方可使用。

（3）电加热器附近的绝热材料的要求。为了防止电加热器引起保温材料的燃烧，电加热器前后800mm风管的绝热材料必须使用不燃材料。

（4）穿越防火隔墙的风管、管道外的绝热材料的要求。为了杜绝相邻区域发生火灾而通过风管或管道外的绝热材料成为传递的通道，凡穿越防火隔墙两侧2m范围内的风管、管道外的绝热材料必须使用不燃材料。

（5）其他注意事项。绝热材料的选择除要符合上述设计参数和消防规范防火性能的要求外，还要注意影响绝热质量的因素，如材料的吸湿性、防水性及施工难易程度等。

6. 其他附属材料的选用

（1）玻璃丝布应避免太稀松，经向和纬向密度（纱根数/cm）要满足设计要求。

（2）保温钉、胶黏剂等附属材料均应符合防火、环保要求，并要与绝热材料相匹配，不可产生溶蚀。

（3）胶黏剂、防火涂料必须是在保质期内的合格品。

7. 材料进场检验及保管

（1）材料进场时，要严格执行验收标准，检查材料出厂合格证、消防检测报告等资料。

（2）现场可以进行测量的项目（如规格、厚度）应按规定数量进行观察抽检，并对可燃性进行检测。

（3）绝热主材应放在干燥的场地妥善保管，材料堆放时下面要垫高，码放要整齐，要有防水、防潮、防挤压变形（成型制品）措施。

7.2.2 通风与空调节能工程常用设备及其选用

1. 空调机组

选用空调机组时，应注意机组风量、风压的匹配，选择最佳状态点运行，不宜过分加大风机的风压（风压提高，风机功率损耗会显著增加）；应该选用漏风量及外形尺寸小的环保节能机组。

2. 通风与空调设备

1）设备及附件质量

（1）设备应有装箱清单、设备说明书、产品质量合格证书和产品性能检测报告等随机文件，进口设备还应具有商检合格的证明文件。

（2）安装过程中所使用的各类型材、垫料、五金用品应有出厂合格证或有关证明文件。外观检查无严重损伤及锈蚀等缺陷。法兰连接使用的垫料应按照设计要求选用，并满足防火、防潮、耐腐蚀性能要求。

（3）设备的地脚螺栓的规格、长度，以及平、斜垫铁的厚度、材质和加工精度应满足设备安装要求。

（4）设备安装所采用的减振器或减振垫的规格、材质和单位面积的承载率应符合设计和设备安装要求。

（5）风机的型号、规格应符合设计规定和要求，其出口方向应正确。

2）进场验收

（1）应按装箱清单核对设备的型号、规格及附件数量。

（2）设备的外形应规则、平直，圆弧形表面应平整而无明显偏差，结构应完整，焊缝应饱满，无缺损和孔洞。

（3）金属设备的构件表面应做除锈和防腐处理，外表面的色调应一致，且无明显的划伤、锈斑、伤痕、气泡和剥落现象。

（4）非金属设备的构件材质应符合使用场所的环境要求，表面保护涂层应完整。

（5）风机运抵现场应进行开箱检查，检查装箱清单、设备说明书、产品质量合格证书和产品性能检测报告等随机文件是否齐全，进口设备还应具有商检合格的证明文件。

（6）设备的进出口应封闭良好，随机的零部件应齐全而无缺损。

3. 空调制冷系统设备

1）设备及附件质量

（1）制冷设备和制冷附属设备的型号、规格和技术参数必须符合设计要求，并具有产品质量合格证书、产品性能检验报告。

（2）所采用的管道和焊接材料应符合设计规定，并具有出厂合格证明或质量鉴定文件。

（3）制冷系统的各类阀门必须采用专用产品，并有出厂合格证明。

（4）无缝钢管内外表面应无显著锈蚀、裂纹、重皮及凹凸不平等缺陷。

（5）铜管内外壁均应光洁，无疵孔、裂缝、结疤、层裂或气泡等缺陷。管材不应有分层，管子端部应平整无毛刺。铜管在加工、运输、储存过程中应无划伤、压入物、碰伤等缺陷。

（6）管道法兰密封面应光洁，不得有毛刺及径向沟槽，带有凹凸面的法兰应能自然嵌合，凸面的高度不得小于凹槽的深度。

（7）螺栓及螺母的螺纹应完整，无伤痕、毛刺、残断丝等缺陷。螺栓与螺母应配合良好，无松动或卡涩现象。

（8）非金属垫片，如海绵板、橡胶板等应质地柔韧，无老化变质或分层现象，表面不应有折损、皱纹等缺陷。

2）进场验收

（1）根据设备装箱清单、说明书、合格证、检验记录和必要的装配图及其他技术文件，核对型号、规格，以及全部零件、部件、附属材料和专用工具。

（2）检查主体和零部件等表面有无缺损和锈蚀等情况。

（3）设备充填的保护气体应无泄漏，油封应完好。开箱检查后，设备应有保护措施，不宜过早或任意拆除，以免设备受损。

任务单元 7.3 空调风系统节能施工

7.3.1 无法兰风管制作

1. 无法兰风管制作工艺流程（图 7.4）

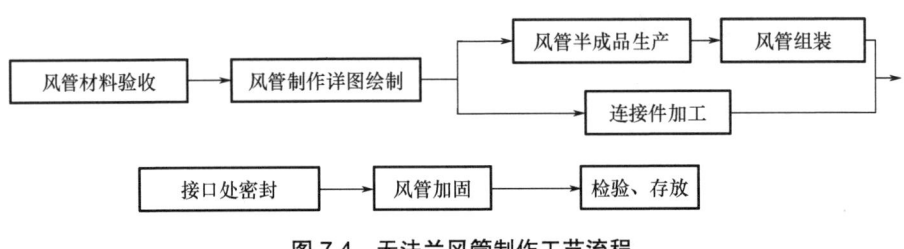

图 7.4 无法兰风管制作工艺流程

2. 操作要点

（1）圆形风管的无法兰连接应符合设计要求，当设计无明确要求时，可根据实际情况按表 7-1 中的规定确定。

（2）矩形风管的无法兰连接应符合设计要求，当设计无明确要求时，可根据实际情况按表 7-2 中的规定确定。

表 7-1 圆形风管无法兰连接形式

无法兰连接形式		附件板厚/mm	接口要求	使用范围
直接承插连接		—	插入深度≥30mm，有密封要求	低压风管，直径<700mm
带加强筋承插连接		—	插入深度≥20mm，有密封要求	中、低压风管
角钢加固承插连接		—	插入深度≥20mm，有密封要求	中、低压风管
芯管承插连接		≥管板厚	插入深度≥20mm，有密封要求	中、低压风管

续表

无法兰连接形式		附件板厚/mm	接口要求	使用范围
立筋抱箍连接	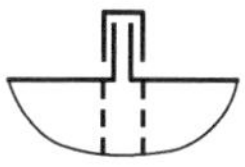	≥管板厚	翻边与楞筋匹配一致，紧固严密	中、低压风管
抱箍连接	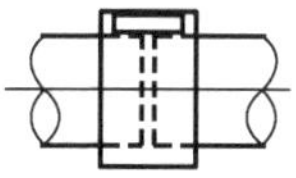	≥管板厚	对口尽量靠近不重叠，抱箍应居中	中、低压风管、抱箍宽度≥100mm

表 7-2　矩形风管无法兰连接形式

无法兰连接形式		附件板厚/mm	使用范围
S形插条连接		≥0.7	低压风管单独使用时，连接处必须有固定措施
C形插条连接		≥0.7	中、低压风管
立插条连接		≥0.7	中、低压风管
立咬口连接	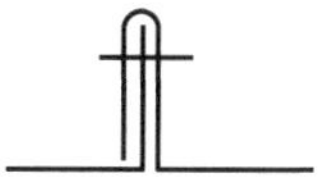	≥0.7	中、低压风管
包边立咬口连接	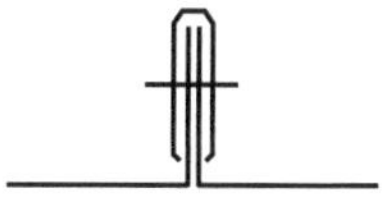	≥0.7	中、低压风管
薄钢板法兰插条连接	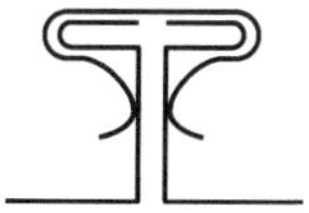	≥1.0	中、低压风管
薄钢板法兰弹簧夹连接		≥1.0	中、低压风管
直角形插条连接	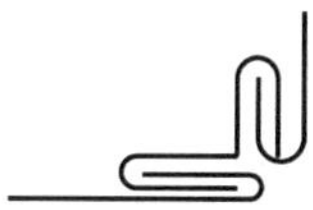	≥0.7	低压风管
立联合角形插条连接	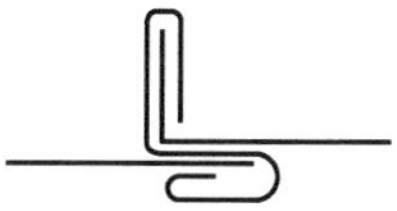	≥0.8	低压风管

注：薄钢板法兰风管也可采用铆接法兰条连接的方法。

3. 无法兰风管的连接方式

1）承插连接

（1）直接承插连接。

直接承插连接时，应顺气流流向承插。制作风管时应使风管一端直径比另一端略大，承插后用拉铆钉或自攻螺钉固定两节风管连接位置。拉铆钉或自攻螺钉数量可根据风管直径按表 7-3 的规定确定。连接后接口缝内或外沿应用密封胶或铝箔密封胶带封闭缝口，如图 7.5（a）所示。

表 7-3 圆形风管的承插连接

风管直径 D/mm	芯管长度 L/mm	拉铆钉或自攻螺钉数量/个	外径允许偏差 /mm	
			圆管	芯管
120	120	3×2	−1～0	−4～−3
300	160	4×2		
400	200	4×2	−2～0	−5～−4
700	200	6×2		
900	200	8×2		
1000	200	8×2		

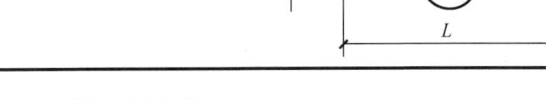

（2）芯管承插连接。

芯管承插连接适用于中、低压圆形风管和椭圆形风管。芯管板厚应等于风管板厚，芯管在两根风管内的插入深度应不小于 20mm，且应符合表 7-3 的规定。用拉铆钉或自攻螺钉将风管与芯管固定后，应使用密封胶或铝箔密封胶带封闭缝口，如图 7.5（b）所示。

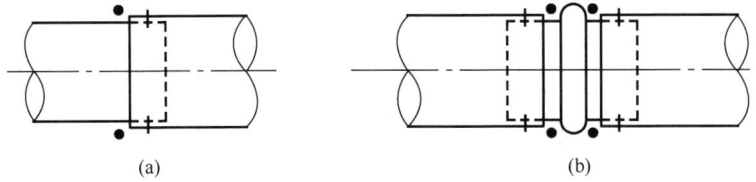

图 7.5 承插连接的密封位置

注：图中"●"点处为密封位置。

2）插条连接

（1）C 形插条连接。

C 形插条连接适用于风管长边尺寸不大于 630mm 的中、低压矩形风管。插条制作应确保后安装的两条垂直连接缝插条的两端带有 20mm～40mm 的折耳，在安装时使折耳翻压 90°，盖压在另两根插条的端头上，从而实现插条四角的定位固定。连接缝需封闭时，可参照图 7.6（a），使用密封胶或铝箔密封胶带封闭。

（2）S 形插条连接。

S 形插条连接适用于风管长边尺寸不大于 630mm 的低压矩形风管。利用中间连接件 S 形插条，将要连接的两根风管的管端分别插入插条的两面槽内，其四角折耳翻压定位固定同 C 形插条。矩形风管两组对边可分别采用 C 形插条和 S 形插条，一般是上下两边（大边）使用 S 形插条、左右两边（小边）使用 C 形插条。当单独使用 S 形插条时，应使用拉铆钉或自攻螺钉与风管壁固定。连接缝需封闭时，可参照图 7.6（b）。

（3）直角形插条连接。

直角形插条连接适用于风管长边尺寸不大于 630mm 的低压主干管与支管的连接。直角形插条连接是利用 C 形插条从中间外弯 90° 作连接件，插入矩形风管主管平面与支管管端形成的连接。主管平面开洞，洞边四周翻边 180°，翻边后净留孔尺寸应等于所连接支管的断面尺寸；支管管端翻边 180°，翻边宽度均应不小于 8mm。安装时先插入与支管边长相等的两侧插条，再插入另外两侧留有折耳的插条（插入前应在插条端部 90° 角线处剪出等于折边长的开口），将长出部分折成 90° 压封在支管先装的两侧插条的端部。咬合完毕后应封闭四角缝口。连接缝需封闭时，可参照图 7.6（c）。

3）咬口连接

（1）立咬口连接。

风管立咬口连接适用于风管长边尺寸不大于 1000mm 的中、低压矩形风管的连接。连接缝一侧风管的四个边折成 90° 立边，另一侧风管的四个折边折成两个 90° 呈 Z 形。连接时，将两侧风管立边贴合，然后将 Z 形外折边翻压到另一侧立边背后，压紧后每隔 150mm～200mm 用铆钉铆接固定。合口时，四角应各加上一个边长不小于 60mm 的 90° 贴角，并与立咬口铆接固定，贴角板厚度应不小于风管板厚。咬合完毕后应封闭四角缝口。连接缝需封闭时，可参照图 7.6（d）。

（2）包边立咬口连接。

包边立咬口连接适用于中、低压矩形风管的连接。连接缝两侧风管的四个边均翻成 90° 立边，利用公用包边将连接缝两侧风管的 90° 立边合在一起并用铆钉铆固，铆钉间隔 150mm～200mm。风管四角 90° 贴角处理和接缝的封闭同立咬口连接。

（3）立联合角形插条连接。

立联合角形插条连接适用于风管长边尺寸不大于 1250mm 的低压矩形风管。制作风管时，应使带立边的风管端口长、宽尺寸稍大于平插口尺寸。利用一立咬平插条，将矩形风管连接两个端口，分别采用立咬口和平插的方式连接在一起，风管四角立咬口处加 90° 贴角。平插及立咬口的连接处，以及 90° 贴角与立咬口的结合处均用铆钉固定，铆钉间隔 150mm～200mm。平插处一对垂直插条的两头应有长出另两侧风管面 20mm～40mm 的折耳，压倒在与风管面平齐的两根平插条上。咬合完毕后应封闭四角缝口。连接缝需封闭时，可参照图 7.6（e）。

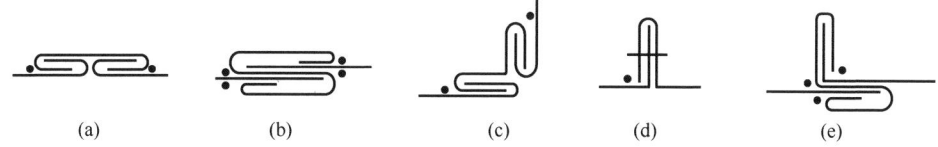

图 7.6 矩形风管无法兰连接的密封位置

注：图中"●"点处为密封位置。

4）无法兰连接的质量要求

（1）风管的接口及连接件尺寸准确，形状规则，接口处严密。

（2）薄钢板法兰的折边平直，弯曲度不大于 5/1000，弹簧夹、顶丝卡与薄钢板法兰匹配。

（3）插条与风管插口的宽度一致，允许偏差为 2mm。

7.3.2 法兰风管制作

1. 法兰风管制作工艺流程（图 7.7）

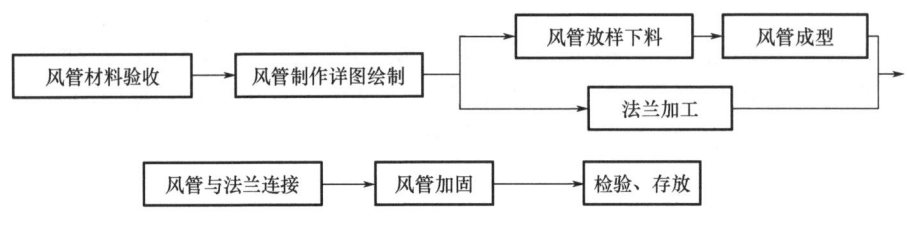

图 7.7　法兰风管制作工艺流程

2. 角钢法兰连接金属风管制作要求

（1）制作风管的钢板厚度见表 7-4。

表 7-4　制作风管的钢板厚度　　　　　　　　　　　　单位：mm

风管直径 D 或长边尺寸 b	圆形风管	矩形风管		除尘系统风管
		中、低压系统	高压系统	
D(b)≤320	0.50	0.50	0.75	1.5
320<D(b)≤450	0.60	0.60	0.75	1.5
450<D(b)≤630	0.75	0.60	0.75	2.0
630<D(b)≤1000	0.75	0.75	1.00	2.0
1000<D(b)≤1250	1.00	1.00	1.00	2.0
1250<D(b)≤2000	1.20	1.00	1.20	按设计
2000<D(b)≤4000	按设计	1.20	按设计	

注：1. 螺旋风管的钢板厚度可适当减小 10%～15%。
　　2. 排烟系统风管钢板厚度可按高压系统取值。
　　3. 特殊除尘系统风管钢板厚度应符合设计要求。
　　4. 不适用于地下人防与防火隔墙的预埋管。

（2）根据现场实测和设计要求绘制风管加工图，板材的放样、下料要尺寸准确，切边平直。

（3）风管与配件的制作：咬口紧密、宽度一致；折角平直、圆弧均匀；两端面平行；板材拼接的咬口缝要错开；无明显扭曲与翘角。

（4）角钢法兰的制作：下料前对已拼装的风管口径进行测量，调直角钢，在 12mm 以上的钢板上拼缝；法兰对角线允许偏差为 3mm，法兰平面度的允许偏差为 2mm。

（5）风管与角钢法兰应采用翻边铆接，翻边应平整、紧贴法兰，其宽度应一致，且不应小于6mm。

（6）中、低压系统风管法兰的螺栓及铆钉孔的间距不得大于150mm，高压系统和洁净空调系统风管法兰的螺栓及铆钉孔的间距不得大于100mm；矩形风管法兰的四角应设螺栓孔。

3. 其他风管配件制作

（1）沿垂直方向连接主管道的支风管，在连接处宜顺气流侧单边采用45°斜角。

（2）风管的变径应做成渐扩或渐缩形，并保证每边扩大收缩角度在30°以内。

（3）风管改变方向、变径及分路时，不应过多使用矩形箱式管件代替弯头、渐扩管、三通等管件；当必须使用分配气流的静压箱时，其断面风速不宜大于1.5m/s。

7.3.3 金属风管加固

（1）需要进行加固处理的金属风管：直径大于或等于800mm，且其管段长度不大于1250mm或总表面积大于4m²的圆形风管（不包括螺旋风管）；长边大于630mm的矩形风管；长边大于800mm，且其管段长度大于1250mm的保温风管；单边平面面积大于1.2m²的低压风管，单边平面面积大于1.0m²的中、高压风管。

（2）风管可采用楞筋、立筋、角钢、扁钢（平、立）、加固筋、管内支撑等加固形式，如图7.8所示。

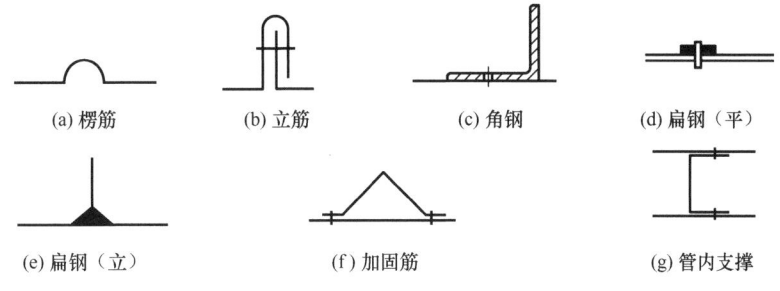

图7.8 风管加固形式

（3）中压和高压系统风管，当其管段长度大于1250mm时，要进行加固框补强；高压系统金属风管的单咬口缝，还应有防止咬口缝胀裂的加固或补强措施。

（4）角钢、加固筋的间距应在220mm以内，两相交处应连接成一体；管内支撑各支撑点之间或与风管的边沿或法兰的间距应不大于950mm。

7.3.4 风管系统安装

1. 风管系统安装工艺流程（图7.9）

2. 风管连接的密封

（1）风管连接的密封材料应满足系统功能技术条件，对风管的材质无不良影响，并具有良好的气密性。风管法兰垫料的燃烧性能和耐热性能应符合表7-5的规定。

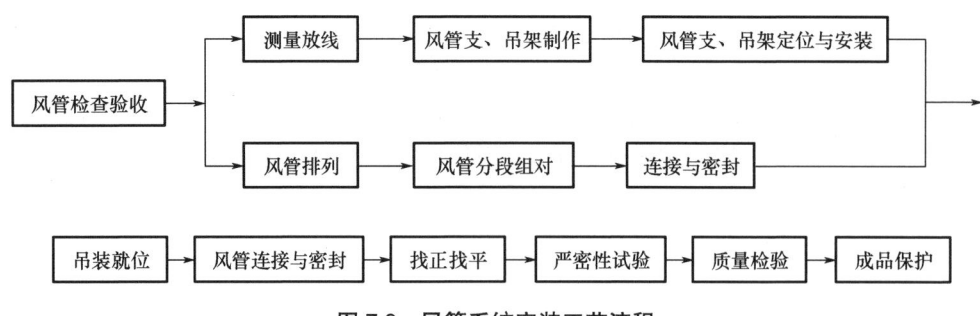

图 7.9　风管系统安装工艺流程

表 7-5　风管法兰垫料的燃烧性能和耐热性能要求

种　类	燃烧性能	主要基材耐热性能 /℃
玻璃纤维类	不燃 A 级	300
氯丁橡胶类	难燃 B1 级	100
异丁基橡胶类	难燃 B1 级	80
丁腈橡胶类	难燃 B1 级	120
聚氯乙烯	难燃 B1 级	100

（2）风管法兰垫料的使用。

① 风管法兰垫料厚度宜为 3mm～5mm。

② 输送温度低于 70℃的空气，可用橡胶板、闭孔海绵橡胶板、密封胶带或其他闭孔弹性材料。

③ 防、排烟系统或输送温度高于 70℃的空气或烟气，应采用耐热橡胶板或不燃的耐温、防火材料。

（3）密封垫料应减少拼接，接头连接应采用梯形或榫形方式，如图 7.10 所示。

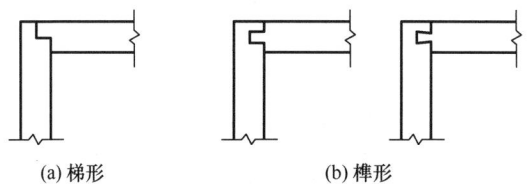

(a) 梯形　　　　(b) 榫形

图 7.10　法兰密封垫料接头形式

（4）当非金属风管采用 PVC 或铝合金插条法兰连接时，应对四角和漏风缝隙处进行密封处理。

（5）风管的密封应以板材连接的密封为主，也可以采用密封胶嵌缝与其他方法。密封胶的性能应符合使用环境的要求，密封面宜设在风管的正压侧。

7.3.5　风管强度与严密性检查

1. 强度检验

风管系统强度应满足微压和低压风管在 1.5 倍的工作压力，中压风管在 1.2 倍的工作压力且不低于750Pa，高压风管在1.2倍的工作压力下，保持5min及以上，接缝处无开裂，整体结构无永久性变形及损伤为合格。

2. 严密性测试

风管严密性应符合现行国家标准《通风与空调工程施工质量验收规范》（GB 50243—2016）的规定。

风管系统的严密性测试应分为观感质量检验与漏风量检测。观感质量检验可应用于微压风管，也可作为其他压力风管工艺质量的检验，结构严密且无明显穿透的缝隙和孔洞为合格。漏风量检测应为在规定工作压力下，对风管系统漏风量的测定和验证，漏风量不大于规定值为合格。

系统风管漏风量的检测，应以总管和干管为主，宜采用分段检测、汇总综合分析的方法。检验样本风管宜由3节及以上组成，且总表面积不应小于15m²。

（1）矩形风管系统在工作压力下的允许漏风量应符合表7-6的规定。

表7-6 风管允许漏风量

风管类别	允许漏风量 / [m³/(h·m²)]
低压风管	$Q_l \leq 0.1056 P^{0.65}$
中压风管	$Q_m \leq 0.0352 P^{0.65}$
高压风管	$Q_h \leq 0.0117 P^{0.65}$

注：Q_l为低压风管允许漏风量，Q_m为中压风管允许漏风量，Q_h为高压风管允许漏风量，P为系统风管工作压力（Pa）。

（2）低压、中压圆形金属风管与复合材料风管，以及无法兰非金属风管的允许漏风量，应为矩形金属风管规定值的50%。

（3）砖、混凝土风道的允许漏风量不应大于矩形低压系统风管规定值的1.5倍。

（4）排烟、除尘、低温送风及变风量空调系统的严密性应符合中压风管的规定，N1～N5级净化空调系统风管的严密性应符合高压风管的规定。

（5）风管系统工作压力绝对值不大于125Pa的微压风管，在外观和制造工艺检验合格的基础上，不应进行漏风量的验证测试。

7.3.6 风管保温施工

1. 风管保温施工工艺流程（图7.11）

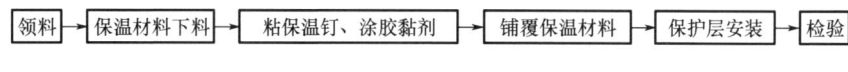

图7.11 风管保温施工工艺流程

2. 施工方法

（1）保温材料下料。保温材料下料要准确，切割面要平齐，在裁料时要使水平、垂直面搭接处以短面两头顶在大面上。

（2）粘保温钉与铺覆保温材料。

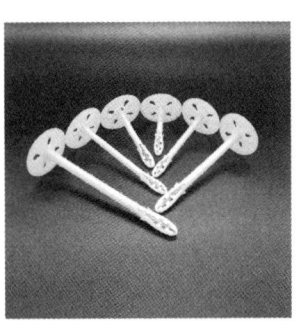

图7.12 保温钉

① 粘保温钉（图7.12）前要将风管壁上的尘土、油污擦净，将胶黏剂分别涂抹在管壁和保温钉的粘接面上，稍后再将其粘上。

② 矩形风管及设备保温钉密度应均匀分布，底面不少于16个/m²，侧面不少于10个/m²，顶面不少于6个/m²。保温钉粘上后应停12h～24h后再铺覆保温材料。

③ 铺覆保温材料时，应使纵、横缝错开。小块保温材料应尽量铺覆在水平面上。

（3）各类保温材料做法。

① 内保温。若采用岩棉类保温材料，铺覆后应在法兰处保温材料面上涂抹固定胶，防止纤维被吹起。施工时需要在岩棉内表面涂抹固化涂层。

② 聚苯板类外保温。聚苯板铺好后，应在四角放上短铁皮包角，然后用薄钢带作箍，用打包钳卡紧。钢带箍每隔500mm打一道。

③ 岩棉类外保温。对明管保温后应在四角加上长条铁皮包角，并用玻璃丝布缠紧。

（4）缠玻璃丝布。缠绕时应使玻璃丝布相互搭接，使保温材料外表形成两层玻璃丝布缠绕。玻璃丝布甩头要用卡子卡牢或用胶粘牢。

（5）外壳防护。玻璃丝布外表面要刷两道防火涂料，涂层应严密均匀；室外露明风道在保温层外还应加上一层铁皮外壳，外壳间的搭接处应采用拉铆固定，搭接缝应用腻子密封。

任务单元 7.4　空调水系统节能施工

7.4.1　空调水系统施工工艺

1. 施工工艺流程（图7.13）

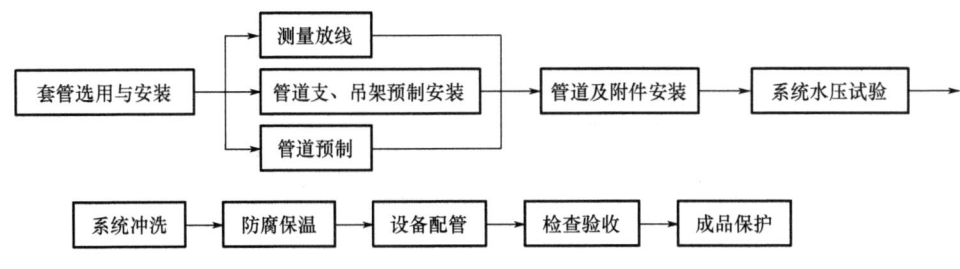

图7.13　空调水系统施工工艺流程

2. 操作要点

1）焊接连接管道的预制、安装

（1）对于切割后的钢管,需要对管子进行打磨处理,管切断面倾斜不得超过 1/4 管壁厚度。

（2）管道焊口的组对和坡口形式规定:对口的平整度为 1%,全长不大于 10mm;进行机械坡口加工时,应保持管道端面与管道轴线垂直;坡口表面不得有裂纹、锈蚀、毛刺等。

（3）焊接材料的品种、规格和性能应符合设计要求。

（4）焊接质量应符合现行国家标准《现场设备、工业管道焊接工程施工规范》（GB 50236—2011）的规定。

2）丝接管道的预制、安装

（1）丝接钢管采用机械切割,断丝或缺丝不应大于螺纹全扣数的 10%,螺纹的有效长度允许偏差一扣。

（2）填料采用细麻丝加铅油或聚四氟乙烯生料带,缠绕时应顺螺纹紧缠 3 层～4 层,填料不得挤入管内。

（3）管件紧固后,需要对外露螺纹上的填料进行处理,镀锌钢管的外露螺纹应涂防锈漆。

3）法兰连接管道的预制、安装

（1）法兰与管道连接时,应确保法兰端面与管道中心线垂直;螺栓孔径和个数应相同,螺栓孔应对齐,即压力等级应一样。

（2）法兰垫片应封闭,垫片只能放一片,且不得有褶皱、裂纹或厚薄不均。若需要拼接,其接缝应采用迷宫式的对接方式。

4）卡箍连接管道的预制、安装

（1）管道采用机械切割。切割断面应与管道的中心线垂直,规定允许偏差为:管径不大于 100m 时,偏差不大于 1mm;管径大于 125mm 时,偏差不大于 1.5mm。

（2）实地测量后下料。连接管段的长度应为管段两端口净长度减去 6mm～8mm,在每个连接口间应保持 3mm～4mm 的间隙。

（3）管道接头平口端环形沟槽须采用专用滚槽机加工成型。

（4）组成卡箍接头的卡箍件、橡胶密封圈、紧固件应由生产接头的厂家配套供应,橡胶密封圈的材质应根据介质的性质和温度确定。

5）管道与设备的连接

（1）连接前管道要进行冲洗。管道与水泵等动力设备连接时,应在二次灌浆后、基础混凝土强度达到 75% 和精校后进行。

（2）管道与设备的连接应采用柔性接头,柔性接头不得强行对口连接,与其连接的管道应设置独立的支架。

（3）水泵吸水管如果是变径管,应采用顶平偏心大小头。

（4）管道与设备连接后,严禁进行焊接或气割;当需要时,应点焊后拆下管道进行焊接（或采取必要措施）,防止焊渣、氧化铁进入设备内。

6）冷（热）水管道与支、吊架安装

（1）冷（热）水管道与支、吊架之间应设置绝热衬垫（承压强度能满足管道质量的不燃、难燃硬质绝热材料或经防腐处理的木衬垫）。其厚度不应小于绝热层厚度，宽度应大于支、吊架支撑面宽度。

（2）冷（热）水管道与支、吊架之间若不能设置绝热衬垫，则应采用绝热型支、吊架或在支、吊架与管道接触部位外面包裹柔性绝热材料。

7）阀门安装

（1）安装阀门时，应根据介质流向确定阀门安装方向，且应选择便于检修处理的位置进行安装。若吊顶内设有阀门，应设检修孔。

（2）阀门安装前，对于工作压强大于 1.0MPa 及安装于主干管上起切断作用的阀门，应逐个做强度和严密性试验，不符合试验要求的严禁使用。

（3）阀门应在关闭状态下安装。将压力降至额定工作压强，稳压 30min，检查系统各管道接口、阀件等附属配件，不渗漏便为合格。

7.4.2 空调水管道保温

（1）采用橡塑作保温材料时，胶黏剂要分别涂在管壁和保温材料的黏结面上，根据气温条件按规定静放后再覆盖保温材料，然后将所有结合缝用专用胶黏结严密，外面再用专用胶带粘贴；采用玻璃棉等管壳作保温材料时，用镀锌铁丝将其捆紧，铁丝间距一般为 300mm ～ 350mm，每根管壳至少应捆扎两处。

（2）水平管道保温管壳纵向接缝应在侧面；垂直管道一般是自下而上施工，管壳纵横接缝要错开。

（3）管件及管道附件保温处理。

① 管道弯头、三通处的保温要将材料根据管径割成 45° 斜角，对拼成 90° 角，或将绝热材料按虾壳弯下料对拼。

② 三通处一般先进行主干管的保温后进行支管的保温。主干管和开口处的间隙要用碎的绝热材料塞严并密封。

③ 阀门、法兰、管道端部等部位的保温一般采用可拆卸式结构，以便维修和更换。

（4）交叉管道的保温。管道交叉时，交叉管道保温层需分层错缝包裹，避免接缝对齐形成渗漏通道；若管道间距 <100mm，应采用绝热支架隔离（如木托＋防腐处理）；冷热管道交叉时，冷水管道保温层需完全覆盖热水管道保温层外表面；在交叉点外延 200mm 范围增设防潮层（铝箔或专用涂层）。所有保温接缝需用专用胶水黏合，外缠密封带（宽度≥50mm）；交叉点下方需设置独立支、吊架，避免保温层受压变形；冷热水管道保温层外表面应标注流向箭头及介质类型（如蓝色/红色标识）。

（5）管道绝热层采用硬质绝热材料（瓦块、管壳）时，瓦块厚度允许偏差为 ±5mm，瓦块拼接时接缝要错开，其间隙要用绝热材料填补。在绝热瓦块外要用 16 号镀锌钢丝将瓦块捆紧，钢丝间距一般为 200mm，每块瓦绑扎不应少于两处。弯头绝热时，如没有异形管壳，应按弯头的外形尺寸将管壳切割成虾米腰状的小块进行拼接，每节应捆扎一道；捆扎钢丝时，应将钢丝嵌入绝热层，如不能嵌入绝热层，应紧靠绝热层。

（6）松散或软质保温材料使用时要根据其密度进行体积的压缩，疏密应均匀；毡类材料在管道上包扎时，搭接处不应有空隙。

（7）管道穿窗、楼板和墙体处的绝热层应连续不间断，且绝热层与套管之间应用不燃材料填实，不得有空隙。

（8）防潮层施工。

① 防潮层应紧贴在隔热层上且封闭良好，厚度应松紧均匀，无气泡、褶皱、裂缝等缺陷。

② 立管的防潮层应由管道低端向高端敷设，环向搭接缝朝向低端，纵向搭接缝应位于管道的侧面并错开。

③ 卷材防潮层采用螺旋形缠绕的方式施工时，卷材的搭接宽度宜为30mm～50mm。

④ 油毡纸防潮层可用包卷的方式包扎，搭接宽度宜为50mm～60mm，油毡接口朝下，并用沥青玛琋脂密封，每300mm扎镀锌铁丝一道。

（9）保护层施工。

① 当用玻璃丝布缠裹时，垂直管应自下而上、水平管则应从最低点向最高点进行。开始先缠裹两圈后再呈螺旋状缠裹，搭接宽度应为1/2布宽，起点和终点应用胶黏剂粘贴或用镀锌钢丝捆扎。玻璃丝布应缠裹严密、搭接宽度均匀一致，无松脱、翻边、褶皱和鼓包等缺陷，表面应平整。

② 玻璃丝布刷涂料或油漆前应清除管道表面上的尘土、油污。

③ 用金属材料做保护层时，宜采用镀锌钢板或薄铝合金板。当采用普通钢板时，其里外表面必须涂敷防锈涂料。立管应自上而下进行，水平管应从管道低处向高处进行，确保横向搭接缝口朝顺坡方向。纵向搭缝应设置在管子两侧，且缝口应朝下。如采用平搭缝，其搭缝宽度宜为30mm～40mm。有防潮层的保温结构不得使用自攻螺栓固定保护层，以免刺破防潮层。保护层端头应进行封闭处理。

任务单元 7.5　通风与空调设备节能施工

7.5.1　风机安装

1. 风机安装工艺流程（图 7.14）

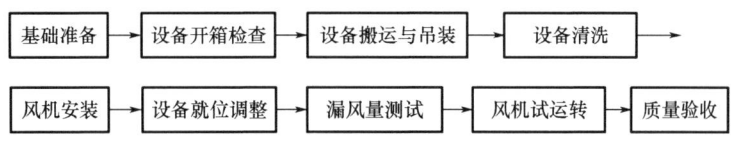

图 7.14　风机安装工艺流程

2. 操作要点

1）基础准备

（1）设备安装前应根据设计图纸、产品样本或设备实物对设备基础的尺寸、标高、坐标、表面平整度、混凝土强度、预留尺寸、预埋件或地脚螺栓进行全面检查，并填写验收记录。

（2）设备就位前应根据设计图纸和建筑物的轴线、边缘线及标高线放出设备安装的基准线。

2）设备开箱检查

设备开箱检查时，应根据设计图纸核对名称、型号、机号、传动方式、旋转方向和风口位置等内容。符合设计要求后，再对风机进行下列检查。

（1）根据设备装箱单，核对叶轮、机壳和其他部位（如地脚螺栓孔中心距，进、排风口法兰孔径和方位，以及中心距、轴的中心标高等）的主要尺寸是否符合设计要求。

（2）叶轮旋转方向是否符合设备技术文件规定。

（3）进、排风口是否有盖板严密遮盖（防止尘土和杂物进入）。

（4）风机外露部分各加工面的防锈情况，以及转子是否发生明显的变形或严重锈蚀、碰伤等。

（5）风机叶轮和进气短管的间隙，用手拨动叶轮，旋转时叶轮是否和进气短管相碰。

3）设备搬运与吊装

风机应按设计图纸要求，安装在混凝土基础上、风机平台上或墙、柱的支架上。由于风机连同电动机较重，因此，在平台上或较高的基础上安装风机时，可用滑轮或倒链进行吊装。设备搬运与吊装应注意下列事项。

（1）整体安装的风机，绳索不能捆绑在转子和机壳或轴承盖的吊环上。绳索应固定在风机轴承箱的两个受力环上或电机的受力环上，以及机壳侧面的法兰圆孔上。

（2）与机壳边接触的绳索，在棱角处应垫好软物，防止绳索受力被棱边切断。特别是现场组装的风机，绳索捆绑不能损伤机件表面、转子、轴颈和轴衬等处。

（3）输送特殊介质的风机转子和机壳内涂敷的保护层，应严加保护，不能损坏。

4）设备清洗

（1）设备安装前，应将其轴承、传动部位及调节机构进行拆卸、清洗，装配后使其转动，调节灵活。

（2）用煤油或汽油清洗轴承时严禁吸烟或用火，以防发生火灾。

5）风机安装

（1）将设备基础表面的油污、泥土杂物和地脚螺栓预留孔内的杂物清除干净。

（2）整体安装的风机吊装时应直接放置在基础上，用垫铁找平、找正，垫铁一般应放在地脚螺栓两侧，斜垫铁必须成对使用。风机安装好后，同一组垫铁应点焊在一起，以免受力时松动。

（3）若风机安装在无减振器的支架上，则应垫上4mm～5mm厚的橡胶板，找平、找正后固定牢。

（4）当风机安装在有减振器的机座上时，地面要平整，各组减振器承受的荷载压缩量应均匀、不偏心，安装后应采取保护措施，防止损坏。

（5）风机的机轴必须保持水平，当风机与电动机用联轴器连接时，风机和电动机的机轴的中心线应在同一直线上。

（6）风机与电动机用三角皮带传动时应进行找正，以保证电动机与风机的轴线互相平行，并使两个皮带轮的中心线重合。三角皮带的拉紧程度一般可用手敲打已装好的皮带中间来检查，以稍有弹跳为宜。

（7）风机与电动机安装皮带轮时，操作者应紧密配合，防止将手碰伤。挂皮带时，不要把手指伸入皮带轮内，防止发生事故。

（8）风机与电动机的传动装置外露部分应安装防护罩。当风机的吸入口或吸入管直通大气时，应加装保护网或其他安全装置。

（9）风机出风口应顺叶轮旋转方向接弯管。在现场条件允许的情况下，应保证出风口至弯管的距离大于或等于风口出口长边尺寸的1.5倍～2.5倍，如果现场条件受限达不到要求，则应在弯管内设导流叶片弥补。

（10）现场组装的风机，绳索的捆绑不得损伤机件表面，转子、轴颈和轴封等处均不应作为捆绑部位。

（11）输送特殊介质的风机转子和机壳内的保护层，应严加保护、不得损坏。

（12）组装大型轴流风机时，叶轮与机壳的间隙应均匀分布，并符合设备技术文件要求。

（13）风机附属的自控设备和观测仪器、仪表的安装，应按设计技术文件规定执行。

6）设备就位调整

（1）设备置于基础上后，根据已确定的定位基准面、线或点，对设备进行找正、调平。复检时也不得改变原来测量的位置。

（2）组合式空调机组在安装前应先复查各组合段与设计图纸是否相符，各段体内所安装的设备、部件是否完整无损，配件是否齐全。

（3）在安装需分段组装的组合式空调机组时，因各段连接部位螺栓孔的大小、位置均相同，故须注意段体的排列顺序必须与图纸相符。安装前应对各段进行编号，不得将各段位置排错。注意空调机组有左式和右式之分。

（4）安装有表冷段的空调机组时，应从空调设备上的一端开始，逐一将各段体抬上基座校正位置后加衬垫，应将相邻的两个段体用螺栓连接紧密、牢固。

（5）安装有喷淋段的空调机组时，一般首先安装喷淋段，再安装两侧的其他功能段。

（6）空调机组与供、回水管的连接应正确，且应符合产品技术说明的要求。

（7）密闭检查门及门框应平正、牢固，无滴漏，开关灵活；凝结水的引流管（槽）畅通，冷凝水排放管应有水封，与外管路连接应正确。

（8）组合式空调机组各功能段之间的连接应严密，连接完毕后无漏风、渗水、凝结水排放不畅或外溢等现象出现，检查门开启应灵活。

7）漏风量测试

对现场组装的空调机组应做漏风量测试，其漏风率标准如下。

（1）空调机组静压为 700Pa 时，漏风率应不大于 3%。
（2）用于空气净化系统的机组，静压应为 1000Pa。
（3）当室内洁净度小于 1000 级时，漏风率应不大于 2%；当室内洁净度不小于 1000 级时，漏风率应不大于 1%。

8）风机试运转

经过全面检查手动盘车，供应电源相序正确后方可送电试运转。试运转前必须加上适量的润滑油，并检查各项安全措施。叶轮旋转方向必须正确。在额定转速下的试运转时间不得少于 2h。试运转后，再检查风机减振基础有无移位和损坏现象，应做好记录。

7.5.2 组合式空调机组安装

1. 组合式空调机组安装工艺流程（图 7.15）

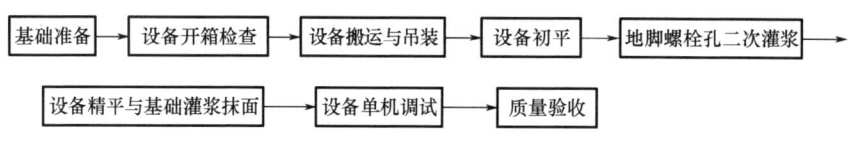

图 7.15　组合式空调机组安装工艺流程

2. 操作要点

1）基础准备

（1）组合式空调机组的基础应采用混凝土平台，基础的长度及宽度应为设备的外形尺寸两侧各加 100mm，基础的位置、标高应符合设计要求，并考虑凝结水水封的高度及管道的安装坡度。

（2）设备就位前，应按施工图和建筑物的轴线、边缘线及标高线放出准备安装的基准线。

（3）互相有连接、衔接或排列关系的设备，应划定共同的安装基准线。必要时，应按设备的具体要求，埋设一般的或永久性的中心标板或基准点。

（4）组合式空调机组不宜直接落地安装，当设计无混凝土基础时，应采用型钢制作设备基础。组合式空调机组内部结构如图 7.16 所示。

2）设备开箱检查

（1）开箱检查应在有关人员参与下进行，如实详细填写设备开箱检验记录并由各方签字，如有缺损或与要求不符的情况出现，应及时由厂家更换。

（2）开箱检查包括以下内容。

① 开箱前检查箱号、箱数及包装情况。

② 认真核对设备的名称、型号、规格和数量。

③ 核对装箱清单、设备技术文件、资料及专用工具。

④ 设备及附件应有无缺损、表面锈蚀、变形、装错等现象。

⑤ 手动盘车，检查叶轮与外壳有无擦碰、摩擦。

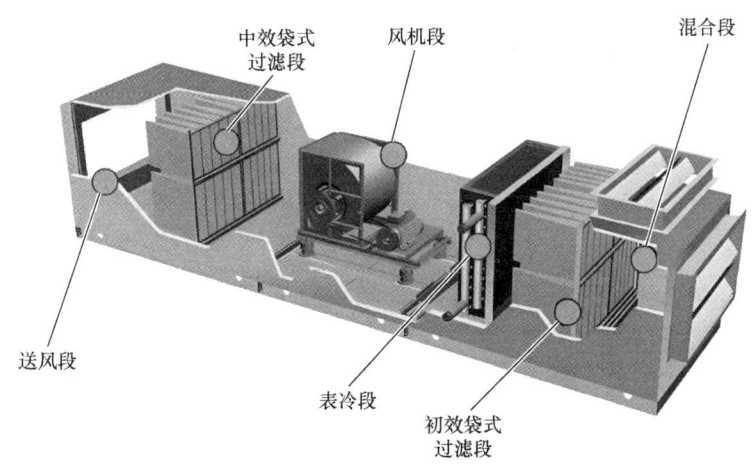

图 7.16 组合式空调机组内部结构

3）设备搬运与吊装

（1）大型设备的现场搬运应按施工方案要求进行，未经审批不得修改施工方案。

（2）设备水平运输时应尽量使用小拖车。如使用滚杠，应采用保护措施，防止设备磕碰。

（3）设备垂直运输时，对于裸装设备应在其吊耳或主梁上固定吊绳，对于整装设备则应根据受力点选好固定位置将吊绳稳固在外包装上起吊。吊装时应采取措施，保证人员及设备安全。

4）设备单机调试

（1）设备单机调试前，应对设备机房及设备内部进行清理。设备机房内应清扫干净，不得留有杂物，避免开机时被机组吸入。设备内部应无残留的杂物，且应清扫干净。

（2）设备单机调试前，电源应连接好，且应符合现行国家标准《建筑电气工程施工质量验收规范》（GB 50303—2015）的有关要求。

（3）设备单机调试的内容主要是设备内风机的调试，风机调试应符合现行国家标准《风机、压缩机、泵安装工程施工及验收规范》（GB 50275—2010）的规定。

（4）除进行风机试运转外，还应进行空调机组内冷凝水通水试验，以及冷（热）水管道的水压试验。

（5）现场组装的组合式空调机组应进行漏风检测，漏风检测应符合现行国家标准《通风与空调工程施工质量验收规范》（GB 50243—2016）的规定。

7.5.3 整体式空调机组安装

整体式空调机组（图 7.17）是将制冷压缩冷凝机组、蒸发器、风机、加热器、加湿器、空气过滤器及自动调节和电气控制装置等组装在一个箱体内。整体式空调机组一般采用直接蒸发式表面冷却器和电极加湿器，电加热器安装在箱体内或送风管道内。整体式空调机组制冷量的范围一般为 6978W ～ 116300W，制冷量的调节是根据空调房间的温湿度变化，分别控制制冷压缩机的运行缸数或用电磁阀控制蒸发器制冷剂的流入量来实现的。空气加热除采用电加热或蒸汽、热水加热器外，部分整体式空调机组还具有调节换向阀，可以使制冷系统转变为热泵运转，从而达到空气加热的目的。

图 7.17　整体式空调机组

1. **整体式空调机组的分类**

整体式空调机组按用途可分为恒温恒湿空调机组和一般空调机组。恒温恒湿空调机组又可分为一般恒温恒湿空调机组和机房专用恒温恒湿空调机组。机房专用恒温恒湿空调机组常用于电子计算机机房、程控电话机房等场合。整体式空调机组按照冷凝器冷却介质又可分为风冷型整体式空调机组和水冷型整体式空调机组。

2. **安装准备**

在安装整体式空调机组前，应认真熟悉施工图纸、设备说明书及有关的技术文件。根据设备装箱清单，施工单位应会同建设单位对制冷设备零件、部件、附属材料及专用工具的规格、数量进行点查，并做好记录。当制冷设备充有保护性气体时，应检查压力表的指示值，确定有无泄漏情况。

3. **安装步骤**

（1）机组安装时，直接安放在混凝土的基座上，根据要求也可在基座上垫橡胶板，以减少机组运转时的振动。

（2）机组安装的坐标位置应正确，并对机组找平、找正。

（3）要按设计或设备说明书要求的流程，对水冷型整体式空调机组冷凝器的冷却水管进行连接。

（4）机组的电气装置及自动调节仪表的接线，应参照电气、自控平面图敷设电线管和穿线，并参照设备技术文件接线。

7.5.4　分体式空调机组安装

1. **分体式空调机组的组成**

分体式空调机组由室内机、室外机以及连接管道和电缆线组成。分体式空调机组的室内机可分为挂墙式、吊顶式、吸顶式、落地式、柜式等。

2. 安装要求

（1）室内外机组的安装位置要选择适当，安装人员要与用户一起勘察现场并进行选择。室内外机组均要安装在无日光照射、远离热源的地方。

（2）室内外机组周围应有足够的空间，以保证气流通畅和便于检修。

（3）室内机组既要考虑安装方便又要考虑美化环境，且使气流合理，以保证通风良好。

（4）在不影响上述要求的基础上，安装位置要尽量选在管路短、高差小，且易于操作检修的地方。

（5）室外机组不能安装在地面或楼顶平面而须悬挂在墙壁上时，应制作牢固可靠的支架。

（6）室外机组的出风口不应对准强风吹送的方向，也不应在前面有障碍物造成气流短路。

（7）一切标准备件、工具、材料应准备齐全，并符合要求。

（8）现场操作要按技术要求进行，动作应准确、迅速，管路的连接要保证接头清洁和密封良好，电气线路要保证连接无误。安装完毕后应多次检漏和进行线路复查，确认无误后方可通电试运转。

（9）制冷剂管路超过原机管路长度时应加设延长管，并按规定补充制冷剂。

（10）管路连接后一定要将系统内的空气排净（空气清洗）。

3. 施工要点

（1）配管安装。采用机组原配管时，打开连接管两端的护盖后，应立即与机组连接。连接室内外机组的制冷剂管的长度要在规定的范围之内，配管长度与室内外机组的安装高差按机组名义制冷量（即铭牌上的制冷量）确定：制冷量在 4000W 以下的机组，机组高差应不大于 15m，单程管长应不大于 20m；制冷量在 4000W～8000W 的机组，机组高差应不大于 20m，单程管长应不大于 30m；制冷量在 8000W～15000W 的机组，机组高差应不大于 30m，单程管长应不大于 45m。

连接管应尽量减少弯曲，当必须弯曲时，弯曲角度应大于或等于 90°。通常采用 $DN10$ 和 $DN16$ 的高低压管路，最多弯曲 10 次，曲率半径应在 40mm 以上；当采用 $DN12$ 和 $DN20$ 的高低压管路时最多弯曲 15 次，曲率半径应在 60mm 以上。加工弯管时，应注意不要压扁和损坏管道。

安装时，排水管应置于制冷剂管的下方；排水管的高度应低于接水盘的放水口，沿水流方向应有不小于 1% 的坡度。

连接管过墙时应加保护套管；墙洞要稍向户外倾斜；安装完毕后，应该用油灰将管与墙洞间的缝隙封死。管道加工过程中切勿压坏铜管，且气体管路和液体管路不可接反。

（2）充填制冷剂要求。在充注制冷剂时，要将制冷剂钢瓶直立充入气体，不可将制冷剂钢瓶倒置（充入液体有发生液击的危险）。

（3）切勿用氧气瓶进行抽真空，否则会发生爆炸。用氧气代替氮气进行充压试验也是绝对不允许的，否则将会带来严重的后果。

(4)制冷剂管的保温与包扎,机组原配制冷剂管通常都已用保温套管做好保温层。制作保温层时,宜采用合适的保温套管,并应注意以下两点。

① 高低压管要各自单独保温,然后才可与导线、放水管一起包扎。

② 管子与压缩机、管子与管子之间的接头部分一定要用厚保温毡(垫)加以包裹,外面再用胶带包扎。

7.5.5　风机盘管安装

1. 风机盘管安装工艺流程(图 7.18)

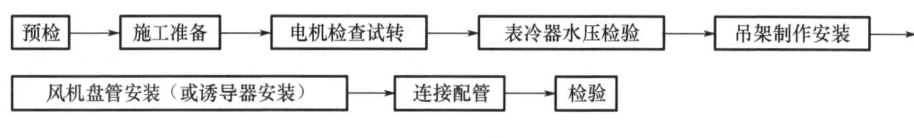

图 7.18　风机盘管安装工艺流程

2. 操作要点

(1)在安装风机盘管前应检查每台电动机壳体及表面交换器有无损伤、锈蚀等缺陷。

(2)风机盘管和诱导器应每台进行通电试验检查,机械部分不得摩擦,电气部分不得漏电。

(3)风机盘管和诱导器应逐台进行水压试验,试验强度应为工作压强的 1.5 倍,定压后观察 2min ~ 3min 不渗不漏。

(4)卧式吊装风机盘管和诱导器,吊架安装应平整牢固、位置正确。吊杆不应自由摆动。吊杆与托盘相连时应用双螺母紧固,并找平、找正。

(5)诱导器安装前必须逐台进行质量检查,检查项目如下。

① 各连接部分不能有松动、变形和产生破裂等情况,喷嘴不能脱落、堵塞。

② 静压箱封头处缝隙密封材料,不能有裂痕和脱落;一次风调节阀必须灵活可靠,并调到全开位置。

(6)诱导器经检查合格后按设计要求的型号就位安装,并检查喷嘴型号是否正确。

① 暗装卧式诱导器应由支、吊架固定,并便于拆卸和维修。

② 诱导器与一次风管连接处应严密,防止漏风。

③ 诱导器水管接头和回风面朝向应符合设计要求。立式双面回风诱导器为利于回风,靠墙一面应留出 50mm 以上空间。卧式双面回风诱导器要保证靠楼板一面留有足够的空间。

(7)冷热媒水管与风机盘管、诱导器的连接应采用钢管或紫铜管,且接管应平直。紧固时应用扳手卡住六方接头,以防损坏铜管。凝结水管宜软性连接,软管长度一般不大于 300mm,材质宜用透明胶管,并用喉箍紧固,严禁渗漏,坡度应正确,凝结水应能畅通地流到指定位置,水盘应无积水现象。图 7.19 所示为风机盘管接管。

(8)风机盘管、诱导器与冷热媒管应在管道系统中冲洗排污后再连接,以防堵塞热交换器。

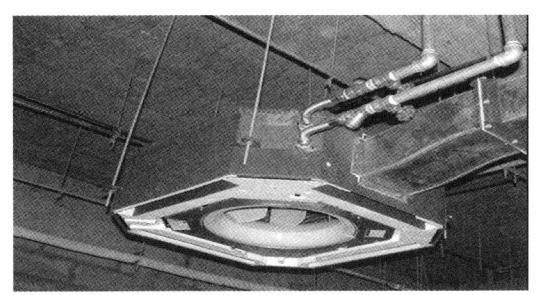

图 7.19 风机盘管接管

（9）暗装的卧式风机盘管、吊顶应留有活动检查门，以便机组能整体拆卸和维修。

7.5.6 热回收装置安装

（1）转轮式热回收装置（图 7.20）的安装位置、转轮旋转方向及接管应正确，运转应平稳。

（2）排风系统中的排风热回收装置的进、排风管的连接应正确、严密、可靠，室外进、排风口的安装位置、高度及水平距离应符合设计要求。

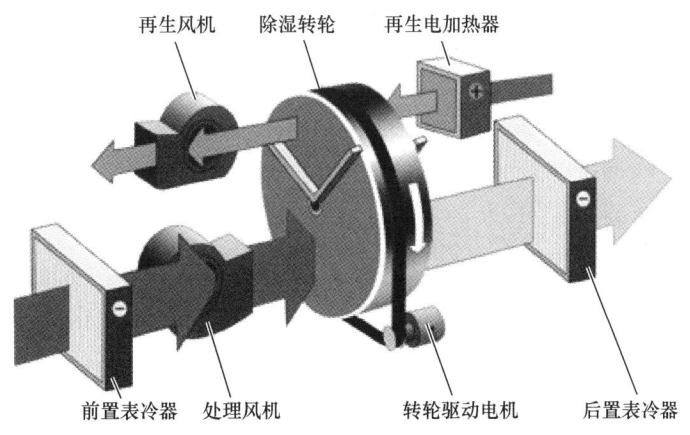

图 7.20 转轮式热回收装置

任务单元 7.6　通风与空调系统调试与检测

7.6.1 空调系统调试

1. 空调系统的调试工艺流程（图 7.21）

2. 空调设备试运转的要求

（1）风机叶轮旋转方向应正确、运转应平稳、无异常振动和声响，其

通风与空调系统调试与检测

电动机运转功率应符合产品说明书的规定。在额定转速下连续运转 2h 后，滑动轴承外壳最高温度不得超过 70℃，滚动轴承外壳最高湿度不得超过 80℃。

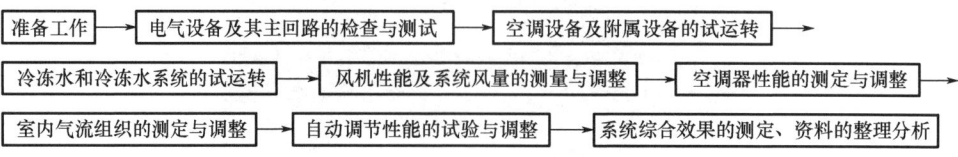

图 7.21 空调系统的调试工艺流程

（2）水泵叶轮旋转方向应正确，且无异常振动和声响，坚固连接部位不应松动，其电动机运转功率应符合产品说明书的规定。水泵连续运转 2h 后，滑动轴承外壳最高温度不得超过 70℃，滚动轴承外壳最高温度不得超过 75℃。

（3）冷却塔安装应稳定、牢固、无异常振动，其噪声应符合冷却塔产品说明书的技术要求，其中风机试运转应按上述第（1）条的要求进行。冷却水系统循环试运转应不少于 2h，运行应无异常情况。

（4）制冷机组、空调机组的试运转，应符合产品说明书及现行国家标准《制冷设备、空气分离设备安装工程施工及验收规范》（GB 50274—2010）的规定要求，正常运转时间应不少于 8h。

（5）防火、防排烟风阀（口）的手动和电动操作应灵活、可靠，信号输出应正确。

7.6.2　通风与空调工程调试

通风与空调工程调试的具体过程包括设备单机试运转及调试、系统非设计满负荷条件下的联合试运转及调试。

1. 设备单机试运转及调试

通风与空调系统的主要设备有风机、空调末端设备、主机、水泵等。这些设备在系统调试前都要进行单机试运转及调试，主要内容包括检查设备电路系统有无故障、电路绝缘效果、设备运行情况、设备基础连接情况，以及测定设备运行的相关参数等。

2. 系统非设计满负荷联合试运转及调试

（1）应在设备单机试运转合格后进行。

（2）通风系统的连续试运转应不少于 2h，空调系统带冷（热）源的连续试运转应不少于 8h。

（3）系统非设计满负荷条件下的联合试运转及调试内容如下。

① 监测与控制系统的检验、调整与联动运行。

② 系统风量的测定和调整（风机、风口、系统平衡）。

③ 空调水系统的测定和调整。

④ 室内空气参数的测定和调整。

（4）系统非设计满负荷条件下的联合试运转及调试技术要求如下。

① 系统总风量调试结果与设计风量的允许偏差应为 -5% ～ +10%，变风量空调系统新风量与设计新风量的允许偏差为 0 ～ +10%，各风口出风量与设计风量的允许偏差

不应大于15%。

②水泵的流量、压差和水泵电动机的电流不应出现10%以上的波动。空调冷（热）水系统、冷却水系统的总流量与设计流量的偏差不应大于10%。

③水系统平衡调整后，定流量系统的各空气处理机组的水流量应符合设计要求，允许偏差应为15%；变流量系统的各空气处理机组的水流量应符合设计要求，允许偏差应为10%。

7.6.3 空调水系统调试

1. 空调水系统调试顺序

（1）检查各变风量空调器、新风机组和风机盘管，看托盘内是否有异物，如有，则应先将其清理干净。

（2）关闭进水管路上的各种阀门，通过盘车看转动是否灵活，检查水泵运转情况，看转向是否正确。

（3）启动补水泵或直接利用自来水供水，按照水流方向进行正向补水，然后根据系统设置情况，先将分水器主阀门打开，看有无漏水情况；然后打开楼层控制阀，看控制阀至内机盘管进回水支管上阀门段有无漏水；再打开风机盘管进回水支管上的阀门，看整层管道的通水情况，看有无渗漏。

（4）系统灌满水无渗漏后，便可测试系统大循环水泵的流量、扬程等是否达到了设计要求，运行30min后，打开总回水管上的过滤器，取下滤网，清除脏物。

（5）水泵和主机联动，先启动循环水泵，再开启主机，达到设计温度以后，开启各个风机盘管，用手拧开风机盘管上的手动放气阀，放掉积存的空气，并清理风机盘管进水管上过滤器的脏物，看风机盘管的制冷效果。

（6）在整个系统运行后，查看风机盘管托盘的凝结水，看排水是否畅通。如有积水，则应检查管路，重新调整坡度。

2. 调试中常见问题的处理

调试中常见的问题主要是漏和堵。

（1）系统漏水，既影响使用，又造成水资源和电资源的浪费。

首先，管道与管件、管道与设备之间的连接不严是造成漏水的主要因素；其次，管材的检查和施工作业必须规范，螺纹的套制、填料的缠绕、垫片的制作、螺纹和法兰螺栓的拧紧程度，都要严格遵守操作规程。

（2）堵是影响空调使用效果最主要的因素之一，堵又分气堵和脏堵。

①气堵主要是由于管道积气，局部形成气囊，造成水流不畅和流量减少。

造成这种问题的原因主要是管道安装时不注意坡度，以及管道在绕梁时形成U形，或者由于装修等其他原因造成风机盘管标高提高等。预防的主要措施是在每层的主管最高处设一个自动排气阀，并尽量减少绕梁。

②脏堵最容易发生在风机盘管进水支管上或者楼层主管最末端，因此，在风机盘管的进水支管上一般都要装设过滤器。

当发现风机盘管使用效果不佳时，应先查看有无气堵现象，排除后再关掉风机盘管进回水支管上的阀门,然后打开过滤器,清除脏物。

7.6.4 冷水机组调试

1. 调试准备

(1) 试压检漏。用干燥空气压缩加压至1MPa,保压24h。在压缩空气中加入适量制冷剂,再用电子卤素仪对各连接点进行检测。

(2) 压缩机转向的确定。采用点动操作来判断转向;当压缩机转向与要求相反时,可调换电源相线中的二相线来满足要求。

(3) 加冷冻油。先对系统抽真空使系统达到一定的真空度,然后将系统油路中引出的管子放进油箱的油中,打开管路阀门,冷冻油就被吸入系统了。

(4) 抽真空。抽真空有两种方法,一种是利用制冷机组本身的压缩机进行,另一种是利用真空泵来完成。

(5) 加液。在真空达到 -0.01MPa 时,关闭真空吸出阀与冷凝器后膨胀阀前的加液阀,然后用耐压软管将系统修理阀和制冷剂钢瓶连接成一体,打开制冷剂瓶口阀,排出软管中的空气,旋紧软管与加液阀的接口,将制冷剂瓶倒置,利用真空度将制冷剂加入系统。

2. 调试要求

冷水机组的调试就是把装置运行参数调整到所需的范围,从而使冷水机组的工作既能满足设计要求,又能安全经济地运行。

调试过程中要求将主要运行参数,如蒸发压力、蒸发温度、冷凝压力、冷凝温度、压缩机的吸气和排气温度、膨胀阀前制冷剂温度调整到合理的范围。

3. 调试步骤

(1) 关闭水泵出口阀,开启电动机。

(2) 待电动机正常运转时,打开出口阀。

(3) 开动冷却塔风机。

(4) 启动冷媒水系统。

① 打开机组蒸发器上冷媒水的进出口阀。

② 关闭水泵出口阀,开启电动机。

③ 待电动机正常运转时,打开出口阀。

(5) 启动压缩机。

① 启动油泵。

② 开动压缩机,测量压缩机的吸气温度为15℃、排气温度为45℃。

③ 调节能量调节阀,使得压缩机的吸气压为0.5MPa、排气压为1.5MPa。

④ 调节油泵出口压力,油泵出口与压缩机气体出口压差为0.15MPa～0.33MPa。

(6) 调节膨胀阀,蒸发温度为5℃,蒸发压力为0.5MPa(表压);蒸发器中冷媒水温度达到7℃左右;冷凝温度为38℃,制冷剂冷凝压力为1.5MPa(表压)。

(7) 打开房间风机盘管的风机,调整风速,测量出口温度。

任务单元 7.7　通风与空调节能工程的质量标准与验收

通风与空调节能工程施工完成后应进行节能分项工程验收，验收的检验批可按系统或楼层进行划分。

7.7.1　主控项目的质量标准与检验方法

（1）通风与空调节能工程使用的设备、管道、自控阀门、仪表、绝热材料等产品应进行进场验收，并应对下列产品的技术性能参数和功能进行核查。验收与核查的结果应经监理工程师检查认可，且应形成相应的验收记录。各种材料和设备的质量证明文件与相关技术资料应齐全，并应符合设计要求和国家现行有关标准的规定。

① 组合式空调机组、柜式空调机组、新风机组、单元式空调机组及多联机空调系统室内机等设备的供冷量、供热量、风量、风压、噪声及功率，风机盘管的供冷量、供热量、风量、出口静压、噪声及功率。

② 风机的风量、风压、功率、效率。

③ 空气能量回收装置的风量、静压损失、出口全压及输入功率；装置内部或外部漏风率、有效换气率、交换效率、噪声。

④ 阀门与仪表的类型、规格、材质及公称压力。

⑤ 成品风管的规格、材质及厚度。

⑥ 绝热材料的导热系数、密度、厚度、吸水率。

检验方法：观察、尺量检查，核查质量证明文件。

检查数量：全数检查。

（2）通风与空调节能工程中的送、排风系统及空调风系统、空调水系统的安装，应符合下列规定。

① 各系统的形式应符合设计要求。

② 设备、阀门、过滤器、温度计及仪表应按设计要求安装齐全，不得随意增减或更换。

③ 水系统各分支管路水力平衡装置、温度控制装置的安装位置、方向应符合设计要求，并便于数据读取、操作、调试和维护。

④ 空调系统应满足设计要求的分室（区）温度调控和冷、热计量功能。

检验方法：观察检查。

检查数量：全数检查。

（3）风管的安装应符合下列规定。

① 风管的材质、断面尺寸及壁厚应符合设计要求。

② 风管与部件、建筑风道及风管间的连接应严密、牢固。

③ 风管的严密性检验结果应符合设计和国家现行标准的有关要求。

④ 需要绝热的风管与金属支架的接触处，需要绝热的复合材料风管及非金属风管

的连接处和内部支撑加固处等,应有防热桥的措施,并应符合设计要求。

检验方法:观察、尺量检查;核查风管系统严密性检验记录。

检查数量:按国家标准《建筑节能工程施工质量验收标准》(GB 50411—2019)第3.4.3条的规定抽检,风管的严密性检验最小抽样数量不得少于1个系统。

(4)组合式空调机组、柜式空调机组、新风机组、单元式空调机组的安装应符合下列规定。

① 规格、数量应符合设计要求。

② 安装位置和方向应正确,且与风管、送风静压箱、回风箱、阀门的连接应严密可靠。

③ 现场组装的组合式空调机组各功能段之间连接应严密,其漏风量应符合现行国家标准《组合式空调机组》(GB/T 14294—2008)的有关要求。

④ 机组内的空气热交换器翅片和空气过滤器应清洁、完好,且安装位置和方向正确,以便于维护和清理。

检验方法:观察检查;核查漏风量测试记录。

检查数量:全数检查。

(5)带热回收功能的双向换气装置和集中排风系统中的能量回收装置的安装应符合下列规定。

① 规格、数量及安装位置应符合设计要求。

② 进、排风管的连接应正确、严密、可靠。

③ 室外进、排风口的安装位置、高度及水平距离应符合设计要求。

检验方法:观察检查。

检查数量:全数检查。

(6)空调机组、新风机组及风机盘管机组水系统自控阀门与仪表的安装应符合下列规定。

① 规格、数量应符合设计要求。

② 方向应正确,位置应便于读取数据、操作、调试和维护。

检验方法:观察检查。

检查数量:按国家标准《建筑节能工程施工质量验收标准》(GB 50411—2019)第3.4.3条的规定抽检,并不少于10个。

(7)空调风管系统及部件的绝热层和防潮层施工应符合下列规定。

① 绝热材料的燃烧性能、材质、规格及厚度等应符合设计要求。

② 绝热层与风管、部件及设备应紧密贴合,无裂缝、空隙等缺陷,且纵、横向的接缝应错开。

③ 绝热层表面应平整,当采用卷材或板材时,其厚度允许偏差为5mm;当采用涂抹或其他方式时,其厚度允许偏差为10mm。

④ 风管法兰部位绝热层的厚度,不应低于风管绝热层厚度的80%。

⑤ 风管穿楼板和穿墙处的绝热层应连续不间断。

⑥ 防潮层(包括绝热层的端部)应完整,且封闭良好,其搭接缝应顺水。

⑦ 带有防潮层、隔汽层绝热材料的拼缝处,应用胶带封严,粘胶带的宽度不应小

于 50mm。

⑧ 风管系统阀门等部件的绝热，不得影响其操作功能。

检验方法：观察检查；用钢针刺入绝热层、尺量。

检查数量：按国家标准《建筑节能工程施工质量验收标准》（GB 50411—2019）第 3.4.3 条的规定抽检，最小抽样数量绝热层不得少于 10 段、防潮层不得少于 10m、阀门等配件不得少于 5 个。

（8）空调水系统管道、制冷剂管道及配件绝热层和防潮层的施工，应符合下列规定。

① 绝热材料的燃烧性能、材质、规格及厚度等应符合设计要求。

② 绝热管壳的捆扎、粘贴应牢固，铺设应平整。硬质或半硬质的绝热管壳每节至少应用防腐金属丝、耐腐蚀织带或专用胶带捆扎 2 道，其间距为 300mm～350mm，且捆扎应紧密，无滑动、松弛及断裂现象。

③ 硬质或半硬质绝热管壳的拼接缝隙，保温时不应大于 5mm、保冷时不应大于 2mm，并用黏结材料勾缝填满；纵缝应错开，外层的水平接缝应设在侧下方。

④ 松散或软质保温材料应按规定的密度压缩其体积，疏密应均匀，搭接处不应有空隙。

⑤ 防潮层与绝热层应结合紧密，封闭良好，不得有虚粘、气泡、褶皱、裂缝等缺陷。

⑥ 立管的防潮层应由管道的低端向高端敷设，环向搭接缝应朝向低端；纵向搭接缝应位于管道的侧面，并顺水。

⑦ 卷材防潮层采用螺旋形缠绕的方式施工时，卷材的搭接宽度宜为 30mm～50mm。

⑧ 空调冷热水管穿楼板和穿墙处的绝热层应连续不间断，且绝热层与穿楼板和穿墙处的套管之间应用不燃材料填实，不得有空隙；套管两端应进行密封封堵。

⑨ 管道阀门、过滤器及法兰部位的绝热应严密，并能单独拆卸，且不得影响其操作功能。

检验方法：观察检查；用钢针刺入绝热层、尺量。

检查数量：按国家标准《建筑节能工程施工质量验收标准》（GB 50411—2019）第 3.4.3 条的规定抽检，最小抽样数量绝热层不得少于 10 段、防潮层不得少于 10m、阀门等配件不得少于 5 个。

（9）空调冷热水管道及制冷剂管道与支、吊架之间应设置绝热衬垫，其厚度不应小于绝热层厚度，宽度应大于支、吊架支承面的宽度。衬垫的表面应平整，衬垫与绝热材料之间应填实无空隙。

检验方法：观察检查、尺量。

检查数量：按国家标准《建筑节能工程施工质量验收标准》（GB 50411—2019）第 3.4.3 条的规定抽检，最小抽样数量不得少于 5 处。

（10）通风与空调系统安装完毕，应进行风机和空调机组等设备的单机试运转和调试，并应进行系统的风量平衡调试，单机试运转和调试结果应符合设计要求；系统的总风量与设计风量的允许偏差不应大于 10%，风口的风量与设计风量的允许偏差不应大于

15%。

检验方法：核查试运转和调试记录。

检查数量：全数检查。

（11）多联机空调系统安装完毕后，应进行系统的试运转与调试，并应在工程验收前进行系统运行效果检验，检验结果应符合设计要求。

检验方法：核查系统试运行和调试及系统运行效果检验记录。

检查数量：全数检查。

7.7.2 一般项目的质量标准与检验方法

（1）空气风幕机的规格、数量、安装位置和方向应正确，垂直度和水平度的偏差均不应大于2/1000。

检验方法：观察检查。

检查数量：全数检查。

（2）变风量末端装置与风管连接前应做动作试验，确认运行正常后再进行管道连接。

检验方法：观察检查。

检查数量：按总数量抽查10%，且不得少于2台。

项目小结

通风与空调节能工程施工是建筑节能工程施工的重要组成部分，施工过程中首先要选择通风与空调节能工程施工材料、设备，这是节能施工的前提，其次要按照通风与空调节能工程施工工艺进行施工操作，最后要按照国家相关节能施工质量验收规范验收及检测调试。本项目重点介绍了通风与空调节能工程常用材料、设备及其选用，空调风系统、水系统及通风与空调设备的节能施工工艺，也介绍了通风与空调工程系统调试与检测及节能施工质量验收，这些对指导通风与空调节能工程的施工都具有重要意义。

习题

一、单选题

1. 下列可用作防爆通风系统的风管板材是（　　）。
   A. 普通薄钢板　　　　　　　　B. 镀锌薄钢板
   C. 铝及铝合金板　　　　　　　D. 不锈钢板

2. 下列哪种风管板材俗称"白铁皮"？（　　）
   A. 玻璃钢板　　　　　　　　　B. 镀锌薄钢板
   C. 不锈钢板　　　　　　　　　D. 铝板

3. 输送温度高于70℃的空气或烟气风管法兰垫片宜选用（　　）。
   A. 闭孔海绵橡胶板　　　　　　B. 密封胶带

C. 普通橡胶板 D. 耐热橡胶板

4. 钢管采用螺纹连接时，螺纹断丝或缺丝数不应大于螺纹丝扣总数的（　　）。
A. 5%　　　　　　B. 10%　　　　　　C. 15%　　　　　　D. 20%

5. 风机、水泵安装完成进行调试检测时，滑动轴承外壳最高温度不得超过（　　）℃。
A. 60　　　　　　B. 70　　　　　　C. 75　　　　　　D. 80

二、多选题

1. 从节能角度考虑，空调机组在选择时应考虑下列哪些因素？（　　）
A. 价格 B. 外形尺寸
C. 漏风量 D. 风机功耗
E. 机组制冷量

2. 通风与空调节能工程中选用绝热材料时，应考虑的绝热材料的性能参数包括（　　）。
A. 导热系数 B. 吸水性
C. 密度 D. 强度
E. 电阻

3. 关于风机盘管的施工安装，下列说法正确的有（　　）。
A. 风机盘管应逐台进行水压试验，试验强度应为工作压强的 1.5 倍，定压后观察 2min～3min 不渗不漏
B. 风机盘管安装不像空调机组那样分左式和右式
C. 风机盘管的安装方式可分为卧式、挂式、嵌入式等
D. 卧式吊装风机盘管，吊架安装应平整牢固、位置正确。吊杆不应自由摆动。吊杆与托盘相连时，应用双螺母紧固，并找平、找正
E. 风机盘管和水管连接时不需要软连接

4. 下列关于空调的节能措施正确的有（　　）。
A. 夏季尽量采用较高的室内设计温度
B. 冬季尽量采用较低的室内设计温度
C. 从排风中回收能量
D. 尽量增加房间的新风量
E. 采用变频新技术

5. 下列属于风管连接方式的有（　　）。
A. 法兰连接 B. 咬口连接
C. 热熔连接 D. 焊接
E. 螺纹连接

三、名词解释

1. 冷桥。
2. 气堵。
3. 风机盘管。
4. 热泵机组。

四、问答题

1. 通风与空调节能工程风管严密性检查的标准是什么？
2. 通风与空调节能工程风管系统安装的工艺流程是什么？
3. 空调系统调试的工艺流程是什么？
4. 简述风机盘管安装的质量要点。
5. 简述转轮式热回收装置的工作原理。

项目 7 在线答题

项目 8 空调与供暖系统的冷热源及管网节能工程

思维导图

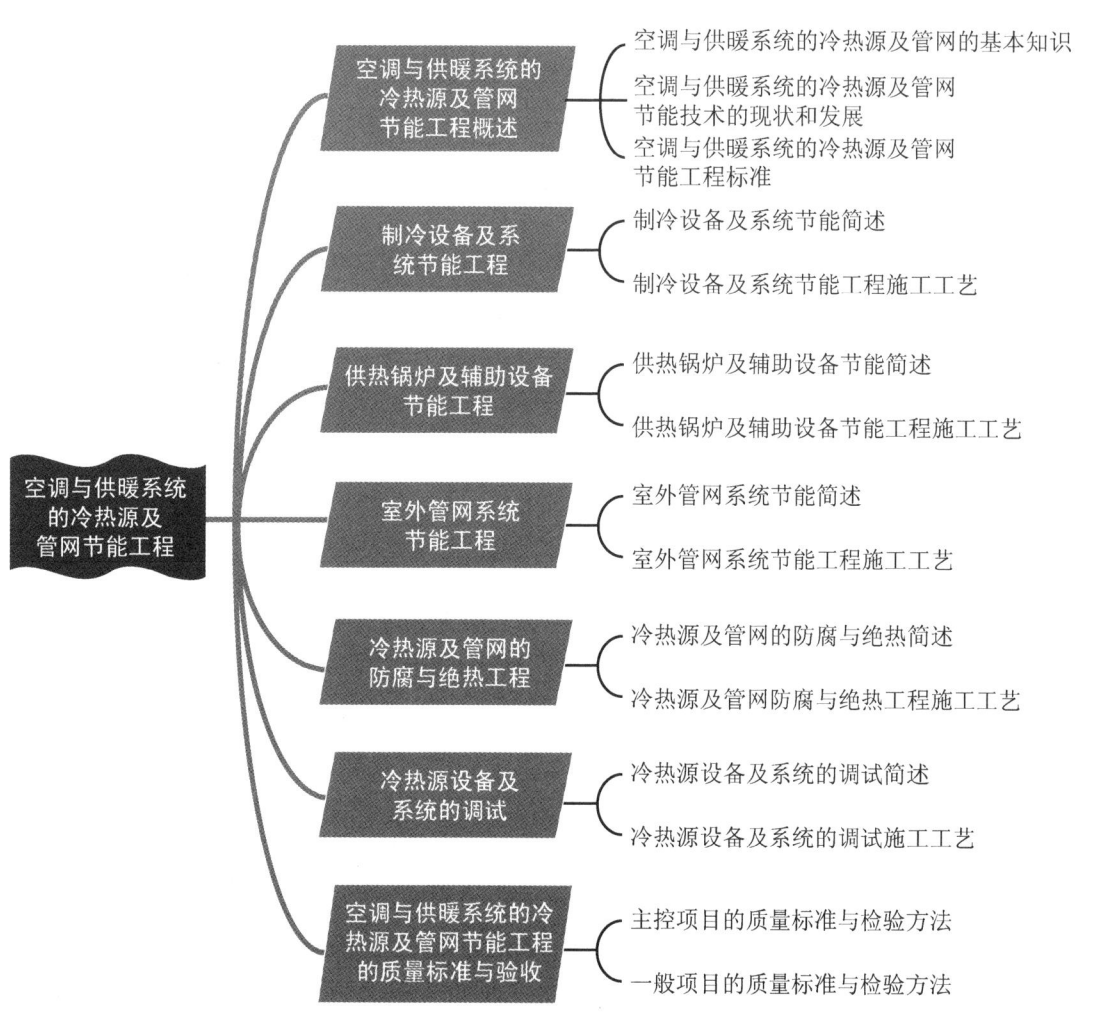

引言

空调与供暖系统在公共建筑中是能耗大户，其能耗由冷热源设备能耗、末端设备能耗和辅助设备能耗三部分组成，而冷热源及管网系统的能耗占整个空调与供暖系统能耗的比例较高。建筑节能施工、监理、检测、监督等相关技术和管理人员应用建筑节能工程施工技术，需对与空调与供暖系统冷热源及管网节能有关的知识有所掌握。

任务单元 8.1　空调与供暖系统的冷热源及管网节能工程概述

8.1.1　空调与供暖系统的冷热源及管网的基本知识

空调与供暖系统在公共建筑中是能耗大户，而空调冷热源设备、辅助设备及其管网系统的能耗又占整个空调与供暖系统的大部分。图 8.1 所示为上海某超高层大厦 7 月的空调电耗分布。从图中可以看出：冷源能耗占空调总能耗的 60% 以上，因此对于用户而言，控制冷源能耗是降低空调整体能耗的关键。空调与供暖系统冷热源设备、辅助设备及其管网系统是空调与供暖系统中的主要部分，其选型是否合理，热工等技术性能参数和安装质量是否符合设计要求，将直接影响空调与供暖系统的总能耗及使用效果。

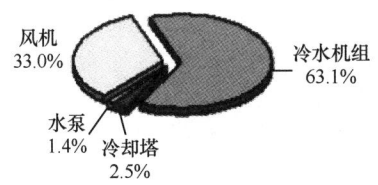

图 8.1　上海某超高层大厦 7 月的空调电耗分布

空调与供暖系统的冷源系统包括冷源设备、辅助设备（含冷却塔、水泵）及其管网系统；空调与供暖系统的热源系统包括热源设备、辅助设备及其管网系统。

1. 热源

热源是指将天然或人造的含能形态转化为符合供热系统要求参数的热能设备与装置。在集中供热系统中，常见的热源形式有热电厂、区域锅炉房、地热、工业余热和太阳能等，其中，热电厂和区域锅炉房是应用最广泛的热源形式。热电厂是联合生产电能和热能的发电厂，区域锅炉房是城镇集中供热最主要的热源形式。

锅炉是供热之源，通过将燃料的化学能转化为热能，进而将热能传递给水，以产生热水或蒸汽。图 8.2 所示为燃油锅炉。热力管道将热水或蒸汽输送至热用户，以满足供暖、通风和生活需要。供暖锅炉一般宜选用热水锅炉，对于生产热负荷较大的锅炉房可选用蒸汽锅炉，其供暖热水需用热交换器制备。

项目 8　空调与供暖系统的冷热源及管网节能工程

2. 冷源

冷源是指为空调系统提供冷量的设备,是空调系统的重要组成部分。实现制冷可以通过两种方式,一种是天然冷源,如地下水、地道风等;另一种是人工制冷,通过制冷机来实现。在空调系统中,常见的制冷机有压缩式、吸收式和蒸汽喷射式三种。其中以电驱动的压缩式冷水机组和吸收式冷水机组最为常用。图 8.3 所示为溴化锂吸收式冷水机组。空调冷水机组的分类见表 8-1,可根据国家现行标准和规范进行选择。

图 8.2　燃油锅炉

图 8.3　溴化锂吸收式冷水机组

表 8-1　空调冷水机组的分类

能源种类	分类	单位制冷能耗
电驱动的压缩式冷水机组	活塞式制冷冷水机组	低
	离心式制冷冷水机组	最低
	螺杆式制冷冷水机组	较低
吸收式冷水机组	热水型吸收式冷水机组	高
	蒸汽型吸收式冷水机组	
	直燃型吸收式冷水机组	

8.1.2　空调与供暖系统的冷热源及管网节能技术的现状和发展

1. 我国空调与供暖系统的冷热源及管网节能技术的现状

我国是一个人口众多的国家,在实现经济快速发展的同时,也面临着资源严重短缺的问题。因此,在长期发展进程中,我们持续地开发和利用各种能源,并且始终将能源的节约和高效利用置于首要位置,通过不懈努力,在发展过程中取得了显著成效。然而,目前我国仍然普遍存在能源损耗较大、能源利用效率相对较低的问题。只有对空调冷热源建设进行精细的创新和研发,才能够确保能源的高效利用,实现效益最大化,并有效延长不可再生资源的利用周期,从而更好地满足人们日益增长的物质文化需要。针对这种情况,我们需要对现有的空调与供暖系统的冷热源及管网节能技术进行深入分析和研究,并积极寻找科学有效的解决措施。

2. 空调与供暖系统的冷热源及管网节能技术发展的新思路

1）环境和发展相互和谐，实现可持续发展

随着社会的快速发展，能源的消耗越来越严重，对环境的污染也日益加剧，这迫使人们思考未来的消费方式和消费理念。化石能源作为当前主要的能源来源，其在燃烧过程中会大量排放污染物，对环境造成严重影响。在经济发展过程中，应注重能源的节约利用和环境保护，为长远规划。我们需要不断研究空调与供暖系统的冷热源及管网节能技术，采用新技术降低能源消耗和环境污染，并加大新能源的开发力度，实现可持续发展。

2）合理整合资源，制定合理的规划发展方向

为实现节能，我们需要采用先进技术改变传统能源消耗方式，将能源利用与循环利用相结合，提高能源利用效率。在资源有限的情况下，我们应合理整合资源，以最大限度地发挥经济效益；同时，应制定合理的规划发展方向，采用先进的空调与供暖系统的冷热源及管网节能技术，以实现用最小的能源消耗获得最大的经济、社会和环境效益。

3. 空调与供暖系统冷热源及管网节能技术的研究和发展

1）新能源的开发和利用

新能源的开发和利用是节能研究的一个重要方面，目前由于空调与供暖系统对能源的需求量越来越大，因此需要在该领域开发新能源。现在主要应用的新能源有太阳能、风能等。太阳能作为一种清洁、可再生的能源，具有巨大的发展潜力。随着太阳能电池板效率的提高和成本的降低，太阳能已经成为许多国家的主要能源之一。然而，太阳能的发展目前仍面临着诸如天气变化、地域限制等挑战。此外，储能技术对太阳能的发展也至关重要。风能是一种无污染、可再生的能源。风力发电（简称"风电"）是通过风力发电机将风能转化为电能，其在全球范围内越来越受欢迎。尤其是在海上风电领域，技术的突破使得成本下降，从而推动了风电市场的迅猛发展。然而，风能的稳定性和可预测性仍需改进，以克服其间歇性的特点。

2）冷热电联产技术

冷热电联产技术是提高能源利用效率、减少污染排放的重要措施。它是利用分布式发电技术和热能动力工程建设而逐步形成的新技术。在一些技术场所，冷热电联产技术大大提高了能源利用效率（达到了80%甚至90%以上）。冷热电联产技术是空调与供暖系统的冷热源及管网节能技术中重要的研究项目，是一种最具有竞争优势的空调冷热源及管网节能技术。冷热电联产技术在西方国家得到了广泛应用，如在美国，约20%的建筑中采用了该技术。国内一些综合实力较强的城市也在陆续使用该技术。

3）热泵

热泵是一种利用高位能使热量从低位热源流向高位热源的节能装置。我国热泵分为水源热泵、地源热泵和空气源热泵三类。

（1）水源热泵是利用地球水所储藏的太阳能资源作为冷热源，进行热能转换的空调系统。水体分别作为冬季热泵供暖的热源和夏季空调制冷的冷源。具体而言，在夏季，水源热泵将建筑物中的热量"取"出来，释放到水体中去，由于水源温度相对较低，因此可以高效地带走这些热量，从而达到夏季给建筑物室内制冷的目的；而在冬季，水源

热泵则是从水体中"提取"热能,并将其送到建筑物中,以实现供暖功能。

(2)地源热泵是利用地球表面的浅层水源(如地下水、河流和湖泊)和土壤源中吸收的太阳能和地热能,并采用热泵原理,既可供热又可制冷的高效节能空调系统。冬季,地源热泵把热量从地下土壤中转移到建筑物内;夏季,地源热泵再把地下的冷量转移到建筑物内,一个年度形成一个冷热循环。

(3)空气源热泵是通过自然能(空气蓄热)获取低温热源,经系统高效集热整合后成为高温热源,用来取(供)暖或供应热水的空调系统。该系统的集热效率甚高。

8.1.3 空调与供暖系统的冷热源及管网节能工程标准

为保证空调与供暖系统具有良好的节能效果,有以下主要环节。

(1)要求将冷热源机房、换热站内的管道系统设计成具有节能功能的系统制式。

(2)要求所选用的省电节能型冷热源设备及其辅助设备均要安装齐全、到位,同时在各系统中应设置一些必要的自控阀门和仪表,使系统实现自动化、节能运行。

(3)要求冷热管网系统的绝热层绝热节能效果良好,因为它会直接影响到系统的运行能耗。绝热效果除与绝热材料的材质、密度、导热系数、热阻等有关外,还与绝热层厚度、施工质量以及与金属支架间的防热桥措施等密切相关。

(4)在冷热源设备、辅助设备及其管网系统安装完毕后,为了实现系统正常运行和节能的预期目标,必须进行设备的单机试运转调试和系统的联合试运转调试工作。单机试运转调试是进行系统联合试运转调试的先决条件,而系统联合试运转调试是在有冷热负荷和冷热源的实际工况下的试运转调试,其结果应符合设计和相关规范中的规定。

因此,在施工过程中,对空调与供暖系统的冷热源及管网节能工程的控制管理,必须紧紧围绕以上各主要环节展开,综合运用技术性能资料审查、施工过程质量控制,严格执行隐蔽工程验收程序,以及控制设备单机试运转和系统联合试运转调试过程和结果等手段,合理分工,有序开展施工工作。

目前,我国有关空调与供暖系统的冷热源及管网节能工程实行的节能标准主要有以下几个。

1.《建筑节能工程施工质量验收标准》(GB 50411—2019)

本标准适用于新建、扩建和改建的民用建筑工程中围护结构、供暖空调、配电照明、监测控制及可再生能源建筑节能工程施工质量的验收。

本标准主要内容包括墙体节能工程、幕墙节能工程、门窗节能工程、屋面节能工程、地面节能工程、供暖节能工程、通风与空调节能工程、空调与供暖系统冷热源及管网节能工程、配电与照明节能工程、监测与控制节能工程、地源热泵换热系统节能工程、太阳能光热系统节能工程、太阳能光伏节能工程、建筑节能工程现场检验、建筑节能分部工程质量验收等。

2.《公共建筑节能设计标准》(GB 50189—2015)

本标准适用于新建、改建和扩建的公共建筑节能设计。

本标准主要内容包括建筑与建筑热工、供暖通风和空气调节、给水排水、电气、可再生能源应用等。

3.《建筑给水排水及供暖工程施工质量验收规范》(GB 50242—2002)

本规范适用于建筑给水、排水及供暖工程施工质量的验收。

本规范主要内容包括室内给水系统安装、室内排水系统安装、室内热水供应系统安装、卫生器具安装、室内供暖系统安装、室外给水管网安装、室外排水管网安装、室外供热管网安装、建筑中水系统及游泳池水系统安装、供热锅炉及辅助设备安装、分部（子分部）工程质量验收等。

4.《通风与空调工程施工质量验收规范》(GB 50243—2016)

本规范适用于工业与民用建筑通风与空调工程施工质量的验收。

本规范主要内容包括风管与配件、风管部件、风管系统安装、风机与空气处理设备安装、空调用冷（热）源与辅助设备安装、空调水系统管道与设备安装、防腐与绝热、系统调试、竣工验收等。

任务单元 8.2 制冷设备及系统节能工程

8.2.1 制冷设备及系统节能简述

在公共建筑中，制冷系统的选择与应用对于节能至关重要。目前，常见的制冷系统包括中央空调系统、模块式制冷系统、热泵系统、户式空调系统及蒸发式制冷系统等，它们有各自的特点，适用于不同的场合。

（1）中央空调系统：通常用于大型建筑，如办公楼、商场等。中央空调系统通过制冷机组、风机盘管、管道等设备，将制冷剂在制冷机组内循环，来实现对室内空气的冷却和加热。该系统具有制冷量大、送风距离远、温度控制精确等优点，但系统相对复杂，成本较高，且对施工质量要求严格。

（2）模块式制冷系统：适用于中小型建筑，如中小型办公楼、酒店等。该系统以模块化技术为基础，能够自由组合，既能制冷又能制热，且系统简单，造价经济实惠，维修便捷。

（3）热泵系统：利用热能来驱动制冷循环，适用于多种场合。热泵制冷通过热泵循环原理，从低温源中吸收低温热量，并通过压缩升温，然后释放高温热量到高温环境中，最终实现制冷效果。该系统具有节能效果好、控制简便等优点。

（4）户式空调系统：通常用于家庭、办公室等小型场所。户式空调系统由室内机和室外机组成，通过制冷剂在室内机和室外机之间的循环来实现对室内空气的调节。该系统具有安装简便、维护方便、使用灵活等特点。

（5）蒸发式制冷系统：是一种常见的制冷系统，尤其在某些特定场合下具有优势。蒸发式制冷利用水的蒸发来吸收热量，从而实现制冷效果，具有环保、节能等优点。

然而，无论采用哪种制冷系统，都存在能量损失的问题。以日本对办公楼内制冷系统的研究为例，发现只有部分能量真正用于所需制冷量的生产，其余部分则因能量损失而浪费。此外，制冷系统在有效寿命期内经常达不到最优运行状态，也造成了能耗的增加。

因此，为了实现制冷设备及系统的节能，必须从设计、施工与运行三方面严格控制。在施工方面，应注重选用高效节能的设备、优化系统设计与配置、加强施工质量控制，以确保制冷系统在运行过程中能够达到最优状态，从而实现节能效果。同时，还应定期对制冷系统进行维护和保养，以延长其使用寿命，并减少能耗。本节主要介绍制冷设备及系统节能工程在施工方面的应用。

8.2.2 制冷设备及系统节能工程施工工艺

1. 施工工艺流程

1）制冷机组安装工艺流程

制冷机组安装工艺流程如图 8.4 所示。

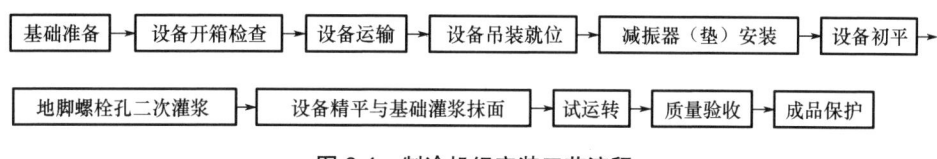

图 8.4 制冷机组安装工艺流程

2）制冷管道系统安装工艺流程

制冷管道系统安装工艺流程如图 8.5 所示。

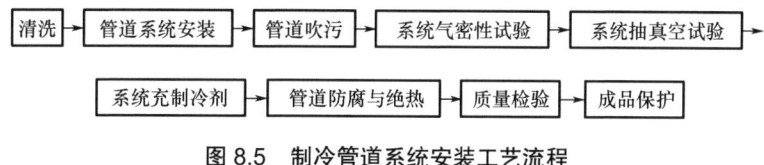

图 8.5 制冷管道系统安装工艺流程

3）制冷附属设备安装工艺流程

制冷附属设备安装工艺流程如图 8.6 所示。

图 8.6 制冷附属设备安装工艺流程

2. 制冷机组及设备安装

1）活塞式制冷机组安装

活塞式制冷机组（图 8.7）机身纵、横向水平度允许偏差为 0.2/1000。

用油封的活塞式制冷机组，如在设备技术文件规定期限内，且外观完整，机体无损伤和锈蚀等现象，则可仅拆卸缸盖、活塞进行检查和清洗，汽缸内壁、吸排气阀、曲轴箱等关键部件应清洗干净，油系统应畅通，检查紧固件是否牢固，并更换曲轴箱的润滑油；如在设备技术文件规定期限外，或机体有损伤和锈蚀等现象，则必须全面检查，并按设备技术文件的规定拆洗装配。充入保护气体的活塞式制冷机组，如在设备技术文件规定期限内，外观完整且氮封压力无变化，则可不做内部清洗而仅做外表擦洗；如需清洗，严禁混入水汽。

活塞式制冷机组的辅助设备在单体安装前必须吹污，并保持内壁清洁，其安装位置应准确，各管口必须畅通。贮液器及洗涤式油氨分离器的进液口均应低于冷凝器的出液口。直接膨胀表面式冷却器的表面应保持清洁、完整，安装时空气与制冷剂应呈逆向流动。冷凝器四周的缝隙应堵严，冷凝水的排出应保持畅通。

卧式及组合式冷凝器、贮液器在室外露天布置时，应有遮阳与防冻措施。

2）离心式制冷机组安装

离心式制冷机组（图8.8）安装前的内压应符合设备技术文件规定的出厂压力。离心式制冷机组应在与压缩机底面平行的其他加工平面上找正、找平，其纵、横向水平度偏差均不应超过0.1/1000。

离心式制冷机组的基础底板应平整，底座安装时应设置隔振器，应确保各组隔振器的压缩量均匀一致。

图8.7　活塞式制冷机组

图8.8　离心式制冷机组

3）溴化锂吸收式制冷机组安装

溴化锂吸收式制冷机组安装后，应对设备内部进行清洗。清洗时，应先将清洁水加入设备内，然后开动发生器泵、吸收器泵和蒸发器泵，使水在系统内循环。通过反复多次的循环，观察水的颜色，直至水的颜色无明显变化，则认为设备内部已经清洗完毕，此时可以停止循环并排空系统内的清洁水。

安装换热器时，应使装有放液阀的一端比另一端低20mm～30mm，以保证排放溶液时易于排尽。

蒸汽管和冷媒水管应保温隔热，保温层厚度和材料应符合设计规定。

4）螺杆式制冷机组安装

螺杆式制冷机组安装时，应对基础进行找平，其纵、横向水平度偏差均不应超过1/1000。接管前，应先清洗吸、排气管道；管道应做必要的支承。连接时，应注意不要使螺杆式制冷机组变形，否则会影响电机和螺杆式制冷机组的对中。

5）冷却塔安装

冷却塔（图8.9）必须安装在通风良好的场所，而避免安装在通风不良和出现湿空气回流的场合，否则将会降低冷却塔的冷却能力。冷却塔一般安装在冷冻站的屋顶上，以形成高压头，用以克服冷凝器的阻力损失。水泵将需要处理的冷却水从水池抽出送至冷却塔，经冷却降温后从塔底的集水盘向下自流压入冷凝器中，继而靠水头压差自流入水池，以此循环。

6）水泵安装

空调系统中的水泵（图8.10）用于驱动水冷式冷水机组的冷凝器中冷却水与冷却塔的循环，以及蒸发器中冷冻水与组合式空调器或新风机组、风机盘管的循环；在冬季工况时，水泵也用于驱动空调热水与组合式空调器或新风机组、风机盘管的循环。

水泵出厂时已装配、调整完善的部分不得随便拆卸。水泵各部件的连接应正确，其连接件、密封件应无松动。水泵减振装置安装应满足设计及产品技术文件的要求。水泵减振板可采用型钢制作或采用钢筋混凝土浇筑。当多台水泵成排安装时，应排列整齐。水泵减振装置应安装在水泵减振板下面，并应成对放置。弹簧减振器安装时，应有限制位移措施。

水泵就位后以泵的轴线为基准进行找平、找正，即对水平度、标高、中心线进行核对，可分初平和精平两步进行。水泵找平、找正后，各组减振器的压缩量应均匀一致，偏差不应大于2mm。

图8.9　冷却塔

图8.10　水泵

3. 制冷管道系统安装

1）制冷管道安装

制冷管道的坡度和坡向，如设计无明确规定，应满足表8-2的要求。

表8-2　制冷管道的坡度和坡向

管道名称	坡向	坡度
压缩机吸气水平管（氟）	压缩机	≥10‰
压缩机吸气水平管（氨）	蒸发器	≥3‰
压缩机排气水平管	油分离器	≥10‰
冷凝器水平供液管	贮液器	1‰～3‰
油分离器至冷凝器水平管	油分离器	3‰～5‰

制冷系统的液体管安装不应有局部向上凸起的弯曲现象，以免形成气囊；气体管除氟系统专门设置的回油弯外，不应有局部向下凹陷的弯曲现象，以免形成液囊。敷设制冷管道时，从液体干管引出的支管，应从干管底部或侧面接出；从气体干管引出的支

管，应从干管上部或侧面接出。管道与三通连接时，应将支管按制冷剂流向弯成弧形再进行焊接，如图8.11（a）所示，而不宜使用弯曲半径小于1.5倍管道直径的压制弯管；当支管与干管直径相同且管道内径小于50mm时，则需在干管的连接部位换上大一号管径的管段，再按以上规定进行焊接，如图8.11（b）所示。不同管径的管子对接焊接时，应采用同心异径管。

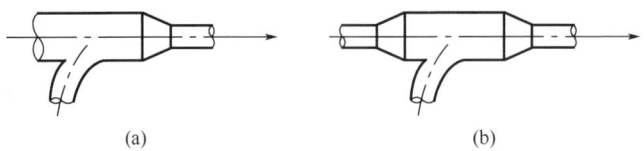

图8.11 支管与干管的连接示意图

紫铜管连接宜采用承插口焊接，或套管式焊接，承口的扩口深度不应小于管直径，扩口方向应迎向介质流向，如图8.12（a）所示。紫铜管与螺纹接头的插接焊，如图8.12（b）所示。紫铜管切口表面应平齐，不得有毛刺、凹凸等缺陷。当采用对接焊接时，管道内壁应平齐，错边量不应大于10%的壁厚，且不得大于1mm。

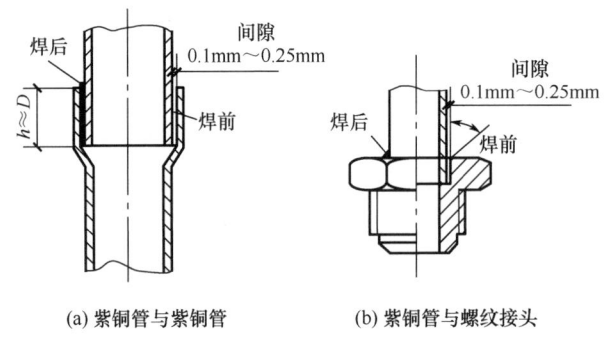

图8.12 紫铜管焊接装配图

2）阀门安装

阀门安装位置、方向、高度应符合设计要求，单向阀应按制冷剂流向安装，不得反装。安装带手柄的手动截止阀时，手柄不得向下。电磁阀、调节阀、升降式止回阀等的阀头均应向上竖直安装。热力膨胀阀的感温包应装于蒸发器末端的回气管上，应接触良好，绑扎紧密，并用隔热材料密封包扎，其厚度与保温层相同。安全阀安装前，应检查出厂合格证书、定压测试报告和铅封情况，不得随意拆启。安全阀与设备间若设关断阀门，则在运转中必须处于全开位置，并予铅封。安全阀安装完成后，在制冷系统投入运行前，应对其进行调试校核，开启和回座压力应符合设备技术文件要求。

3）仪表安装

所有测量仪表按设计要求均采用专用产品，并应有合格证书和有效的检测报告。压力测量仪表须用标准压力表进行校正，温度测量仪表须用标准温度计校正并做好记录。所有仪表应安装在光线良好、便于观察、不妨碍操作检修的地方。压力继电器和温度继电器应安装在不受振动的地方。图8.13所示为冷冻水管上压力表和温度计的安装示意图。

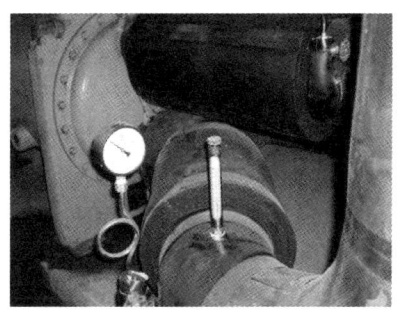

图 8.13　冷冻水管上压力表和温度计的安装示意图

任务单元 8.3　供热锅炉及辅助设备节能工程

8.3.1　供热锅炉及辅助设备节能简述

供热锅炉（以下简称“锅炉”）是关键的产热设备，且在一定的温度和压力下运行，其产品制造与安装质量、运行操作及管理水平都会直接影响设备运行的安全性、稳定性及经济性。

锅炉的主要设备一般包括本体设备、燃烧设备和辅助设备。锅炉的本体设备主要由锅和炉两大部分组成。

安装锅炉的施工单位，须经当地锅炉安全监察部门审查批准，并持有许可证后，才有资格进行锅炉安装。锅炉安装前，施工单位须编制施工组织设计（施工方案），并将其连同锅炉房平面及设备布置图等有关技术资料，交送当地锅炉安全监察机构，经审批同意后方可进行施工，并应充分做好施工准备工作。

8.3.2　供热锅炉及辅助设备节能工程施工工艺

1. 施工工艺流程

1）锅炉安装工艺流程

锅炉安装工艺流程如图 8.14 所示。

基础放线、验收 → 锅炉本体安装 → 锅炉附属设备安装 → 管路、阀门、仪表安装 → 水压试验 → 烘炉 → 煮炉 → 冲洗 → 试运行 → 总体验收

图 8.14　锅炉安装工艺流程

2）换热器安装工艺流程

换热器安装工艺流程如图 8.15 所示。

施工准备 → 设备安装 → 管道安装 → 试压 → 防腐保温 → 试运行

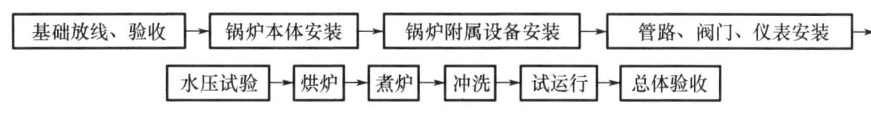

图 8.15　换热器安装工艺流程

2. 锅炉安装

锅炉按燃料分有燃煤锅炉、燃油锅炉、燃气锅炉和油气两用锅炉。从节能和环保角度考虑，目前主要采用燃油锅炉、燃气锅炉和油气两用锅炉。

1）锅炉本体安装

锅炉中心线应与基础基准线相吻合，偏差应小于或等于 3mm；锅炉中心垂直度偏差应小于或等于 1/1000；标高偏差应小于或等于 ±5mm。锅炉本体安装应有 3‰ 的坡度，且坡向排污装置。当锅炉本体不平时，应用千斤顶将锅炉偏低一侧连同支架一起顶起，再在支架之下垫以适当厚度的垫铁，垫铁的间距宜为 500mm～1000mm。

2）燃烧器安装

燃烧器安装应在燃烧器检验合格后并在厂家技术人员指导下进行，安装时燃烧器与锅炉本体接口处应嵌入密封材料使之连接严密。燃烧器及供油（气）阀组安装完毕，点火前应在锅检所专业人员的监督下进行气密性试验，试验范围从球阀到双重电磁阀，保压时间为 20min，需要用检漏仪进行检漏，并在合格后填写试验记录。

试验设备：手压气泵、微压表、检漏仪。

3）排污装置安装

每台锅炉一般安装 2 个排污阀。排污阀应采用专用快速排放的球阀或旋塞（一般由锅炉厂家配套供应），而不得采用螺旋升降的截止阀或闸阀。排污阀及排污管道不得采用螺纹连接。

每台锅炉应安装独立的排污管，排污管尽量减少弯头，所有的弯头均采用煨制弯，其弯曲半径 $R \geq 1.5D$。排污管应接至排污膨胀箱或安全地点，并保证排污畅通。

多台锅炉的排污合用一个总排污管时，必须设有安全阀。

4）水位计安装

每台锅炉一般安装 2 副水位计（一般由锅炉厂家配套供应），水位计应安装在易观察的位置。水位计的泄水管应接至安全处。当锅炉安装有水位报警器时，其泄水管可与水位计的泄水管连在一起，但水位报警器的泄水管上应单独安装阀门；当水位计的泄水管旁通接至取样冷却器时，旁通管及三通后的泄水管上均应单独安装阀门。图 8.16 所示为锅炉水位计。

图 8.16　锅炉水位计

5）安全阀安装

安全阀安装前必须逐个进行严密性试验，并送有资质的检测机构校验、定压，校验合格的安全阀应铅封并做好标记。锅炉上一般安装2个安全阀，其中一个按较高值定压，另一个按较低值定压；当仅安装一个安全阀时，按较低值定压。

安全阀应垂直安装，并装设排泄放气（水）管，排泄放气（水）管的直径应严格按设计要求，不得随意改变，也不得小于安全阀的出口截面。

安全阀与连接设备之间不得接有任何分叉的取气或取水管道，也不得安装阀门。

安全阀的排泄放气（水）管应通至室外安全地点，坡度应坡向室外，排泄放气（水）管上不得安装阀门。安全阀的排泄放气（水）管应单独设置，不得几根并联。

设备做水压试验时，应将安全阀卸下，待水压试验完毕后再安装。

6）水压试验

水压试验应报请当地质量技术监督部门参加。试验前应按要求做好准备工作。

水压试验应在环境温度高于5℃时进行，低于5℃必须有防冻措施。试验时水温一般应在20℃～70℃，当施工现场无热源时可用自来水试压，但要等锅筒内水温与周围气温较为接近或无结露时，方可进行水压试验。

水压试验时先向炉内上水，打开自来水阀门向炉内上水，待锅炉最高点放气管见水无气后关闭放气阀，然后将自来水阀门关闭。接着用试压泵缓慢升压，当压力升至0.3MPa～0.4MPa时，应暂停升压，进行一次全面检查，并进行必要的紧固螺栓工作。待初步检查无误后，继续升压至工作压力，此时应停泵检查各处有无渗漏或异常现象。确认无误后，再继续升压至试验压力，在试验压力下保持20min，然后缓慢降低压力至工作压力再进行检查。检查期间压力应保持不变。检查受压元件金属壁和焊缝上是否有水珠和水雾、胀口处是否滴水珠，以及水压试验后是否有残余变形。若均无异常，则判定水压试验合格。

水压试验结束后，应将炉内水全部放净以防冻，并拆除所加的全部盲板。同时，应将试验结果记录在《工业锅炉安装工程质量证明书》中，并有参加验收人员签字，最后存档。

7）烘炉

锅炉安装完毕后要进行烘炉，其目的是使锅炉砖墙能够缓慢地干燥，在使用时不致损裂。

按规范要求做好准备工作，然后烘炉。烘炉时，整体锅炉均采用轻型炉墙，根据炉墙潮湿程度，一般烘烤时间为3d～6d。

木柴烘炉时，应打开炉门、烟道闸板，开启引风机强制通风5min，以排除炉膛和烟道内的潮气和灰尘，然后关闭引风机。打开炉门和点火门，在炉排前部1.5m范围内铺上厚度为30mm～50mm的炉渣，在炉渣上放置木柴和引燃物。点燃木柴，小火烘烤。自然通风，缓慢升温，排烟温度第一天不得超过80℃，后期不得超过160℃。木柴烘炉约2d～3d。木柴烘烤后期，逐渐添加煤炭燃料进行煤炭烘炉，并间断引风和适当鼓风，使炉膛温度逐步升高，同时间断开动炉排，防止炉排过烧损坏。煤炭烘炉约1d～3d。整个烘炉期间要注意观察炉墙和炉体的情况，按时做好温度记录，最后画出实际升温曲线图。

烘炉时应使火焰保持在炉膛中央燃烧均匀，升温缓慢，不能时旺时弱。烘炉时锅炉不升压。烘炉期间应注意及时补进软水，保持锅炉正常水位。烘炉中后期应适量排污，每6h～8h可排污一次，排污后应及时补水。煤炭烘炉时应尽量减少炉门、看火门的开启次数，防止冷空气进入炉膛内，使炉墙产生裂损。

8）煮炉

为了节约时间和燃料，一般在烘炉末期进行煮炉。煮炉的目的是利用化学药剂在运行前清除锅内的铁锈、油脂、污垢和水垢等，以防止蒸汽品质恶化，并避免受热面因结垢而影响传热和烧坏。

一般采用碱性溶液煮炉，加药量应根据锅炉锈蚀、油污情况及锅炉水容量而定。若锅炉出厂说明书未做规定，则可按表8-3的规定计量加药量。

表8-3　锅炉加药量　　　　　　　　　　　　　　　　单位：kg/t 炉水

药品名称	铁锈较薄	铁锈较厚
氢氧化钠（NaOH）	2～3	3～4
磷酸三钠（$Na_3PO_4 \cdot 12H_2O$）	2～3	2～3

表8-3中药品用量按100%纯度计算，无磷酸三钠可用碳酸钠（Na_2CO_3）代替，用量为磷酸三钠的1.5倍。将两种药品按用量配好后，用水溶解成液体从上人孔处或安全阀座处，缓慢加入炉体内，然后封闭人孔或安全阀。操作腐蚀性化学药品时要注意采取防护措施。

加药时，炉水应处于低水位。煮炉时，药液不得进入过热器内。煮炉时间宜为48h～72h，煮炉的最后24h宜使压力保持在额定工作压力的75%。当在较低压力下煮炉时，应延长煮炉时间。煮炉至取样炉水的水质变清澈时应停止煮炉。

煮炉期间，应定期从锅筒和水冷壁下集箱取水样进行水质分析。当炉水碱度低于45mmol/L时，应及时补充加药。

煮炉结束后，应交替进行上水和排污，并应在水质达到运行标准后停炉排水、冲洗锅筒内部和曾与药液接触过的阀门、清除锅筒及集箱内的沉积物，排污阀应无堵塞现象。

锅炉经煮炉后，锅筒和集箱内壁应无油垢，擦去锅筒和集箱内壁的附着物后金属表面应无锈斑。

最后经甲乙双方共同检验，确认合格，并在检验记录上签字盖章后，方可封闭人孔和手孔。

3. 换热器安装

安装前应熟悉使用说明书的注意事项和安装要求，分清一次侧和二次侧。各种换热器安装的水平度、垂直度应符合规范和设备技术文件的要求。

板式换热器地脚螺栓的固定应牢固。壳管式换热器的安装，当设计无要求时，其封头与墙壁或屋顶的距离不得小于换热管的长度。

任务单元 8.4 室外管网系统节能工程

8.4.1 室外管网系统节能简述

室外管网系统作为连接能量源头和终端用户的输配系统，它的能耗高低直接决定了整个系统的能耗高低。下面介绍室外管网系统节能工程。

室外管网系统的管材主要有焊接钢管、螺旋缝电焊钢管和无缝钢管。室外管网系统的敷设方式有直埋敷设、地沟敷设及架空敷设三种。埋设或敷设在不通行地沟内的室外供热管道，除安装阀类处采用法兰连接外，其他接口均应焊接；在分支管路有阀类的地方，应设阀门井。室外管网系统无论采用何种敷设方式，其安装的基本要求是相同的。

8.4.2 室外管网系统节能工程施工工艺

1. 施工工艺流程

（1）直埋敷设工艺流程如图 8.17 所示。

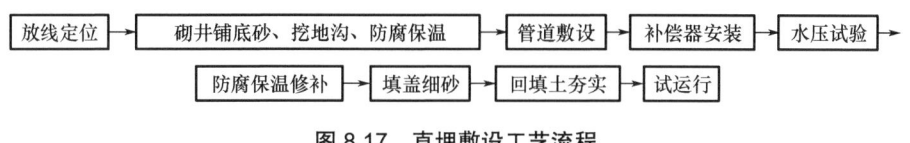

图 8.17 直埋敷设工艺流程

（2）地沟敷设工艺流程如图 8.18 所示。

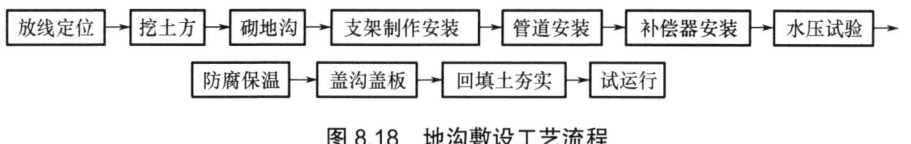

图 8.18 地沟敷设工艺流程

（3）架空敷设工艺流程如图 8.19 所示。

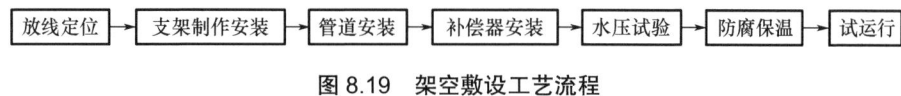

图 8.19 架空敷设工艺流程

2. 操作要点

（1）放线定位。

室外管道安装前应先按设计图纸和规范规定放样，绘制安装详图，确定管路坐标和标高、坡向和坡度、管径和变径、预留甩口、阀门和卡架、拐弯点和节点、伸缩补偿器及干管起点和终点的位置，并于现场进行核对、调整；然后按调整后的放样详图下料、防腐，进行管件加工和预组装、调直等。下管前应先清理地沟内的杂物，然后进行支架、吊架、卡架及管道的安装。

（2）支架安装。

对于地沟内的管道安装来说最关键的工序就是支架安装。在不通行地沟内，管道的高支座通常安装在混凝土支墩上面的预埋钢板上，其安装应在混凝土沟底施工后（同时浇筑出支墩）、沟墙砌筑前进行。在通行和半通行地沟内，管道的高支架通常安装在型钢支架的横梁上，型钢支架的安装是利用在混凝土沟基土建施工和砌筑沟墙时，预留的预留孔洞或预埋钢板来固定的。地沟内支架的最大间距见表8-4。多根管道共同的支架，应按最小管径确定其最大间距，坡度和坡向相同的管道可以共架，对个别坡向和坡度值不同的管道，可考虑用悬吊的方法安装。当给水管道和供热管道同沟时，给水管道可用支墩敷设于地沟底部。

表8-4 地沟内支架的最大间距

公称直径/mm	15	20	25	32	40	50	70	80	100	125	150	200	250	300
保温管/mm	2	2.5	2.5	2.5	3	3	4	4	4.5	6	7	7	8	8.5
不保温管/mm	2.5	3	3.5	4	4.5	5	6	6	6.5	7	8	9.5	11	12

地沟内支架安装要平直牢固，同一地沟内当有多层管道时，安装顺序应从最下面一层开始，最好能将下面的管道安装、试压、保温完成后，再安装上面的管道。为了便于焊接，焊口应选在便于操作的位置。所有管道端部的切口平正检查及坡口切割，均应在管道下沟前集中在地面上完成。

（3）预组装。

地面上的预组装是架空敷设施工的关键技术环节，因此必须经施工组织设计做出全面细致的规划，以尽量减少管道上架后的空中作业量。预组装包括管道端部接口平整度的检查，管道坡口的加工，三通、弯管、变径管的预制，法兰的焊接，法兰阀门的组装，等等。同时，各预制管件应与适当长度的直管段组合成若干管段，以备吊装。预组装管段的长度应按管道的上架方式、吊装条件等综合考虑确定。

（4）保温结构的制作。

对于直埋敷设来说，最重要的是保温结构的制作质量。一般情况下，保温结构可在加工厂先做好，再运到现场安装，只留管道接口，待焊接并试压合格后再进行接头保温；接头保温结构补做的方法与管道保温结构相同。

由于预制保温管的保温结构不允许受任何外界机械作用，因此在向地沟内下管时必须采用吊装。吊管时，不得以绳索直接接触保温管外壳，而应用宽度约150mm的编织带兜托管道，并且起吊时要慢、放管时要轻。管道就位后即可进行焊接，焊接完后应按设计要求进行焊口检验及水压试验，合格后方可做接口保温。

（5）补偿器安装。

在室外供热管道安装中，补偿器安装也是一个主要环节。在直线管段上，如果两固定支架间管道的热膨胀受到限制，将会产生极大的热应力，使管道受到损坏。因此，管道之间必须设置管道补偿器，用以补偿热膨胀量，减小热应力，确保管道伸缩自由。

以方形补偿器为例，其安装应在固定支架及固定支架间的管道安装完毕后进行，且阀件和法兰上的螺栓要全部拧紧，滑动支架要全部装好。方形补偿器的两侧应安装导向支架，第一个导向支架应设在距弯曲起点 40 倍公称直径处。在靠近弯管设置的阀门、法兰等连接件处的两侧，也应设导向支架，以防管道过大的弯曲变形而导致法兰等连接件泄漏。方形补偿器两侧的第一个支架，宜设在距弯曲起点 1m 处。

(6) 水压试验。

水压试验要用不含油质及酸碱等杂质的洁净水作为介质。其试验程序主要有充水、升压、强度检查、降压及严密性检查等步骤。

水压试验的充水点和加压装置，一般应设在系统或管段的较低处，以利于低处进水、高点排气。充水前将试压范围内系统的阀门全部打开，同时打开各高点的放气阀，关闭最低点的排水阀，连接好进水管、压力表和加压泵等，即可向管道系统内充水，待系统中空气全部排净、放气阀不断出水时，关闭放气阀和进水阀，然后全面检查系统有无漏水现象，如有漏水，应及时进行修理。

管道系统充满水并无漏水现象后，用加压泵缓慢加压，当压力表指针开始动作时，应停下来对管道进行检查，发现泄漏应及时处理；当升压到一定数值时，再次停压检查，无问题时再继续加压。一般分 2 次～3 次升至试验压力，停止升压并迅速关闭进水阀。观察压力表，如压力表指针跳动，则说明排气不良，应打开放气阀再次排气，并加压至试验压力，然后记录时间停压检查。当在规定时间内管道系统无破坏，压力降不超过规定值时，则强度试验为合格。

管道系统的试压是在试验压力下停压观测 10min，如果压力降不超过 0.05MPa，即为合格；如压力降大于允许值，则说明试压管段有破裂及严重漏水处，应找到泄漏处，修复后重新试压。

管道系统的强度试验合格后，将压力降至工作压力，在稳压下进行严密性检查，检查的重点是各类接口、阀门及附件的严密程度，经全面检查以不渗不漏者为合格。只有强度试验和严密性试验均合格后，管道系统的水压试验才算合格。

管道系统的试验压力，应以设计要求为准，如设计无明确要求，则可根据不同的工艺要求，按相应的施工及验收规范执行。对于位差较大的管道系统，应考虑试压介质的静压影响，液体管道以最高点的压力为准，但最低点的压力不得超过管道附件及阀门的承受能力。较长的埋地压力管道在水压试验合格并回填土后，还应进行系统最终的水压试验。

(7) 吹扫与清洗。

管道在试压完成后，即可进行吹扫与清洗（简称"吹洗"）。冲洗应用自来水连续进行，并保证有充足的流量。冲洗前，应将系统内的仪表加以保护，并将孔板、喷嘴、滤网、节流阀及止回阀的阀芯等部件拆除，并妥善保管，待冲洗合格后再进行复位。对不允许冲洗的设备及管道，应进行隔离。水冲洗的排放管应接入可靠的排水井或排水沟内，并保证其排水畅通和安全，排水管的管径不应小于被冲洗管道管径的 60%。

水冲洗应以管道排出口处的水色、透明度与管道入水口处目测一致为合格。

蒸汽管道宜采用蒸汽吹扫，也可采用压缩空气吹扫。当采用蒸汽吹扫时，应先进行暖管，恒温 1h 后方可进行吹扫，然后自然降温至环境温度，之后再升温暖管、恒温进行吹扫。蒸汽吹扫一般不少于 3 次。

蒸汽管道可用白色木板或钢板置于排气口处检查，以板上无铁锈、脏物为合格。

任务单元8.5　冷热源及管网的防腐与绝热工程

8.5.1　冷热源及管网的防腐与绝热简述

冷热源及管网的防腐与绝热是确保系统稳定运行、提升能效及保障安全的重要环节。

冷热源及管网由于长期暴露于不同环境条件下，易受腐蚀影响。为防止腐蚀导致的系统性能下降、泄漏及安全隐患，必须采取有效的防腐措施。对与空气接触的管道外部或保温结构外表面可涂刷防腐涂料，对埋地的管道可设置绝缘防腐层。

绝热是工程上减少系统热量向外传递的保温和减少外部热量传入系统的保冷的统称。绝热的主要目的是减少热量、冷量的损失，节约能源，提高系统运行的经济性和安全可靠性。对于高温设备和管道，保温能改善劳动环境，防止操作人员烫伤，有利于安全生产；对于低温设备和管道，保冷能提高设备和管道外表面温度，避免出现结露和结霜现象，也可避免人的皮肤与之接触而受冻。

8.5.2　冷热源及管网防腐与绝热工程施工工艺

1. 施工工艺流程

1）防腐工程施工工艺流程

防腐工程施工工艺流程如图8.20所示。

除锈和去污 → 涂料配制 → 涂料施工 → 质量检验 → 成品保护

图8.20　防腐工程施工工艺流程

2）绝热工程施工工艺流程

绝热工程施工工艺流程如图8.21所示。

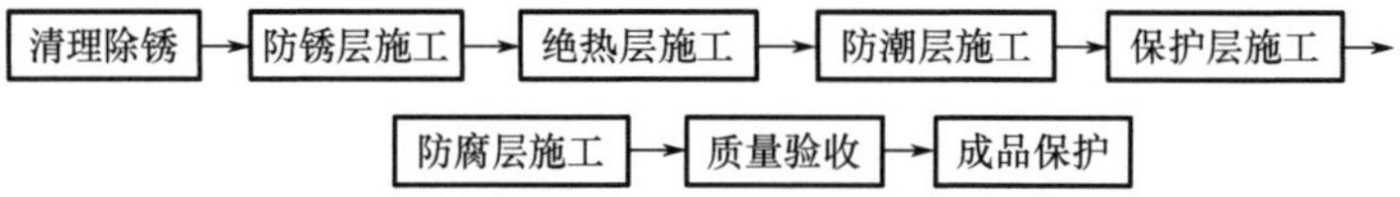

清理除锈 → 防锈层施工 → 绝热层施工 → 防潮层施工 → 保护层施工
防腐层施工 → 质量验收 → 成品保护

图8.21　绝热工程施工工艺流程

2. 操作要点

冷热源及管网的绝热工程的施工，应在管路系统强度与严密性检验合格且防腐处理结束后进行。常用的施工方法有涂抹法、预制绑扎法、缠包捆扎法、填充法、浇灌法等。

1）绝热层施工

绝热层是绝热结构的主要部分，位于防锈层的外面，所用材料为设计选定的绝热材料，其作用是防止热量的传递。防锈层的材料多为防锈漆涂料或沥青冷底子油，这些材料直接涂刷于干燥洁净的管道或设备表面上,以防止金属受潮后产生锈蚀。

2) 防潮层和保护层施工

保护层在绝热层外面,常用的材料有玻璃丝布、油毡纸玻璃丝布及金属薄板等,其作用是阻挡环境和外力对绝热材料的影响,延长保温结构的寿命,并使绝热结构外形整齐美观。

保冷管道的绝热层外设置有防潮层,其作用是防止结露、保证绝热效果。

输送介质温度低于周围空气露点温度的管道,当采用非闭孔性绝热材料时,防潮层和保护层必须完整且封闭良好。这是因为当管道输送的介质温度低于周围空气的露点温度时,如果绝热层采用非闭孔性绝热材料,且没有设置完整、封闭的防潮层和保护层,空气中的水蒸气就容易通过暴露的非闭孔性绝热材料或被缝隙吸入绝热层内部。一旦水蒸气进入绝热层,就会在低温条件下凝结成水,这不仅会降低绝热材料的性能,还会使其导热系数急剧增大,导致绝热效果大幅下降,冷量损失显著增加。

3) 防腐层施工

绝热结构最外面是防腐层及识别标志,其作用是保护保护层不被腐蚀,一般采用耐候性较强的涂料直接涂刷在保护层上,为区别管道内的不同介质常用不同颜色的涂料涂刷,因此也起识别标志作用。

钢材基层表面处理为手工与机械相结合,除锈检查合格后应立即进行底漆的涂刷,若当天来不及涂漆或在涂漆前被雨淋,则应在涂漆前重新处理。由于设备工艺管线防腐局部修复较多,因此防腐施工人员必须与其他部门紧密配合,严格按照设计要求施工,并保质保量定期完成。涂漆通常采用刷涂和滚涂的施工方法。在涂漆作业前,需对油漆充分搅拌,以保证均匀混合,不得有漆皮等杂物。不同类型的油漆不得混用。涂漆的环境必须清洁,不得有煤烟、灰尘和水汽。空气的湿度不能过高,否则会导致涂层干燥时间延长,流动性变差,附着力下降。严禁在雨、雾、雪和大风中露天作业。

施工时应刷纹通顺、颜色一致、涂装均匀,无明显皱皮、流淌现象。油漆涂层不允许大面积透底、流坠和皱皮,不允许有漏涂和返锈现象,亮度应均匀,漆膜附着力应良好。

直埋敷设的金属管道主要有铸铁管和碳钢管。直埋敷设的铸铁管耐腐蚀性强,只涂一两层沥青漆即可。直埋敷设的碳钢管需要根据土壤的腐蚀程度及穿越铁路、公路、河流等情况确定防腐措施。目前我国埋地管道防腐主要采用沥青绝缘防腐。沥青绝缘防腐层有普通防腐、加强防腐和特加强防腐三种结构。普通防腐适用于一般土壤;埋地管道在穿越铁路、公路、河流、盐碱沼泽地、山洞等地段及腐蚀性土壤时,一般采取加强防腐;埋地管道在穿越电车轨道和电气铁路下的土壤时,一般采取特加强防腐。对一些腐蚀性高的地区或重要的管线,还可采用电化学保护防腐措施。

当管道较多时,为了便于区分和管理,常将明装管道的外表面或保温层的外表面涂以不同颜色的涂料、色环和箭头,以区别管道内流动介质的种类和流动方向。涂色外加色环是为了进一步区分同类介质之间的差别,如各种水蒸气管都涂红色,这就不能区分管内介质是饱和蒸汽还是过热蒸汽,此时,可在涂色管道上面加涂色环。加涂黄色色环为过热蒸汽,绿色色环为废气,而饱和蒸汽只涂红色不加色环。这样用管道外的颜色和加刷的色环，就能区分管道内介质的类别。所涂色环的间距以分布均匀和便于观察为原则，在弯头和管道穿墙处必须加色环，在直线管段上的色环间距一般以 5m 左右为宜。色环宽度按管道外径（包括保温层外径）大小来确定：外径小于 150mm 的管道，色环宽度采用 30mm；外径为 150mm～300mm 的管道，色环宽度为 50mm；外径大于 300mm 的管道，色环宽度可适当加大。

当用箭头表明管道内介质的流动方向时，如果介质可以向两个方向流动，则应标出两个相反方向的箭头，箭头一般为白色或黄色，底色浅者可将箭头涂成红色或其他颜色。

任务单元 8.6　冷热源设备及系统的调试

8.6.1　冷热源设备及系统的调试简述

空调与供暖系统的冷热源和辅助设备及管道和室外管网系统安装完毕后，为了达到系统正常运行和节能的预期目标，规定必须进行单机试运转及调试和系统非设计满负荷条件下的联合试运转及调试。

（1）单机试运转及调试。

① 单机试运转及调试是工程施工完毕后进行系统联合试运转及调试的先决条件。

② 冷热源和辅助设备必须进行单机试运转及调试，以确保各设备单独运行时能正常工作。

（2）系统非设计满负荷条件下的联合试运转及调试。

① 冷热源和辅助设备必须同建筑物室内空调或供暖系统进行联合试运转及调试。

② 联合试运转及调试结果应符合设计要求，且允许偏差或规定值应符合相关规范。

③ 由于现实工程建设交工验收阶段很难实现设计满负荷工况条件，因此进行非设计满负荷条件下的联合试运转及调试更为实际。

④ 空调工程涉及的系统较多且复杂，规定的正常的联合试运转的时间为 8h；通风工程相对较单一，定为 2h。

（3）调试责任与监督。

① 系统调试应由施工单位负责，监理单位监督，设计单位与建设单位参与和配合。

② 若施工企业本身不具备工程系统调试的能力，则可以委托给具有相应调试能力的其他单位或施工企业进行。

（4）调试方案与资料。

① 系统调试前应编制调试方案，并应报送专业监理工程师审核批准。

② 调试结束后，应提供完整的调试资料和报告，以确保系统调试的透明性和可追溯性。

（5）参照标准。

对空调与供暖系统冷热源和辅助设备及管网系统的单机试运转及调试和系统非设计

满负荷条件下的联合试运转及调试的具体要求，可参照现行国家标准《通风与空调工程施工质量验收规范》（GB 50243—2016）的有关规定。

8.6.2 冷热源设备及系统的调试施工工艺

1. 施工工艺流程

冷热源设备及系统的调试施工工艺流程如图 8.22 所示。

调试准备 → 设备单机试运转及调试 → 系统非设计满负荷条件下的联合试运转及调试

图 8.22 冷热源设备及系统的调试施工工艺流程

2. 设备单机试运转及调试

1）制冷机组

制冷机组的单机试运转及调试应在冷冻水系统和冷却水系统正常运行的过程中进行，由制冷机组厂家技术人员完成，施工单位配合。制冷机组的试运转除应符合设备技术文件和现行国家标准《制冷设备、空气分离设备安装工程施工及验收规范》（GB 50274—2010）的有关规定外，尚应满足：机组运转平稳、无异常振动与声响；各连接和密封部位不应有松动、漏气、漏油等现象；吸、排气的压力和温度应在正常工作范围内；能量调节装置及各保护继电器、安全装置的整定值应符合技术文件规定，其动作应正确、灵敏、可靠；正常运转不应少于 8h；应记录好各项数据。

2）冷却塔

冷却塔进水前，应将冷却塔的布水槽、集水盘清洗干净。冷却塔风机的电绝缘应良好，风机旋转方向应正确。冷却塔试运转时，应检查风机的运转状态和冷却水循环系统的工作状态，并记录运转中的情况及有关数据，如无异常情况，连续运转时间应不少于 2h。冷却塔本体应稳固、无异常振动。冷却塔试运转结束后，应将集水盘清洗干净，如长期不使用，应将循环管路及集水盘中的水全部排出，防止设备冻坏。

3）锅炉

锅炉调试必须在燃烧系统、供水系统、供气（油）系统、安全阀、配电及控制系统均能正常运行的条件下进行。

（1）锅炉调试的内容：锅炉所有转动设备的转向、电流、振动、密封、噪声等的检测，各保护连锁定值的设定，水位保护、安全连锁指示调整，燃烧系统连锁保护调整。

（2）锅炉试运转及调试。

① 锅炉热态运行调试的内容：检测锅炉各控制单元动作是否正常，熄火保护调试，超压保护调试，低水位保护调试，低气压保护调试，超温保护调试，安全复位保护调试。

② 锅炉调试流程：煮炉结束后，应先将锅炉水位加至正常水位，然后启动燃烧器，并调节气压及风门、风压，以确保启动调节正常，具体表现为烟囱无黑烟、燃烧平稳无异响；待燃烧正常后，拔出光敏电阻，手动控制光敏电阻，检查熄火保护；排污至低水位，检查锅炉的自动进水状况，再排污至极低水位，检查锅炉在极低水位能否自动切断

燃烧；锅炉升压后，根据需要调节1号压力控制器，转换成小火运行；待锅炉运行至用户需要的最高压力后，调节2号压力控制器，使锅炉自动停炉；排放蒸汽，降低炉内蒸汽压力，待降至适当压力时，调节1号压力控制器，使锅炉在此压力下自动启动；待锅炉重新升压后，调节3号压力控制器，并模拟超压，检查锅炉能否自动停炉并切断启动电源；检查锅炉各承压部件是否有泄漏现象；完成上述检查设定后，再重新启动锅炉并正常运行，检查各环节是否正常。

③ 安全阀定压：先调整开启压力较高的安全阀，后调整开启压力较低的安全阀。安全阀定压工作完成后，应做一次安全阀自动排气试验，合格后应对安全阀进行铅封。同时，还需将开启压力、回座压力记入《锅炉安装质量证明书》中。

④ 各项调试由锅检所专业人员在场监督验收，验收合格后由锅检所出具验收报告并办理使用许可证，锅炉方可投入正常运行。

4）水泵

水泵试运转前，应检查水泵和附属系统的部件是否齐全，用手盘动水泵应轻便灵活，不得有卡碰现象。试运转前，应将入口阀打开、出口阀关闭，待水泵启动后再缓慢开启出口阀。

水泵正常运转后，应定时测量轴承温升，所测温度应低于设备说明书中的规定值，当无规定值时，一般滚动轴承的温度应不超过75℃，滑动轴承的温度应不超过70℃。水泵运转持续时间应不小于2h。

3. 系统非设计满负荷条件下的联合试运转及调试

空调与供暖系统的联动调试应在风系统的风量平衡调试结束和冷冻水、冷却水及热水循环系统均运转正常的条件下进行。

1）空调冷（热）水、冷却水系统的调试

（1）系统调试前的准备。系统调试前应对管路系统进行全面检查，确保支架固定良好；试压、冲洗用的临时设施已拆除，系统已复原；管道保温已完成。同时，将调试管路上的手动阀门、电动阀门全部开到最大状态，并开启排气阀。

（2）系统充水与排气。向系统内充水，排除管道系统中的空气。充水过程中要有人巡视，发现漏水情况及时处理。系统充满水后，启动循环水泵和冷却塔，观察各部位压力表和流量计的读数及冷却塔集水盘的水位，确保流量和压力符合设计要求。

（3）调试定压装置。采用高位水箱定压装置的，应调试浮球阀的进水水位至最佳位置；采用低位水箱定压装置的，应调试其正常工作压力、启泵压力、停泵压力至设计要求。

（4）调整循环水泵进出口阀门。调整阀门开启度，使循环水泵的流量、扬程达到设计要求。同时，监测水泵的流量、压差和水泵电机的电流波动，确保不超过10%。

（5）水系统平衡调整。定流量系统的各空气处理机组的水流量应符合设计要求，允许偏差为15%；变流量系统的各空气处理机组的水流量也应符合设计要求，允许偏差为10%。此外，冷水机组的供回水温度和冷却塔的出水温度应符合设计要求；多台制冷机或冷却塔并联运行时，各台制冷机及冷却塔的水流量与设计流量的偏差不应大于10%。

2）供热系统联动调试

（1）开启供热阀门。开启锅炉房分汽缸或分水器的阀门，向空调系统供热，并调整减压阀后的压力至设计要求。

（2）调试换热装置。调试换热装置进汽（热水）管上的温控装置，使换热装置出口的温度、压力、流量等达到设计要求。同时，观察分水器、集水器及空调末端水系统的温度，确保符合设计要求。

（3）检查锅炉及附属设备。在供热系统调试过程中，应检查锅炉及附属设备的热工性能和机械性能；测试给水和炉水水质、炉膛温度、排烟温度及烟气成分（此项应事先委托环保部门测试，测试烟气中的灰尘、含硫化合物、一氧化碳、二氧化碳等有害物质的浓度是否符合国家规定的排放标准）；同时测试锅炉的运行参数（包括蒸汽压力、温度、流量等参数），以及锅炉的燃烧效率、热效率等；并测试给水泵、油泵、除氧水泵等的相关参数。

3）供冷系统联动调试

制冷机组投入系统运行后，进行水量、温度、压力、电流、油温等参数的调试，确保制冷机组运行稳定，各项参数符合设计要求。

任务单元 8.7 空调与供暖系统的冷热源及管网节能工程的质量标准与验收

8.7.1 主控项目的质量标准与检验方法

（1）空调与供暖系统使用的冷热源设备及其辅助设备、自控阀门、仪表、绝热材料等产品应进行进场验收，并应对下列产品的技术性能参数和功能进行核查。验收与核查的结果应经监理工程师检查认可，且应形成相应的验收记录。各种材料和设备的质量证明文件与相关技术资料应齐全，并应符合设计要求和国家现行有关标准的规定。

① 锅炉的单台容量及名义工况下的热效率。

② 热交换器的单台换热量。

③ 电驱动压缩机蒸汽压缩循环冷水（热泵）机组的额定制冷（热）量、输入功率、性能系数（COP）、综合部分负荷性能系数（$IPLV$）限值。

④ 电驱动压缩机单元式空气调节机组、风管送风式和屋顶式空气调节机组的名义制冷量、输入功率及能效比（EER）。

⑤ 多联机空调系统室外机的额定制冷（热）量、输入功率及制冷综合性能系数 $[IPLV(C)]$。

⑥ 蒸汽和热水型溴化锂吸收式冷水机组及直燃型溴化锂吸收式冷（温）水机组的名义制冷量、供热量、输入功率及性能系数。

⑦ 供暖热水循环水泵、空调冷（热）水循环水泵、空调冷却水循环水泵等的流量、扬程、电机功率及效率。

⑧ 冷却塔的流量及电机功率。

⑨ 自控阀门与仪表的类型、规格、材质及公称压力。

⑩ 管道的规格、材质、公称压力及适用温度。

⑪绝热材料的导热系数、密度、厚度、吸水率。

检验方法：观察、尺量检查，核查质量证明文件。

检查数量：全数检查。

（2）空调与供暖系统冷热源设备和辅助设备及其管网系统的安装，应符合下列规定。

①管道系统的形式应符合设计要求。

②设备、自控阀门与仪表，应按设计要求安装齐全，不得随意增减或更换。

③空调冷（热）水系统，应能实现设计要求的变流量或定流量运行。

④供热系统应能根据热负荷及室外温度变化，实现设计要求的集中质调节、量调节或质-量调节相结合的运行。

检验方法：观察检查。

检查数量：全数检查。

（3）冷热源侧的电动调节阀、水力平衡阀、冷（热）量计量装置、供热量自动控制装置等自控阀门与仪表的安装，应符合下列规定。

①类型、规格、数量应符合设计要求。

②方向应正确，位置便于数据读取、操作、调试和维护。

检验方法：观察检查。

检查数量：全数检查。

（4）锅炉、热交换器、电驱动压缩机蒸气压缩循环冷水（热泵）机组、蒸汽或热水型溴化锂吸收式冷水机组及直燃型溴化锂吸收式冷（温）水机组等设备的安装，应符合下列规定。

①类型、规格、数量应符合设计要求。

②安装位置及管道连接应正确。

检验方法：观察检查。

检查数量：全数检查。

（5）冷却塔、水泵等辅助设备的安装应符合下列规定。

①类型、规格、数量应符合设计要求。

②冷却塔设置位置应通风良好，并应远离厨房排风等高温气体。

③管道连接应正确。

检验方法：观察检查。

检查数量：全数检查。

（6）多联机空调系统室外机的安装位置应符合设计要求，进排风应通畅，并便于检查和维护。

检验方法：观察检查。

检查数量：全数检查。

（7）空调水系统管道、制冷剂管道及配件绝热层和防潮层的验收，应按国家标准《建筑节能工程施工质量验收标准》（GB 50411—2019）第10.2.9条的规定执行。

（8）冷热源机房、换热站内部空调冷热水管道与支、吊架之间绝热衬垫的验收，应按国家标准《建筑节能工程施工质量验收标准》（GB 50411—2019）第10.2.10条的规定执行。

（9）空调与供暖系统冷热源和辅助设备及其管道和管网系统安装完毕后，应按下列规定进行系统的试运转与调试。

① 冷热源和辅助设备应进行单机试运转与调试。

② 冷热源和辅助设备应同建筑物室内空调或供暖系统进行联合试运转与调试。

检验方法：观察检查；检查试运转和调试记录。

检查数量：全数检查。

8.7.2 一般项目的质量标准与检验方法

空调与供暖系统的冷热源设备及其辅助设备、配件的绝热，不得影响其操作功能。

检验方法：观察检查。

检查数量：全数检查。

项目小结

空调与供暖系统的冷热源及管网节能工程是建筑节能中的重要部分之一。在施工过程中，技术人员应首先合理分项控制，编制详细可行的施工方案和验收文件，具体可以参照国家颁布的相关规范的内容。

习　　题

一、单选题

1. 以下哪种热泵技术利用地下水作为冷热源？（　　）

A. 空气源热泵　　　　　　　　B. 土壤源热泵

C. 水源热　　　　　　　　　　D. 太阳能热泵

2. 制冷附属设备安装工艺流程中，设备安装的紧后工序是（　　）。

A. 配管安装　　　　　　　　　B. 开箱检查

C. 试运转　　　　　　　　　　D. 成品保护

3. 冷源能耗占空调能耗的（　　）。

A. 15%　　　　B. 65%　　　　C. 85%　　　　D. 40%

4. 热交换器安装时，应使装有放液阀的一端比另一端低（　　）。

A. 20mm～30mm　　　　　　　B. 10mm～20mm

C. 30mm～40mm　　　　　　　D. 40mm～50mm

5. 螺杆式制冷机组安装时，应对基础进行找平，其纵、横向水平度偏差不应超过（　　）。

A. 1/1000　　　　B. 2/1000　　　　C. 1/2000　　　　D. 1/500

6. 水泵找平、找正后，减振器的压缩量应均匀一致，偏差不大于（　　）。

A. 3mm　　　　B. 5mm　　　　C. 4mm　　　　D. 2mm

7. 要求同一厂家同材质的绝热材料复验次数不得少于（　　）。

A. 4次　　　　B. 1次　　　　C. 2次　　　　D. 3次

8. 锅炉中心线应与基础基准线相吻合，偏差（　　）。

A.≤2mm　　　B.≤3mm　　　C.≤4mm　　　D.≤5mm

9. 锅炉本体安装应有（　　）的坡度，坡向排污装置。

A. 2‰　　　　B. 3‰　　　　C. 5‰　　　　D. 1%

10. 按规范要求做好准备工作，然后烘炉。烘炉时整体快装锅炉均采用轻型炉墙，根据炉墙潮湿程度，一般烘烤时间为（　　）。

A. 1d～2d　　B. 2d～3d　　C. 4d～8d　　D. 3d～6d

11. 煮炉期间，应定期从锅筒和水冷壁下集箱取水样进行水质分析，当炉水碱度低于（　　）mmol/L时，应补充加药。

A. 23　　　　B. 35　　　　C. 45　　　　D. 55

12. 煮炉的最后24h宜使压力保持在额定工作压力的（　　）。

A. 25%　　　B. 50%　　　C. 75%　　　D. 100%

13. 当采用玻璃纤维布作绝热保护层时，搭接的宽度应均匀，宜为（　　），且松紧适度。

A. 10mm～20mm　　　　　　B. 20mm～30mm

C. 30mm～60mm　　　　　　D. 40mm～60mm

二、多选题

1. 复验时，应对绝热材料的（　　）等技术性能参数进行见证取样检验。

A. 导热系数　　　　　　B. 密度

C. 气密性　　　　　　　D. 吸水率

E. 含湿量

2. 绝热涂料作绝热层时，应（　　）。

A. 分层涂抹　　　　　　B. 厚度均匀

C. 不得有气泡和漏涂等缺陷　　D. 表面固化层光滑

E. 牢固无缝隙

3. 制冷机组主要检验、测试的内容有（　　）。

A. 灌水试验　　　　　　B. 运转测试

C. 绝缘测试　　　　　　D. 电气接线测试

E. 整机强度试验

4. 制冷机组投入系统运行后，应进行（　　）等参数及控制的调试。

A. 水量　　　B. 温度　　　C. 压力

D. 电流　　　E. 油温

5. 煮炉结束后应先将锅炉水位加至正常水位，然后启动燃烧器，并调节（　　），以确保启动调节正常，具体表现为烟囱无黑烟、燃烧平稳无异响。

A. 风量　　　B. 气压　　　C. 风门

D. 风速　　　E. 风压

6. 调整循环水泵进出口阀门开启度，使其（　　）达到设计要求。

A. 流量　　　B. 温度　　　C. 扬程

D. 电流　　　　E. 功率
7. 水冲洗应以管道排出口处的（　　）与管道入水口处的目测一致为合格。
A. 水量　　　B. 水色　　　C. 压力
D. 透明度　　E. 水温
8. 冷却塔进水前，应将冷却塔的（　　）清洗干净。
A. 布水槽　　B. 风机　　　C. 循环管路
D. 集水盘　　E. 电动机
9. 制冷系统的液体管从液体干管引支管时，应从干管的（　　）接出。
A. 上部　　　B. 底部　　　C. 侧面
D. 中间　　　E. 斜上方

三、问答题

1. 说明涂刷涂料的方法及注意事项。
2. 对绝热材料有何要求？
3. 试述绝热结构的组成及主要选用材料。
4. 简述几种绝热施工方法的要点及要求。
5. 绝热施工注意事项有哪些？
6. 直埋供热管道与非直埋供热管道在热伸缩问题中有何共性和差异？
7. 直埋供热管道的保温结构有哪几种形式？简述发泡保温结构的现场制作方法。
8. 室外管道在什么情况下进行预先试验和最终试验？如何进行渗水量试验？
9. 锅炉安装准备工作主要内容有哪些？
10. 设备基础的检查验收的内容和方法是什么？
11. 锅筒安装前应进行哪些检查？检查方法是什么？
12. 锅炉本体水压试验的压力如何确定？水压试验合格标准是什么？
13. 烘炉、煮炉的目的是什么？其合格的标准是什么？

项目8
在线答题

综合实训

【实训目标】
（1）熟悉冷水机组的基本构成。
（2）熟悉冷水机组运行管理的内容和要求。
（3）了解冷水机组运行中常见故障的分析和处理方法。

【实训要求】
（1）记录冷水机组的型号规格和性能参数。
（2）了解开机与停机的操作程序和操作要求。
（3）观察运行情况，记录运行参数，分析运行日志表。
（4）了解机组的保护环节、保护参数。
（5）能够处理运行中的常见故障。

项目 9　配电与照明节能工程

思维导图

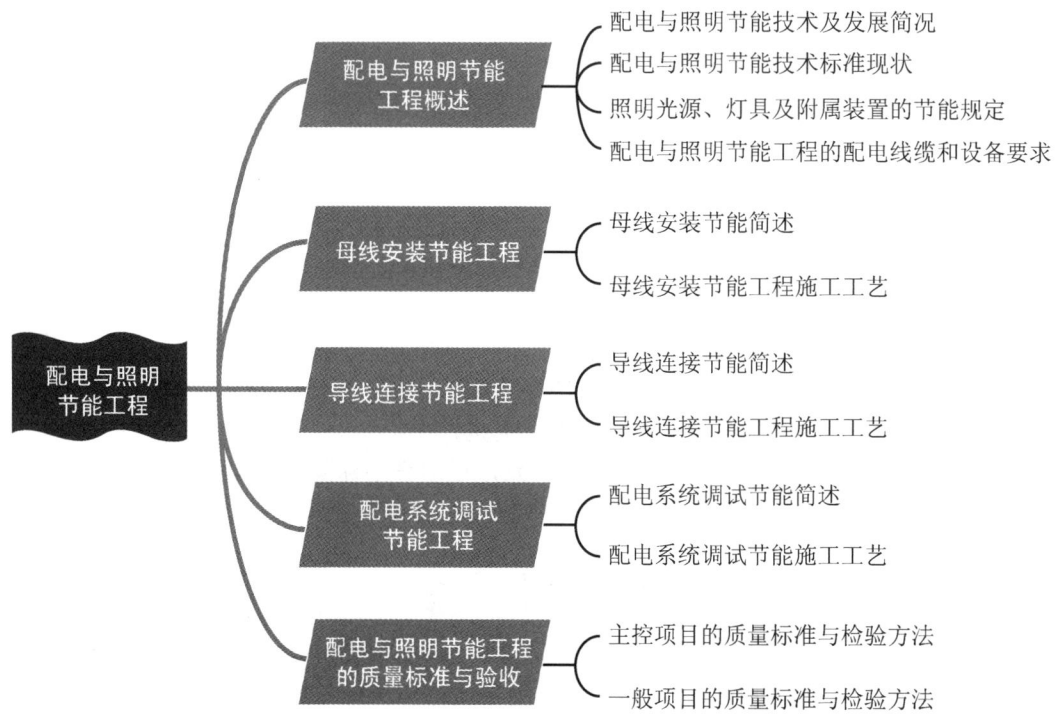

项目 9 配电与照明节能工程

引 言

在民用建筑中,电能的消耗比例大致上是:空调用电占建筑用电的40%~50%,水泵等设备用电占建筑用电的10%~15%,其他设备用电占建筑用电的10%~15%,而照明用电占建筑用电的15%~25%,成为用电量仅次于空调的重要负荷。从这些数据中可以看出,在建筑用电方面,空调和照明占到了举足轻重的位置。照明工程中光源、灯具、启动设备、照明方式及其控制的选用,变压器经济运行,减少线路能量损耗及提高系统功率因数等环节,均蕴含着巨大的节能潜力。这些环节的有效实施不仅能有效缓和电力供需矛盾,节约能源,改善环境,而且有着显著的经济效益。

1997年,我国开始了照明产品能效标准的研究工作,并于1999年11月正式发布我国第一个照明产品能效标准《管形荧光灯镇流器能效限定值及节能评价值》(GB 17896—1999)。之后,我国加快了照明产品能效标准的研究、制定工作,组织研究并制定了自镇流荧光灯、双端荧光灯、高压钠灯、金属卤化物灯、高压钠灯镇流器、金属卤化物灯镇流器、单端荧光灯能效标准。

任务单元 9.1 配电与照明节能工程概述

9.1.1 配电与照明节能技术及发展简况

配电与照明节能工程概述

长期以来,节能照明领域一直是国家产业政策和能源政策鼓励发展的领域。自2001年起,国家陆续出台了一系列政策文件,促使节能照明行业获得了快速、健康发展。2009年,国家把照明行业列入《轻工业调整和振兴规划》重点扶持产业,为照明行业创造了良好的发展机遇。2011年3月,国家发展改革委发布的《产业结构调整指导目录(2011年本)》,将城市照明智能化、绿色照明产品及系统技术开发和应用列入鼓励类目录。

"十二五"期间,中央坚持扩大内需的发展战略,保持经济平稳较快增长。中共十六大提出了全面建设小康社会的目标,国家也加大了机场、铁路、公路、港口等基础设施的建设力度,以及生态环境建设。这些基础设施的建设,不仅有助于提升国家的整体发展水平,也为相关配套工程,如大功率高效照明和特种照明配套工程,提供了广阔的发展空间。

LED等节能光源具有节能、减排和环保的优势。由于能源紧缺,LED产业在世界各国得到了大力推广。随着照明设备应用的光源由传统灯泡等向LED灯转换,特殊环境照明电器市场也迎来了升级换代的增长机会。

绿色照明指通过科学的照明设计,采用效率高、寿命长、安全和性能稳定的照明电器产品,以改善提高人们工作、学习、生活的条件和质量。它不仅绿色环保、经济实惠,最重要的是节能高效。绿色照明与家居生活密切相关,随着绿色照明理念的深入人心,其普遍使用将会极大地改善人们的家居环境。

1. 灯具适用的场合

（1）无极灯：主要适用于道路隧道、机场码头、港口、车站、广场、体育场馆、展览中心、游乐场所、商业街、停车场、工厂、办公室、医院、图书馆、电影外景摄制、演播室等照明场所，以及一些需要频繁开关和需要调光的场所。

（2）白炽灯：除对电磁波干扰有严格要求的场所外，其余场所限制使用。

（3）卤钨灯：主要适用于电视播放、绘画、摄影照明。反光杯卤素灯是卤钨灯的一种特殊形式，常用于贵重商品照明、模特打光等。

（4）普通荧光灯：广泛应用于家庭、学校、研究所、工业、商业、办公室、控制室、设计室、医院、图书馆等照明场所。

（5）紧凑型荧光灯：主要适用于家庭、宾馆等照明场所。

（6）自镇流荧光高压汞灯：目前一般不再应用。

（7）金属卤化物灯：主要适用于体育场馆、展览中心、游乐场所、商业街、广场、机场、停车场、工厂等照明场所。

（8）普通高压钠灯：主要适用于道路、机场码头、港口、车站、广场、无显色要求的工矿企业等照明场所。

（9）中显色高压钠灯：主要适用于高大厂房、商业区、游泳池、娱乐场所等照明场所。

（10）LED灯：广泛应用于电子显示屏、交通信号灯、LED节能灯、机场地面标志、疏散标志灯、庭院照明、建筑夜景照明等场所。由于技术发展迅速，成本快速下降，其节能减排效果日益明显，产品示范应用逐步推开，LED照明产品已成为下一代新光源的发展方向。

（11）节能灯：应用场所广泛，是国家绿色照明工程正在大力推广的照明产品。

（12）HID氙气灯：主要适用于氙气汽车大灯、氙气道路照明、仓库物流照明等户外照明场所，是民用氙气灯户外照明的首选。

2. 照明方式

照明方式可分为一般照明、分区一般照明、局部照明和混合照明，其适用原则应符合下列规定。

（1）当不适合装设局部照明或采用混合照明不合理时，宜采用一般照明。

（2）当某一工作区需要高于一般照明照度时，可采用分区一般照明。

（3）对于照度要求较高，工作位置密度不大，且单独装设一般照明不合理的场所，宜采用混合照明。

（4）局部照明是对特定工作区域进行加强照明的措施，特别适用于对照明方向有要求或一般照明无法满足生产需求的工作场所。但需要注意的是，在一个工作场所内不应只装设局部照明。

3. 照明种类

照明种类可分为正常照明、应急照明、值班照明、警卫照明和障碍照明，其适用原则应符合下列规定。

（1）正常照明是在正常情况下使用的室内外照明，可以单独设置，也可以和应急照明、值班照明共用，但线路必须单独控制。

（2）应急照明是指因正常照明的电源失效而启用的照明。应急照明不同于普通照明，它包括备用照明、安全照明、疏散照明三种。

① 当正常照明因故障熄灭后，对需要确保正常工作或活动继续进行的场所，应装设备用照明。

② 当正常照明因故障熄灭后，对需要确保处于危险之中的人员安全的场所，应装设安全照明。

③ 当正常照明因故障熄灭后，对需要确保人员安全疏散的出口和通道，应装设疏散照明。

（3）值班照明宜利用正常照明中能单独控制的一部分或利用应急照明的一部分或全部。

（4）警卫照明应根据需要，在警卫范围内装设。

（5）障碍照明的装设，应严格执行所在地区航空或交通运输部门的有关规定。

9.1.2 配电与照明节能技术标准现状

配电与照明节能途径一般包括提高照度设计的精度、选择节能型照明光源及其附属装置、选择智能照明控制及管理系统、重视利用天然光等。

我国现行的有关建筑配电与照明的节能标准如下。

1.《建筑照明设计标准》（GB/T 50034—2024）

本标准适用于新建、扩建、改建以及装修的民用建筑和工业建筑室内照明及其用地红线范围内的室外功能照明设计。

本标准主要内容包括照明数量和质量、照明标准值、照明节能和照明配电与控制等。

2.《建筑节能工程施工质量验收标准》（GB 50411-2019）

本标准适用于新建、扩建和改建的民用建筑工程中围护结构、供暖空调、配电照明、监测控制及可再生能源建筑节能工程施工质量的验收。

本标准主要内容包括墙体节能工程、幕墙节能工程、门窗节能工程、屋面节能工程、地面节能工程、供暖节能工程、通风与空调节能工程、空调与供暖系统冷热源及管网节能工程、配电与照明节能工程、监测与控制节能工程、地源热泵换热系统节能工程、太阳能光热系统节能工程、太阳能光伏节能工程、建筑节能工程现场检验、建筑节能分部工程质量验收等。

3.《民用建筑电气设计标准》（GB 51348—2019）

本标准适用于新建、改建和扩建的单体及群体民用建筑的电气设计，不适用于燃气加压站、汽车加油站的电气设计。

本标准主要内容包括供配电系统，变电所，继电保护、自动装置及电气测量，自备电源，低压配电，配电线路布线系统，常用设备电气装置，电气照明，民用建筑物防雷，电气装置接地和特殊场所的电气安全防护，建筑电气防火，安全技术防范系统，有线电视和卫星电视接收系统，公共广播与厅堂扩声系统，呼叫信号和信息发布系统，建筑设备监控系统，信息网络系统，通信网络系统，综合布线系统，电磁兼容与电磁环境卫生，智能化系统机房，建筑电气节能，建筑电气绿色设计，弱电线路布线系统。

4.《住宅建筑电气设计规范》（JGJ 242—2011）

本规范适用于城镇新建、改建和扩建的住宅建筑的电气设计，不适用于住宅建筑附设的防空地下室工程的电气设计。

本规范主要内容包括供配电系统、配变电所、自备电源、低压配电、配电线路布线系统、常用设备电气装置、电气照明、防雷与接地、信息设施系统、信息化应用系统、建筑设备管理系统、公共安全系统、机房工程等。

5.《建筑电气工程施工质量验收规范》（GB 50303—2015）

本规范适用于电压等级为 35kV 及以下建筑电气安装工程的施工质量验收。

本规范主要内容包括变压器、箱式变电所安装，成套配电柜、控制柜（台、箱）和配电箱（盘）安装，电动机、电加热器及电动执行机构检查接线，柴油发电机组安装，UPS 及 EPS 安装，电气设备试验和试运行，母线槽安装，梯架、托盘和槽盒安装，导管敷设，电缆敷设，导管内穿线和槽盒内敷线，塑料护套线直敷布线，钢索配线，电缆头制作、导线连接和线路绝缘测试，普通灯具安装，专用灯具安装，开关、插座、风扇安装，建筑物照明通电试运行，接地装置安装，变配电室及电气竖井内接地干线敷设，防雷引下线及接闪器安装，建筑物等电位联结等。

6.《建筑节能与可再生能源利用通用规范》（GB 55015—2021）

本规范适用于新建、扩建和改建建筑以及既有建筑节能改造工程的建筑节能与可再生能源建筑应用系统的设计、施工、验收及运行管理。

本规范主要内容包括新建建筑节能设计，既有建筑节能改造设计，可再生能源建筑应用系统设计，施工、调试及验收，运行管理。

9.1.3 照明光源、灯具及附属装置的节能规定

（1）照明光源、灯具及其附属装置的选择必须符合设计要求，进场验收时应对技术性能进行核查，并经监理工程师（建设单位代表）检查认可，形成相应的验收、核查记录。质量证明文件和相关技术资料应齐全，并应符合国家现行有关标准和规定。

（2）在通电试运行中，应测试并记录照明系统的照度和功率密度值。要求在无外界光源的情况下，检测被检区域内平均照度和功率密度，且每种典型功能区域检查不少于 2 处。

① 照度值允许偏差为设计值的 ±10%。

② 功率密度值不应大于设计值，当典型功能区域照度值高于或低于其设计值时，功率密度值可按比例同时提高或降低，并应符合现行国家标准《建筑节能与可再生能源利用通用规范》（GB 55015—2021）中的规定。

（3）照明控制方式应符合设计要求，采用方便、灵活的节能控制。

9.1.4 配电与照明节能工程的配电线缆和设备要求

（1）用于配电与照明节能工程的配电线缆和设备应节省有色金属、减少电能损耗。

（2）电力变压器、电动机、交流接触器和照明产品的能效水平应高于能效限定值或能效等级 3 级的要求。

（3）建筑供配电系统设计应进行负荷计算。当功率因数未达到供电主管部门的要求时，应采取无功补偿措施。

（4）季节性负荷、工艺负荷卸载时，为其单独设置的变压器应具有退出运行的措施。

（5）水泵、风机以及电热设备应采取节能自动控制措施。

（6）甲类公共建筑应按功能区域设置电能计量。

（7）旅馆的每间（套）客房应设置总电源节能控制措施。

（8）建筑景观照明应设置平时、一般节日及重大节日多种控制模式。

任务单元 9.2　母线安装节能工程

9.2.1　母线安装节能简述

在变电所中各级电压配电装置的连接，以及变压器等电气设备和相应配电装置的连接，大多采用母线。母线的作用是汇集、分配和传输电能。另外，变电所中进出线之间需要一定的电气安全间隔，所以无法从一处同时引出多个回路，这时采用母线装置能保证电路接线的安全性和灵活性。

由于母线在运行中有巨大的电能通过，为了降低母线接触电阻产生的电能损耗，在施工中应保证母线连接可靠、接触电阻最低。

降低母线接触电阻，除可以节能外，还可以减少发热、降低母线的运行温度、保证母线长期可靠运行、延长母线的使用寿命等。

9.2.2　母线安装节能工程施工工艺

1．施工工艺流程

母线安装节能工程施工工艺流程如图 9.1 所示。

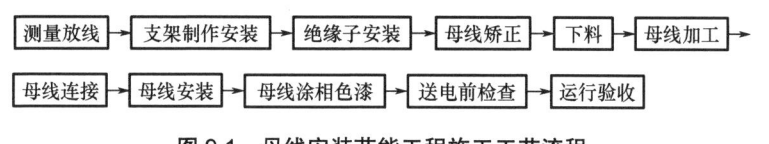

母线安装节能工程施工工艺

图 9.1　母线安装节能工程施工工艺流程

2．母线节能安装

1）测量放线

检查母线敷设全长方向有无障碍物，有无与建筑结构或设备管道、通风等安装部件交叉的现象。检查预留孔洞和预埋铁件的尺寸、标高位置是否与图纸相符。

母线安装于箱、柜内,应核对母线与其他部件及设备元件的电气安全距离。

根据上述检查,测量放线确定各段支架和母线的加工尺寸。

2)支架制作安装

用角钢或槽钢制作母线支架,严禁采用电气焊切割。支架上的螺孔宜加工成长孔。当混凝土墙、梁、柱、板有预埋件时,支架应焊接在预埋板上;当混凝土墙、梁、柱、板无预埋件时,支架应采用钢制膨胀螺栓固定。

母线拉紧装置的安装:当硬母线跨梁、柱或屋架敷设时,需在母线终端或中间安装终端或中间拉紧装置,其拉紧固定支架宜带有调节螺栓的拉线,拉线的固定点应能承受1.2倍的拉线张力。拉紧装置做法可参见《建筑电气安装工程图集》。

3)绝缘子安装

绝缘子安装前应检查绝缘子外观有无裂纹和缺损,并用兆欧表测试其绝缘电阻值,35kV及以下电压等级的支柱绝缘子应选用2500V~5000V兆欧表,绝缘电阻不应低于500MΩ。35kV及以下电压等级的支柱绝缘子应进行交流耐压试验,可在母线安装完毕后一起进行,试验电压应符合现行国家标准《电气装置安装工程 电气设备交接试验标准》(GB 50150—2016)的要求。

绝缘子夹板、卡板的规格应与母线的规格相适应并且应安装牢固。

固定绝缘子时,应在绝缘子上下接触面间各垫一个厚度不小于1.5mm的橡胶垫。

4)母线矫正

母线在安装前必须进行矫正使其平直。矫正的方法有手工矫正和机械矫正两种:采用手工矫正时,把母线放在平台上或表面平直光滑的大型型钢上,应用木槌直接敲打使其平直,而严禁用铁锤;当母线尺寸和硬度较大时,可用机械(母线矫正机)矫正。

5)下料

母线切断常用手锯或砂轮锯作业,严禁用电焊、气焊进行切割。

6)母线加工

母线的弯曲有立弯、平弯(图9.2)和扭弯(图9.3)三种形式,矩形母线应进行冷弯,而不得进行热弯。矩形母线应减少直角弯,弯曲处不得有裂纹及明显的褶皱,母线的最小弯曲半径应符合表9-1的规定。

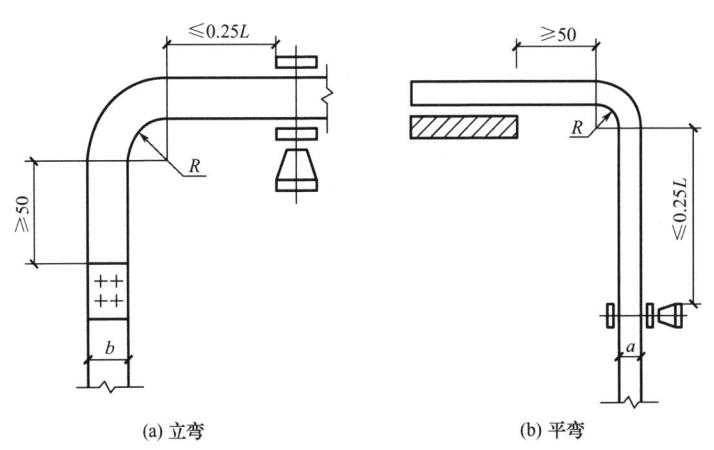

a—母线厚度;b—母线宽度;L—母线两支撑点间的距离;R—母线最小弯曲半径。

图9.2 母线的立弯与平弯

矩形母线扭转 90° 时，其扭转部分的长度应为母线宽度的 2.5 倍～ 5 倍。

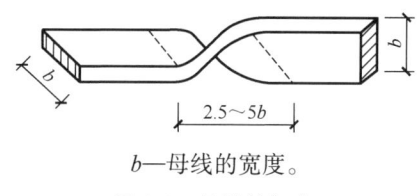

b—母线的宽度。

图 9.3　母线的扭弯

表 9-1　母线最小弯曲半径

母线种类	弯曲方式	母线断面尺寸 /mm	最小弯曲半径 /mm		
			铜	铝	钢
矩形母线	平弯	50×5 及以下	2a	2a	2a
		125×10 及以下	2a	2.5a	2a
	立弯	50×5 及以下	1b	1.5b	0.5b
		125×10 及以下	1.5b	2b	1b
棒形母线	—	直径为 16 及以下	50	7	50
		直径为 30 及以下	150	150	150

母线的弯曲及加工制作要求应符合现行国家标准《电气装置安装工程 母线装置施工及验收规范》(GB 50149—2010) 的规定。

7) 母线连接

母线的连接应采用焊接、贯穿螺栓连接或夹板及夹持螺栓搭接；管形和棒形母线应用专用线夹连接，严禁用内螺纹管接头或锡焊连接。母线与母线、母线与电器接线端子搭接时，其搭接面必须平整、清洁，并涂电力复合脂。

(1) 母线的焊接。

焊接方法：母线的焊接有多种方法，常用的有气焊、二氧化碳保护焊和氩弧焊。氩弧焊焊接热量集中，熔池易控制，更能保证焊接质量。

焊接位置：焊缝距离弯曲点或支柱绝缘子边缘不得小于 50mm，同一相如有多片母线，其焊缝应互相错开且不得小于 50mm。

焊接的技术要求：焊丝应与母材相适应，选择与母材金属成分相近的填充焊丝。铝和铝合金母线的焊接应采用氩弧焊。表面应光洁无腐蚀并须擦净油污。焊接前应当清理干净母线焊口处的氧化层。焊口处根据母线规格留出 1mm ～ 5mm 的间隙，焊缝对口应平直，不得错口，必须双面焊接，焊缝凸起呈弧形，上部应有 2mm ～ 4mm 的加强高度，角焊缝加强高度为 4mm。焊缝不得有裂纹、夹渣、未焊透及咬肉等缺陷。

(2) 母线的螺栓连接。

母线平置时，螺栓应由下往上穿，螺母应在上方，其余情况下，螺母应置于维护侧，螺栓长度宜露出螺母 2 扣～ 3 扣；螺栓与母线紧固面间均应有平垫圈，母线采用多颗螺栓连接时，相邻螺栓垫圈间应有 3mm 以上的净距，螺母侧应装有弹簧垫圈或锁紧螺母；母线接触面应连接紧密，连接螺栓应用力矩扳手紧固，紧固力矩值应符合要求。

母线螺栓的搭接要求、接头螺孔的直径及接触面的要求等应符合现行国家标准《电气装置安装工程 母线装置施工及验收规范》（GB 50149—2010）的规定。

8）母线安装

（1）母线在绝缘子上的固定。

母线固定金具与绝缘子间的固定应平整牢固，不应使其所支持的母线受到额外应力；交流母线的固定金具或其他支持金具不应成闭合铁磁回路；当母线平置时，母线支持夹板的上部压板应与母线保持1mm～1.5mm的间隙；当母线立置时，上部压板应与母线保持1.5mm～2mm的间隙；母线在绝缘子上的固定死点，每一段应设置1个，并宜位于全长或两母线伸缩节中点；当管形母线安装在滑动式支持器上时，支持器的轴座与管母线之间应有1mm～2mm的间隙；母线固定装置应无棱角和毛刺。

① 螺栓固定：首先在母线上对应的固定位置钻螺栓孔，然后将母线用螺栓直接固定在绝缘子上，如图9.4（a）所示。

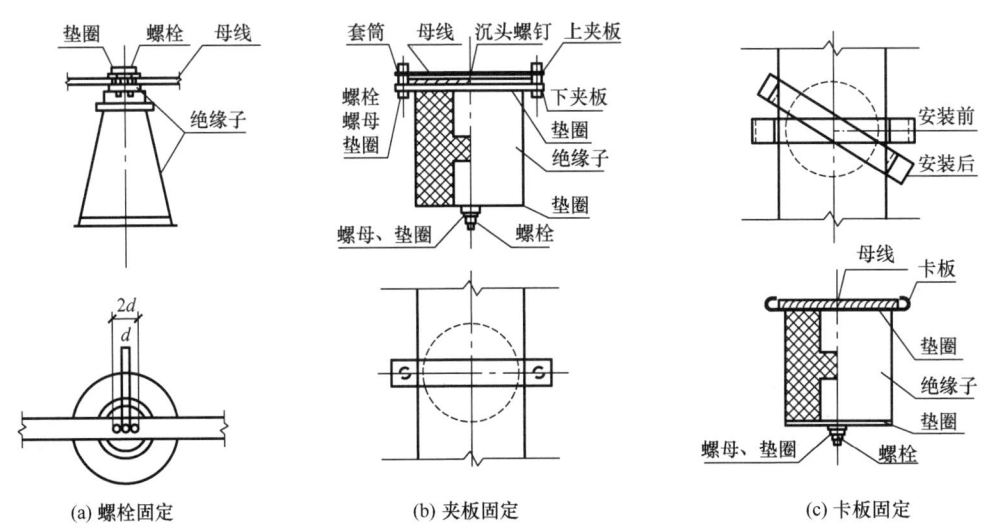

图9.4 母线在绝缘子上的固定

② 夹板固定：首先将母线放入绝缘子顶部的上下两夹板中，然后用夹板上的两个螺栓固定，如图9.4（b）所示。

③ 卡板固定：首先将母线放入卡板内，然后将卡板沿顺时针方向旋转一定角度卡住母线，如图9.4（c）所示。

（2）多片矩形母线间，应保持不小于母线厚度的间隙；相邻的间隔垫边缘间距离应大于5mm。

（3）母线补偿装置的安装。

母线补偿装置应采用与母线材质相同的伸缩节或伸缩接头。母线伸缩节的总截面不应小于母线截面的1.2倍。当设计无规定时，宜每隔下列长度设一个：铝母线为20m～30m；铜母线为30m～50m；钢母线为35m～60m。母线补偿装置如图9.5所示。

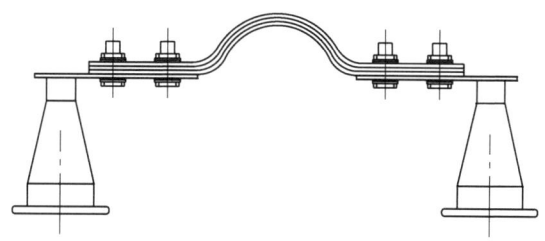

图 9.5 母线补偿装置

9）母线涂相色漆

母线安装时，其相序排列应符合表 9-2 的规定。

表 9-2 母线的相序排列

母线的相位排列	三线时	四线时	直流母线
水平（由盘后向盘面）	A—B—C	A—B—C—N	+（正极），-（负极）
上下布置（由上向下）	A—B—C	A—B—C—N	+（正极），-（负极）
面对引下线（由左至右）	ABC	ABCN	+（正极），-（负极）

在母线安装完毕后，要对母线进行涂漆处理，且涂漆应均匀、整齐，不得流坠或污染设备。单相交流母线应与引出相的颜色相同。

母线涂漆颜色应符合表 9-3 的规定。

表 9-3 母线涂漆颜色

母线相位	涂色	母线相位	涂色
A 相交流母线	黄	PE 母线	黄绿相间
B 相交流母线	绿	直流正母线	棕色
C 相交流母线	红	直流负母线	蓝
N 母线	淡蓝	—	—

设备接线端，母线搭接或卡子、夹板处，明设地线的接线螺栓两侧 10mm～15mm 内均不得涂漆。

10）送电前检查

母线安装完毕后，要全面地进行检查，清理工作现场的工具、杂物，保持现场清洁，同时要求无关人员离开现场。

螺栓连接应牢固，金属构件加工和焊接质量应符合要求；所有螺栓、垫圈、弹簧垫圈、螺母均应齐全可靠，油漆应完好，相色应正确，接地应良好，母线相间及对地电气距离应符合要求。

11）运行验收

母线通电前应进行耐压试验，低压母线应采用兆欧表测试。

送电要有专人负责,送电程序为先高压后低压,先干线后支线,先隔离开关后负荷开关。停电时与上述顺序相反。

送电后应进行母线核相试验。

母线进行空载和有载运行时,电压、电流应指示正常,并进行记录。经过24h安全可靠运行后,即可办理验收移交手续,并通知有关单位。

任务单元9.3 导线连接节能工程

9.3.1 导线连接节能简述

在供配电系统中,电能通过导线传输时,有相当一部分能耗损失在线路上,特别是在导线接头处,由于导线接头数量巨大,其损耗的电能也不容忽视。因此为了降低导线接触电阻产生的电能损耗,在施工中应保证导线连接可靠、接触电阻最低。

同时,在电气安装工程中,导线连接是一项非常重要的工序,因为线路故障多发生在导线接头处,线路能否安全可靠运行,导线接头的连接质量起着决定性作用。

导线连接时应注意接头不能增加电阻值、受力导线不能降低原机械强度、不能降低原绝缘层的绝缘强度、导线接头不得置于导管内(而应置于接线盒中)等。

另外,导线连接还需要注意:在剖切导线绝缘层时,不应损伤线芯;线芯相互连接后,绝缘带应包缠均匀紧密,其绝缘强度应不低于导线原绝缘层的绝缘强度;在接线端子根部与导线绝缘层之间的空隙处,应采用绝缘带包缠紧密;截面为10mm^{2}及以下的单股铜、铝芯线可直接与用电设备、器具的接线端子连接;截面为2.5mm^{2}及以下的多股铜芯线应先拧紧搪锡或压接接线端子,再与用电设备、器具的接线端子连接;截面为2.5mm^{2}及以上的多股铜芯线应压接或焊接接线端子后(用电设备、器具自带插接式接线端子除外),再与用电设备、器具的接线端子连接;使用压接法连接铜(铝)芯线时,连接管、接线端子、压模的规格应与线芯截面相符,压接深度、压口数量和压接长度应符合产品技术文件的有关规定要求;使用气焊法或电弧焊法进行铜(铝)芯线连接时,焊缝应饱满、表面应光滑,即焊缝的周围应凸起呈半圆形的加强高度,凸起高度为线芯直径的0.15倍~0.3倍,并不应有裂缝、夹渣、凹陷、断股及根部未焊合等缺陷,焊缝的外形尺寸应符合焊接工艺评定文件的有关规定要求;导线焊接后,接头处的残余焊药和焊渣应清除干净,焊剂应无腐蚀性;在配线的分支接线处,应保证干线不受支线的横向拉力;等等。

9.3.2 导线连接节能工程施工工艺

导线连接节能工程施工工艺流程如图9.6所示。

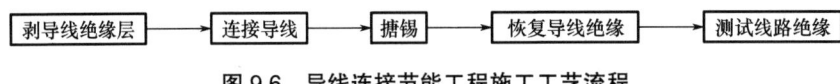

图9.6 导线连接节能工程施工工艺流程

1. 剥导线绝缘层

导线连接前应先剥导线绝缘层。由于各种导线截面、绝缘层厚薄程度、分层多少等不同，使用的剥削工具也不同，常用的工具有电工刀、克丝钳和剥线钳，一般 4mm² 以下的导线原则上使用剥线钳，使用电工刀时，不允许用电工刀在导线周围转圈剥削。

常用的导线绝缘层剥线方法有以下几种。

（1）单层剥法：使用剥线钳应选大于线芯直径一级的刃口剥线，防止损伤线芯。使用克丝钳剥线时，用刃部轻轻剪破绝缘层，不能损伤线芯，然后一手握住钳子前端，另一手捏紧导线，两手往相反方向抽拉，以此力来勒去导线端部的绝缘层。应注意握钳子的手用力适当，不得勒断芯线。

（2）分段剥法：一般适用于多层绝缘导线的剥削，如编织橡皮绝缘线，用电工刀先剥去外层编织层，并留有约 12mm 长的绝缘层，线芯长度根据接线方法和要求的机械长度而定，然后剥绝缘层。

（3）斜削法：先用电工刀以 45° 角倾斜切入绝缘层，当切近线芯时即停止用力，接着将刀面的倾斜角度改为 15° 左右，沿着线芯表面向线头端部推削，然后把残存的绝缘层剥离线芯，用刀口插入背部以 45° 角削断。

2. 连接导线

常见的导线连接方法有以下几种。

1）单芯铜导线的直线连接

（1）绞接法：适用于 4mm² 及以下的单芯线的直线连接。将两线互相交叉，用双手同时把两线芯互绞 2 圈后，再扳直与连接线成 90° 角，将一个线芯在另一个线芯上缠绕 5 圈，最后剪断余线。单芯铜导线的直线绞接连接做法如图 9.7 所示。

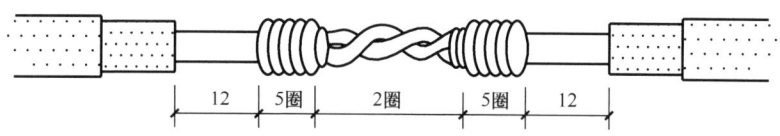

图 9.7　单芯铜导线的直线绞接连接做法（单位：mm）

（2）缠卷法：有加辅助线和不加辅助线两种，适用于 6mm² 及以上的单芯线的直接连接。将两线芯相互合并，加一根同径线芯作辅助线后，用绑线在合并部位从中间向两端缠绕，其缠绕长度为导线直径的 10 倍，然后将两线芯端头折回，在此向外再单独缠绕 5 圈，与辅助线捻绞 2 圈，最后将余线剪断。

2）单芯铜导线的分支连接

（1）绞接法：适用于 4mm² 及以下的单芯线的分支连接。用分支线路的导线向干线上交叉，先打好一个圈节，然后缠绕 5 圈，最后剪断余线。单芯铜导线的分支绞接连接做法如图 9.8 所示。

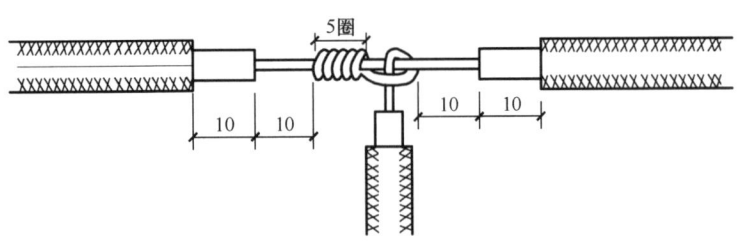

图 9.8 单芯铜导线的分支绞接连接做法（单位：mm）

（2）缠卷法：适用于 6mm² 及以上的单芯线的分支连接。将分支线折成 90° 紧靠干线，其缠绕长度为导线直径的 10 倍，单边缠绕 5 圈后剪断余线。单芯铜导线的分支缠卷连接做法如图 9.9 所示。

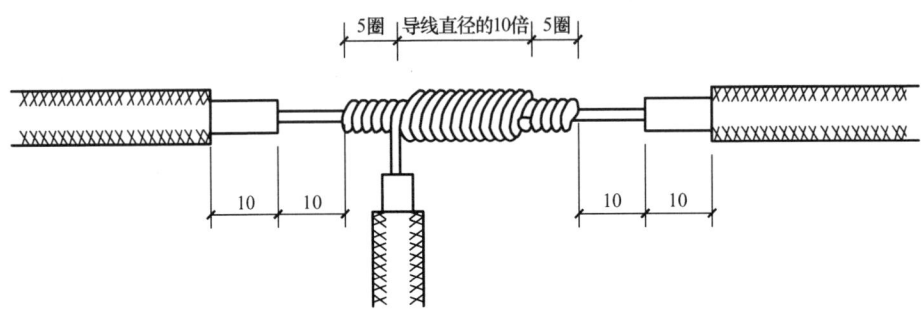

图 9.9 单芯铜导线的分支缠卷连接做法（单位：mm）

3）多芯铜线的直线连接

多芯铜线的直线连接共有单卷法、缠卷法、复卷法三种方法。不管使用哪种方法，首先均需用细砂布将线芯表面的氧化膜清除，再将两线芯的结合处的中心线剪掉，将外侧线芯做成伞状分开，相互交叉成一体，并将已张开的线端合成一体。交叉做法如图 9.10 所示。

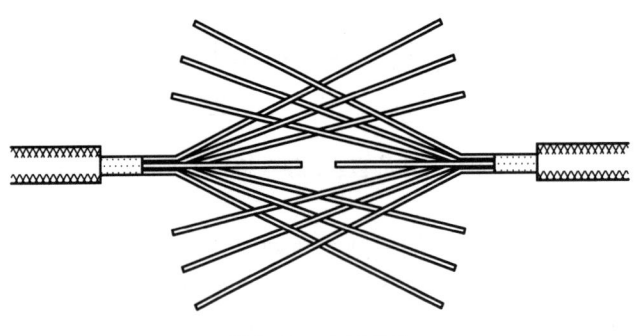

图 9.10 交叉做法

（1）单卷法：取任意两根相邻线芯，在结合处中央交叉，用其中的一根线芯作为绑线，在另一侧的导线上缠绕 5 圈～7 圈后，再用另一根线芯与绑线相绞，然后把原来的绑线压在下面并继续按上述方法缠绕，缠绕长度为导线直径的 5 倍，最后缠卷的线端与一余线捻绞 2 圈后剪断。另一侧的导线也依此进行。注意应把线芯相绞处排列在一条直线上，具体做法如图 9.11 所示。

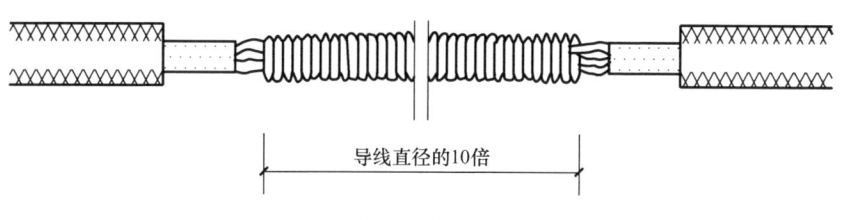

图 9.11 多芯铜线单卷法直线连接做法

（2）缠卷法：使用一根绑线，用绑线中间从导线连接中部开始向两端缠绕，其缠绕长度为导线直径的 10 倍，余线与其中一根线芯捻绞 2 圈，最后将余线剪掉。

（3）复卷法：适用于多芯软导线的连接。把合拢的导线一端用短绑线做临时绑扎，以防止松散，将另一端线芯全部紧密缠绕 3 圈，余线按阶梯形剪断。导线另一端也按此方法处理。

4）多芯铜导线分支连接

（1）缠卷法：将分支线折成 90° 紧靠干线，在绑线端部相应长度处弯成半圆形，将绑线短端弯成与半圆形成 90° 角，并与连接线紧靠，用较长的一端缠绕，其长度应为导线结合处直径的 5 倍，再将绑线两端捻绞 2 圈，最后剪断余线，如图 9.12 所示。

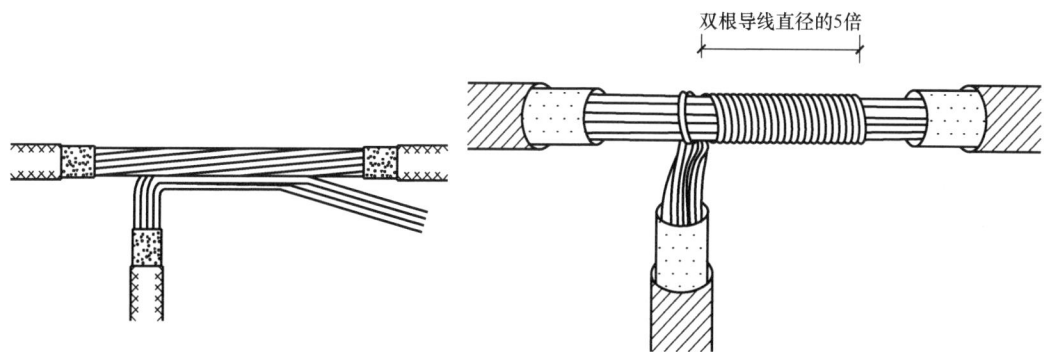

图 9.12 多芯铜导线分支缠卷法连接

（2）单卷法：将分支线破开，根部折成 90° 紧靠干线，用分支线中的一根在干线上缠绕 3 圈～5 圈后剪断，再用分支线中的另一根继续缠绕 3 圈～5 圈后剪断，按此方法直至连接到双根导线直径的 5 倍时为止，应保证各剪断处在同一直线上，如图 9.13 所示。

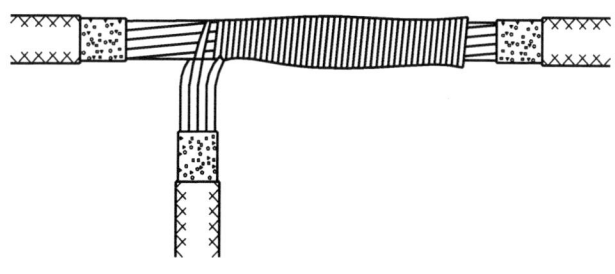

图 9.13 多芯铜导线分支单卷法连接

（3）复卷法：将分支线端破开劈成两半后与干线连接处中央相交叉，将分支线向干线两侧分别紧密缠绕后，余线按阶梯形剪断，长度为导线直径的10倍，如图9.14所示。

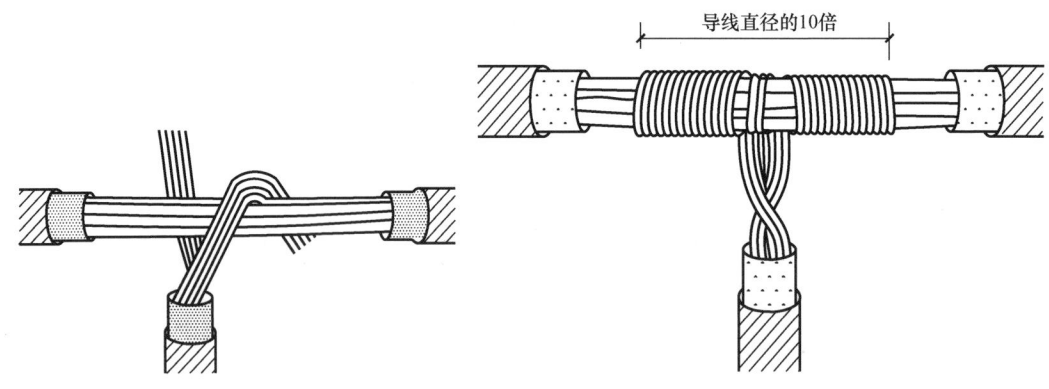

图9.14　多芯铜导线分支复卷法连接

5）铜导线并接

（1）单芯线并接：将连接线端并齐合拢，在距绝缘层约15mm处用其中一根线芯在其连接端缠绕5圈～7圈后剪断，再把余线头折回压在缠绕线上，如图9.15所示。

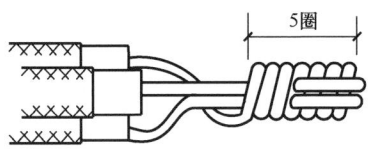

图9.15　接线盒内接头做法

（2）多芯线并接：将绞线破开顺直并合拢，另用绑线同多芯铜导线分支缠卷法连接弯制绑线，在合拢线上缠卷，其长度为双根导线直径的5倍。

（3）使用压线帽连接：将导线绝缘层剥去8mm～10mm（由压线帽的型号决定），清除线芯表面的氧化物，按规格选用配套的压线帽，将线芯插入压线帽的压接管内，线芯插到底后，导线绝缘层应和压接管平齐，并包在帽壳内，最后用专用压接钳压紧即可。

6）压接接线端子

多股导线可采用与导线材质相同且规格相对应的接线端子，削去导线的绝缘层，将线芯紧密地绞在一起，将线芯插入，用压接钳压紧。导线外露部分应小于1mm～2mm。压接接线端子如图9.16所示。

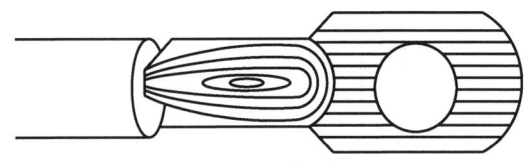

图9.16　压接接线端子

7）导线与平压式接线柱连接

（1）单芯线连接：用螺丝刀压接时，导线要顺着螺钉旋进方向在螺钉上紧绕一圈后再紧固，不允许反圈压接，盘圈开口不宜大于2mm。

（2）多股铜芯软线连接：一种方法是先将软线做成单眼圈状，涮锡后再用上述方法连接；另一种方法是将软线拧紧涮锡后插入线鼻子（有开口和不开口两种，导线连接常用的线鼻子如图9.17所示），先用专用压线钳压接后再用螺栓紧固。

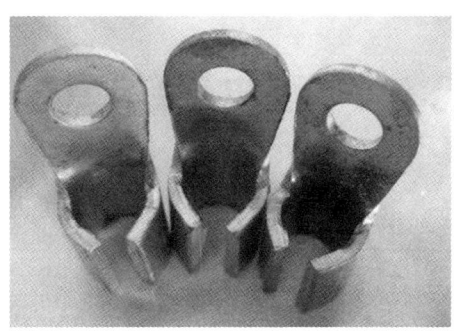

图9.17 线鼻子

注意：采用以上两种方法压接后外露线芯的长度均不宜超过2mm。

8）导线与针孔式接线桩连接（压接）

把要连接的导线线芯插入接线桩头的针孔内，当导线裸露出针孔长度大于导线直径的1倍时需要折回头插入压接，如图9.18所示。

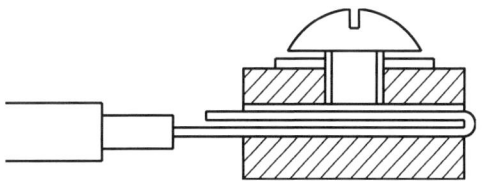

图9.18 导线与针孔式接线桩压接做法

3. 搪锡

搪锡目前有两种常用的方法：锡焊和涮锡。对于线径较小的导线的连接及用其他工具焊接较困难的场所，导线连接处应加焊剂，用电烙铁进行锡焊。锡焊时要根据焊锡的成分、质量及外界环境温度等因素，掌握好适宜的温度进行操作。锡焊完后必须将锡焊处的焊剂及其他污物擦净。另外，也可以先将焊锡放入锅内，然后用喷灯（或电炉）加热，焊锡熔化后即可进行涮锡。加热时要掌握好温度，以防出现温度过高涮锡不饱满或温度过低涮锡不均匀的现象。

4. 恢复导线绝缘

首先用塑料绝缘带从导线接头处始端的完好绝缘层开始，缠绕1个～2个绝缘带宽度，再以半幅宽度重叠进行缠绕。在包扎过程中应尽可能地收紧绝缘带。最后在绝缘层上缠绕1圈～2圈后，再进行回缠。采用橡胶绝缘带包扎时，应将其拉长2倍后再进行缠绕，然后用黑胶布包扎，包扎时要衔接好，以半幅宽度边压边缠绕，同时在包扎过程中收紧胶布，导线接头处两端应用黑胶布封严密。包扎后导线接头处应呈枣核形。

5. 线路绝缘测试

照明线路的绝缘测试一般选用500V，量程为0MΩ～500MΩ的兆欧表。

电气设备、器具未安装前进行线路绝缘测试时，首先应将灯头盒内导线分开，并将开关盒内导线连通；测试时应将干线和支线分开，并应及时进行记录。

任务单元9.4　配电系统调试节能工程

9.4.1　配电系统调试节能简述

配电系统调试，是在电气管线、用电设备、配电设备等安装完成并自检合格后、投入使用前，为判定其有无安装或制造方面的问题而进行的一系列测试和调整工作。配电系统调试的主要目的是确保所有电气设备在安装和制造过程中没有问题，能够按照设计要求正常运行。在调试过程中，专业人员会使用各种测试仪器和设备，对系统的电压、电流、功率等参数进行测量和分析，以确保系统符合相关标准和规范。同时，在电气设备运行使用前，必须对设备的运行状态进行监测和调整，以确保设备能够正常运行并达到预期的效果。通过调试，可以及时发现并解决可能存在的安装或制造缺陷，从而确保配电系统的安全性和可靠性。

9.4.2　配电系统调试节能施工工艺

1. 施工工艺流程

配电系统调试节能施工工艺流程如图9.19所示。

通电前检查 → 绝缘测试 → 受电 → 逐级进行检测

图9.19　配电系统调试节能施工工艺流程

2. 操作要点

（1）通电检测顺序。

先高压后低压，先干线后支线。

（2）受电操作顺序。

先合上电源侧隔离开关，再合上负荷侧隔离开关，最后合上断路器。

（3）绝缘电阻检测。

电气回路在通电前，各回路、用电设备应先进行绝缘电阻检测，检测合格后才能通电。

① 绝缘表的电压等级选择应符合电压等级要求。

② 测试电路绝缘电阻值前，应切断电源，所测的线路上应无人工作，并应断开电路中所有的用电器。

③ 仪表使用前，应检查其是否工作正常：把仪表水平放置，慢慢转动摇把，看仪表的指针是否指在"∞"处，再慢慢转动摇把，短接两个测试棒（线），看指针是否指在"0"处，若指针均能指在正确位置，则说明仪表是完好的，否则仪表不能使用。

④ 在测试时，应按顺时针转动兆欧表的发电机摇把，且应保持转速均匀稳定，一般转速应为120r/min。

（4）电压检测。

① 首先要估计被测电压值的范围。一般被测电压值处于所选用最大量程的2/3左右。

② 在低压线路中，一般采用直接测量法，直接读出读数；在高压线路中，一般采用间接测量法，实际电压值应为读数与电压比的乘积。

③ 测量电压是带电进行的，应有安全措施，要注意安全。

（5）照明检测。

照明系统安装完成后通电试运行时，其测试参数和计算值应符合现行国家标准《建筑节能工程施工质量验收标准》（GB 50411—2019）和《照明测量方法》（GB/T 5700—2023）的规定。

任务单元9.5　配电与照明节能工程的质量标准与验收

9.5.1　主控项目的质量标准与检验方法

（1）配电与照明节能工程使用的配电设备、电线电缆、照明光源、灯具及其附属装置等产品应进行进场验收，验收结果应经监理工程师检查认可，且应形成相应的验收记录。各种材料和设备的质量证明文件与相关技术资料应齐全，并应符合设计要求和国家现行有关标准的规定。

检验方法：观察、尺量检查，核查质量证明文件。

检查数量：全数检查。

（2）工程安装完成后应对配电系统进行调试，调试合格后应对低压配电系统以下技术参数进行检测，其检测结果应符合下列规定。

① 用电单位受电端电压允许偏差：三相380V供电为标称电压的±7%；单相220V供电为标称电压的−10%～+7%。

② 正常运行情况下用电设备端子处额定电压的允许偏差：室内照明为±5%，一般用途电动机为±5%、电梯电动机为±7%，其他无特殊规定设备为±5%。

③ 10kV及以下配电变压器低压侧，功率因数不低于0.9。

④ 380V的电网标称电压谐波限值：电压谐波总畸变率（THDu）为5%，奇次（1次～25次）谐波含有率为4%，偶次（2次～24次）谐波含有率为2%。

⑤ 谐波电流不应超过表 9-4 中规定的允许值。

检验方法：在用电负荷满足检测条件的情况下，使用标准仪器仪表进行现场测试；对于室内插座等装置使用带负载模拟的仪表进行测试。

检查数量：受电端全数检查，末端按国家标准《建筑节能工程施工质量验收标准》（GB 50411—2019）表 3.4.3 最小抽样数量抽样。

表 9-4 谐波电流允许值

标准电压 /kV	基准短路容量 /MVA	谐波次数及谐波电流允许值											
0.38	10	谐波次数	2	3	4	5	6	7	8	9	10	11	12	13
		谐波电流允许值 /A	78	62	39	62	26	44	19	21	16	28	13	24
		谐波次数	14	15	16	17	18	19	20	21	22	23	24	25
		谐波电流允许值 /A	11	12	9.7	18	8.6	16	7.8	8.9	7.1	14	6.5	12

（3）照明系统安装完成后应通电试运行，其测试参数和计算值应符合下列规定。

① 照度值允许偏差为设计值的 ±10%。

② 功率密度值不应大于设计值，当典型功能区域照度值高于或低于其设计值时，功率密度值可按比例同时提高或降低。

检验方法：检测被检区域内平均照度和功率密度。

检查数量：各类典型功能区域，每类检查不少于 2 处。

9.5.2 一般项目的质量标准与检验方法

（1）配电系统选择的导体截面不得低于设计值。

检验方法：核查质量证明文件；尺量检查。

检查数量：每种规格检验不少于 5 次。

（2）母线与母线或母线与电器接线端子，当采用螺栓搭接连接时应牢固可靠。

检验方法：使用力矩扳手对压接螺栓进行力矩检测。

检查数量：母线按检验批抽查 10%。

（3）交流单芯电缆或分相后的每相电缆宜品字形（三叶形）敷设，且不得形成闭合铁磁回路。

检验方法：观察检查。

检查数量：全数检查。

（4）三相照明配电干线的各相负荷宜分配平衡，其最大相负荷不宜超过三相负荷平均值的 115%，最小相负荷不宜小于三相负荷平均值的 85%。

检验方法：在建筑物照明通电试运行时开启全部照明负荷，使用三相功率计检测各相负载电流、电压和功率。

检查数量：全数检查。

项目小结

本项目介绍了配电与照明节能技术及发展简况，配电与照明节能技术标准现状，照明光源、灯具及附属装置的节能规定及配电线缆和设备要求，重点介绍了母线安装节能工程、导线连接节能工程、配电系统调试节能工程的施工工艺，以及配电与照明节能工程的质量标准与验收。

习题

一、单选题

1. 照度值不得小于设计值的（　　）。
A. 80%　　　　B. 90%　　　　C. 100%　　　　D. 110%

2. 对于 M8 的螺栓，母线搭接螺栓的拧紧力矩为（　　）N·m。
A. 8.8～10.8　　B. 17.7～22.6　　C. 31.4～39.2　　D. 51.0～60.8

3. 某矩形铜母线断面尺寸为 40mm×4mm，需将其进行平弯使用，则其最小弯曲半径为（　　）。
A. 40mm　　　B. 60mm　　　C. 80mm　　　D. 100mm

4. 对于 4mm² 及以下的单芯线用绞接法进行直线连接。将两线互相交叉，用双手同时把两线芯互绞 2 圈后，再扳直与连接线成 90° 角，将一个线芯在另一个线芯上缠绕（　　）圈。
A. 2　　　　B. 3　　　　C. 4　　　　D. 5

5. 对于 6mm² 及以上的单芯铜导线在用缠卷法进行直线连接时，有加辅助线和不加辅助线两种。将两线相互合并，加一根同径线芯作辅助线后，用绑线在合并部位从中间向两端缠绕，其缠绕长度为导线直径的（　　）倍，然后将两线芯端头折回，在此向外再单独缠绕 5 圈，与辅助线捻绞 2 圈，最后将余线剪断。
A. 5　　　　B. 6　　　　C. 8　　　　D. 10

6. 对于导线压接接线端子，导线外露部分应小于（　　）。
A. 0.5mm～1mm　　　　　　B. 1mm～2mm
C. 2mm～3mm　　　　　　　D. 3mm～4mm

7. 某项目施工用电，采用 10kV 高压进线，其变压器低压侧的功率因数不应低于（　　）。
A. 0.8　　　　B. 0.85　　　　C. 0.9　　　　D. 0.95

8. 三相照明配电干线的各相负荷宜分配平衡。在建筑物照明通电试运行时开启全部照明负荷，使用三相功率计检测各相负载电流、电压和功率，其最大相负荷不宜超过三相负荷平均值的（　　）。
A. 85%　　　　B. 95%　　　　C. 115%　　　　D. 125%

9. 三相380V供电电压允许偏差为标称电压的（　　）。
A. ±7%　　　　B. −10%～+7%　　C. −7%～+10%　　D. ±10%

10. 单相220V供电电压允许偏差为标称电压的（　　）。
A. ±7%　　　　B. −10%～+7%　　C. −7%～+10%　　D. ±10%

二、填空题

1. 母线安装节能工程施工工艺流程包括（　　）、（　　）、（　　）、（　　）、（　　）、（　　）、（　　）、（　　）、（　　）、（　　）、（　　）等。

2. 导线连接节能工程施工工艺流程包括（　　）、（　　）、（　　）、（　　）、（　　）等。

3. 我国有关建筑配电与照明的节能标准有（　　）、（　　）、（　　）、（　　）、（　　）等。

三、问答题

1. 简述配电与照明节能技术及发展简况。
2. 简述母线连接的方法和工艺。
3. 简述母线安装节能工程质量检验的要求。
4. 简述导线连接的方法和工艺。
5. 简述导线连接节能工程质量检验的要求。

综 合 实 训

【实训目标】

（1）掌握电工基本操作技能。
（2）培养使用电工刀和钢丝钳剥削各种导线的能力。
（3）掌握单芯铜导线的直接连接和分支连接方法。
（4）掌握多芯铜导线的直接连接和分支连接方法。
（5）具有恢复导线的绝缘层的能力。

【实训要求】

（1）牢固树立"文明实训、安全第一"的思想，保证实训安全。
（2）进入实训室必须服从安排，未经允许不准动用任何仪器设备及其他设施，以免造成安全事故。
（3）应严格按照设备操作规程及教师要求进行操作。
（4）实训过程中，爱护实训设备（仪器），不得做与实训无关的事。
（5）实训完毕后，应检查电源等是否断开，并关好门窗，确定安全无误后方可离开。

项目 10　监测与控制节能工程

思维导图

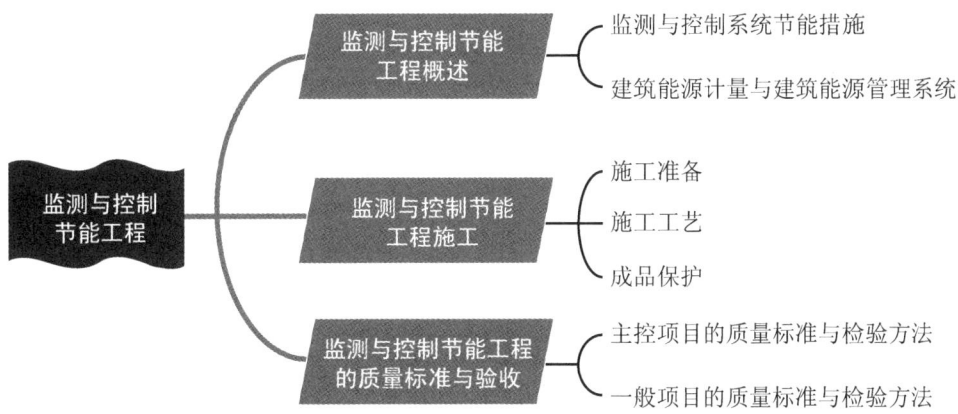

引 言

在各类建筑能耗中，供暖、通风与空调、配电与照明、给排水、电梯及自动扶梯系统包含了主要的建筑耗能设备。其运行优化管理、合理调度使用能源，在发挥节能效益方面显得尤其重要。

任务单元 10.1　监测与控制节能工程概述

监测与控制节能工程概述

建筑监测与控制节能工程验收的主要对象包括供暖、通风与空调、配电与照明、给排水、电梯及自动扶梯所采用的监测与控制系统、能耗计量系统以及能源管理系统。

建筑监测与控制节能工程应按不同设备、不同耗能用户采取相应的节能措施，设置监测计量系统，以便实施对建筑能耗的计量管理；设置能源管理系统，以保证建筑内所有设备和系统在不同工况下尽可能高效运行，以实现节能目标。

10.1.1　监测与控制系统节能措施

1. 供暖与通风空调

（1）空气处理系统：焓值控制、过渡季节新风温度控制、最小新风量控制、冷（热）水流量调节、加湿器控制、风门控制、风机变频调速。

（2）变风量空调系统：总风量调节、变静压控制、定静压控制、加热系统控制、智能化变风量末端装置控制、送风温湿度控制、新风量控制。

（3）通风系统：通风设备温度控制、风机排风排烟联动、地下车库二氧化碳浓度控制、根据室内外温差中空玻璃幕墙通风控制。

（4）风机盘管系统：冷（热）水量开关控制、风机变频调速控制。

2. 冷热源、空调水

（1）压缩式制冷机组：启停程序控制与连锁、台数控制（机组群控）、机组疲劳度均衡控制。

（2）吸收式制冷系统/冰蓄冷系统：启停控制、制冰/融冰控制。

（3）锅炉系统：台数控制、燃烧负荷控制、换热器一次侧供回水流量控制、换热器二次侧供回水流量控制、换热器二次侧供回水压差旁通控制、换热站其他控制。

（4）冷冻水系统：供回水温差控制、供回水流量控制、供回水压差旁通控制。

（5）冷却水系统：冷却水泵启停控制、冷却水泵变频调速、冷却塔风机启停控制、冷却塔风机变频调速、冷却塔排污控制。

3. 配电系统

配电系统：功率因数控制。

4. 照明系统

照明系统：磁卡、传感器、照明的开关控制，根据亮度的照明控制，办公区照度控制，时间表控制，自然采光控制，公共照明区开关控制，局部照明控制，照明的全系统优化控制，室内场景设定控制，室外景观照明场景设定控制，路灯时间表及亮度开关控制。

5. 建筑能源系统协调控制

建筑能源系统协调控制：供暖、通风与空调系统的优化监控。

10.1.2　建筑能源计量与建筑能源管理系统

（1）设立必要的能耗信息采集与显示系统，即通过电表、水表、气表、热（冷）量表、室内外温湿度计及其他传感器和变送器等现场仪表，对设备设施运行状况、运行能效等相关参数进行收集、显示、报警等，运行人员在设备设施运行时，通过自控系统或人工来实现调节控制功能及采取适当的维护维修措施，保证设备优化运行以及设备设施的可维护性与可用性。根据需要也可对建筑物内不同业主用户的能耗进行计量，以便实行用户能源管理。

（2）对采集的数据进行分析，以实现建筑能耗的优化管理；合理调度使用能源，确保在不同工况下建筑设备尽可能在各自的高效运行工作区内运行；各系统之间运行参数配置合理，以达到运行节能的目的。

（3）严格执行运行管理和设备维护维修制度，保证在运设备的完好率。

（4）通过对节能数据进行分析，发现问题，制定合理的改进措施，实现运行节能管理所要求达到的期望值（目标值）。

任务单元 10.2　监测与控制节能工程施工

10.2.1　施工准备

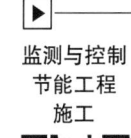

监测与控制节能工程施工

1. 技术准备

（1）监测与控制系统的施工单位应依据国家相关标准的规定，对施工图设计进行复核，检查工程设计文件及施工图的完备性，建筑设备监控系统工程必须按已批审的施工图设计文件实施。当复核结果不能满足节能要求时，施工单位应向设计单位提出修改建议或联合系统集成商进行施工图的深化设计，由设计单位进行设计变更和确认，并经原节能设计审查机构批准。

（2）施工单位应根据设计文件制定系统控制流程图和节能工程施工验收大纲。

（3）应完善施工现场质量管理检查制度和施工技术措施，主要包括现场管理检查制度、施工安全措施、施工环境保护措施、施工技术标准、主要专业工种操作上岗证书检查、分包方管理制度、施工组织设计和施工方案审批、工程质量检验制度等。

（4）应了解各个系统输入、输出装置的特点和集成系统接口的兼容性。

（5）技术人员应向施工人员进行岗前培训及技术交底，并做好记录。

（6）已编制施工方案，并且施工条件已经按施工方案准备就绪。

（7）应配备设计中使用的规范、标准及其他技术资料文件。

（8）应复核设备及配件的型号、参数。

2. 材料准备

（1）主要材料、构配件和设备的规格、型号、性能应与设计文件要求相符。

（2）主要材料、构配件和设备的合格证、产品说明书、型式检验报告、定型产品和成套技术应用型式检验报告、进场验收记录、见证取样送检复试报告等应齐备。

（3）按照合同文件和工程设计文件进行进场验收，填写进场检验书面记录，应有参加人签字，并应经监理工程师或建设单位验收人员确认。当监督机构对建筑节能材料质量产生疑问时，监督机构应对建筑节能材料按一定比例委托具有相应资质的检测单位进行检测。

（4）控制设备功能必须达到设计要求，不得使用落后或淘汰的产品。

（5）软件要经过测试，达到设计功能才能使用。

（6）查验材料和设备的合格证和随带技术文件，实行产品许可证和强制性产品认证的产品应有产品许可证和强制性产品认证标志。

（7）外观检查：铭牌、附件齐全，电气接线端子完好，设备表面无缺损，涂层完整。

（8）对计算机、服务器、数据存储设备、路由器、交换机、UPS 电源等设备开箱后要进行通电自检，查看设备状态指示灯显示情况，检查设备启动是否正常，有序列号的设备要登记设备序列号。

（9）商业化的软件，如操作系统、数据库管理系统、应用系统软件、信息安全软件和网管软件等应做好使用范围的检查。

（10）由系统集成商编制的用户应用软件、用户组态软件及接口软件等应用软件，除进行功能测试和系统测试外，还应根据需要进行容量、可靠性、安全性、可恢复性、兼容性、自诊断等多项功能测试，并保证软件的可维护性。

（11）按规定程序获得批准使用的新材料和新产品，还应提供主管部门颁发的相关证明文件。

（12）进口产品还应提供原产地证明和商检证明。配套提供的质量合格证明，检测报告及安装、使用、维护说明书等文件资料应有中文文本。

（13）监视和计量设备应按规定的时间间隔或在使用前按要求进行校准和（或）验证。

3. 施工机具准备

（1）施工机械：电焊机、砂轮切割机、台钻、手枪电钻、冲击电钻等。

（2）施工工具：剥线钳、压接钳、尖嘴钳、电烙铁、电工刀、一字螺丝刀、十字螺丝刀、套筒扳手、内六角扳手、钢卷尺等各类电工工具及电气测试调试工具。

（3）检测工具：绝缘表、万用表、兆欧表、接地电阻测试仪、示波器、温度计、压力表、信号发生器等。

4. 作业条件准备

（1）施工图纸经过批准并已进行图纸会审。

（2）施工组织设计或施工方案通过批准，经过了培训和交底。

（3）机房、弱电竖井的建筑施工已完成。

（4）预埋管及预留孔符合设计要求。

（5）供暖、通风与空调设备、配电与照明设备、其他动力设备已安装就位，并应预留好设计文件中要求的控制信号接入点。

（6）节能控制系统的元器件、设备已经安装完成。

（7）各功能系统已经过单机调试和系统调试。

（8）土建、装饰工程已基本完成。

（9）施工现场应具备满足正常施工所需的用水、用电等条件。

（10）施工用电应有安全保护装置，且接地可靠。

10.2.2 施工工艺

1. 施工工艺流程（图 10.1）

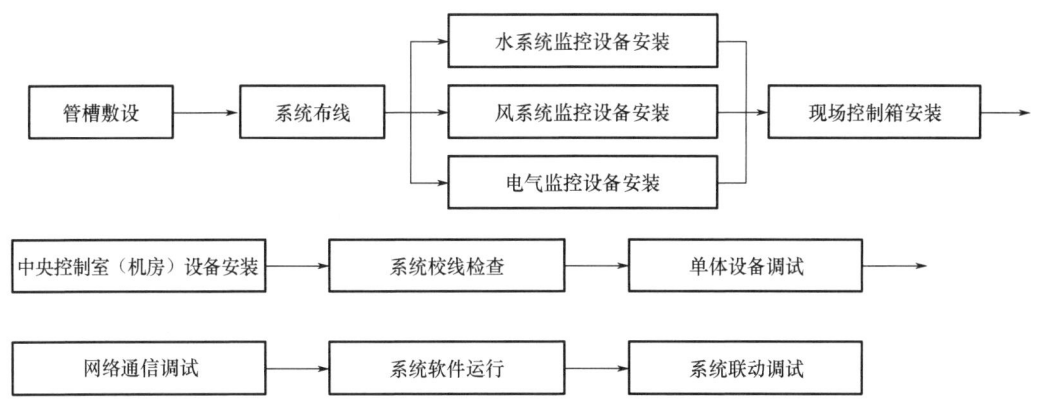

图 10.1 监测与控制系统施工工艺流程

2. 操作要点

（1）管盒预留预埋、支架制作安装、明配管安装、桥架安装、设备基础支架制作安装、线路敷设、设备安装、校接线施工应符合现行国家标准《自动化仪表工程施工及质量验收规范》（GB 50093—2013）、《智能建筑工程质量验收规范》（GB 50339—2013）和《智能建筑工程施工规范》（GB 50606—2010）的规定。

（2）调试及试运行准备。

① 调试准备：工程实施前应进行相应的工序交接，做好与建筑结构、建筑装饰装修、建筑给排水、建筑供暖、建筑电气、通风与空调、电梯等分部工程的接口确认。建筑设备监控系统在通电调试前，要对系统的全部设备包括各种变送器、执行器、接入引

出的各类信号的线路敷设和接线进行认真检查，依据设计图纸和产品技术文件要求进行核对，没有经过检查，严禁擅自通电，以免造成设备的损坏。

② 各类输入信号的检查：按产品说明书和设计要求确认有源或无源的模拟量、数字量信号输入的类型、量程范围、供电电源是否符合要求；按产品说明书和设计图纸要求确认各类变送器、输入信号的接线是否正确，包括与控制机和与外部设备的连接线；进行变送器的单独调试及满足产品特殊要求的检查。

③ 各类输出信号的测试：按产品说明书和设计要求确定各类模拟量的输出、ON/OFF 开关量输出的类型、量程范围（容量）、供电电源是否符合要求；按产品说明书和设计图纸要求确认各类执行器、变频器及其他输出信号的接线是否正确，包括与控制机和外部设备的连接线；进行手动检查和通过现场控制及模拟输出信号检查输出装置的动作是否正常，行程是否在要求的范围内。

④ 现场调试：根据"分散控制，集中管理"的策略，现场控制机一般就地安装、就地控制，控制对象是一个或几个机组或设备。现场控制机调试前，机组或设备单机运行必须正常，各项参数应能满足系统的工艺要求。图 10.2 所示为通风空调系统变频节能控制硬件连接图。

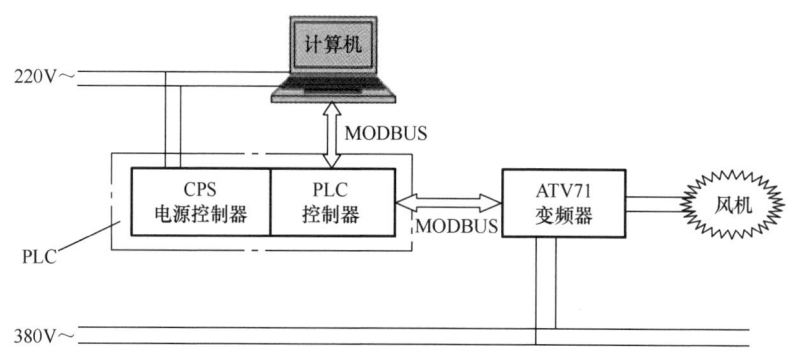

图 10.2　通风空调系统变频节能控制硬件连接图

⑤ 现场调试完毕后可进行试运行。

（3）调试及试运行内容及步骤。

① 所有输入的模拟量、数字量测量值在现场控制机上显示正常，现场参数测量变送器工作正常。

② 所有输出的模拟量、开关量信号正常，被控设备在受控状态下工作正常，设备的工作状态反馈信号、执行器的位置反馈信号正常。

③ 在控制状态下，监控参数给定值、控制值和反馈值三者关系符合设计要求，控制响应时间符合要求。

④ 依据系统控制方案，被控各项参数满足系统工艺要求。

⑤ 现场控制机在开、关机时，被控系统的各个设备开、关机顺序正常。

⑥ 被控机组或设备与其他设备的连锁功能正常。

⑦ 抗干扰性测试：邻近大型电气设备启动、停止，或在同一电源中接入干扰源设备时，控制器工作正常、测量参数显示正常、被控设备运行正常。

⑧ 在现场模拟报警信号，在中央工作站显示器观察报警信号显示是否一致，且时间响应应满足设计要求。

⑨ 在中央工作站实现远程控制，观察设备动作情况和响应时间。

⑩ 查看历史数据和打印报表情况，调试合格后进行系统168h试运行。

10.2.3　成品保护

（1）对现场安装完成的设备，应采取包裹、遮盖、隔离等必要的防护措施，并应避免碰撞及损坏。

（2）端子箱安装完毕后应注意给箱门上锁，以保护箱体不被污染。控制柜（盘）除采取防尘和防潮等措施外，机房还应及时上锁。

（3）施工过程中，遇有雷电、阴雨、潮湿天气时或者长时间停用设备时，应关闭电源总闸。

（4）对软件和系统配置的保护应符合下列规定。

① 更改软件和系统的配置应做好记录。

② 在调试过程中应每天对软件进行备份，备份内容应包括系统软件、数据库、配置参数、系统镜像。

③ 备份文件应保存在独立的存储设备上。

④ 系统设备的登录密码应有专人管理，不得泄露。

⑤ 计算机无人操作时应锁定。

任务单元 10.3　监测与控制节能工程的质量标准与验收

10.3.1　主控项目的质量标准与检验方法

（1）监测与控制节能工程使用的设备、材料应进行进场验收，验收结果应经监理工程师检查认可，并应形成相应的验收记录。各种材料和设备的质量证明文件和相关技术资料应齐全，并应符合设计要求和国家现行有关标准的规定。并应对下列主要产品的技术性能参数和功能进行核查。

① 系统集成软件的功能及系统接口的兼容性。

② 自动控制阀门和执行机构的设计计算书；控制器、执行器、变频设备以及阀门等设备的规格参数。

③ 变风量（VAV）末端控制器的自动控制和运算功能。

检验方法：观察、尺量检查；对照设计文件核查质量证明文件。

检查数量：全数检查。

（2）监测与控制节能工程的传感器、执行机构，其安装位置、方式应符合设计要求；预留的检测孔位置应正确，管道保温时应做明显标识；监测计量装置的测量数据应准确并符合设计要求。

检验方法：观察检查；用标准仪器仪表实测监测计量装置的实测数据，分别与直接数字控制器和中央工作站显示数据对比。

检查数量：按国家标准《建筑节能工程施工质量验收标准》（GB 50411—2019）表3.4.3最小抽样数量抽样，不足10台应全数检查。

（3）监测与控制节能工程的系统集成软件安装并完成系统地址配置后，在软件加载到现场控制器前，应对中央控制站软件功能进行逐项测试，测试结果应符合设计文件要求。测试项目包括：系统集成功能、数据采集功能、报警连锁控制、设备运行状态显示、远动控制功能、程序参数下载、瞬间保护功能、紧急事故运行模式切换、历史数据处理等。

检验方法：观察检查；根据软件安装使用说明书提供的检测案例及检测方法逐项核查测试报告。

检查数量：全数检测。

（4）监测与控制系统和供暖通风与空调系统应同步进行试运行与调试，系统稳定后，进行不少于120h的连续运行，系统控制及故障报警功能应符合设计要求。当不具备条件时，应以模拟方式进行系统试运行与调试。

检验方法：观察检查；核查调试报告和试运行记录。

检查数量：全数检查。

（5）能耗监测计量装置宜具备数据远传功能和能耗核算功能，其设置应符合下列规定。

① 按分区、分类、分系统、分项进行设置和监测。

② 对主要能耗系统、大型设备的耗能量（含燃料、水、电、汽）、输出冷（热）量等参数进行监测。

③ 利用互联网、物联网、云计算及大数据等创新技术构建的新型建筑节能平台，具备建筑节能管理功能。

检验方法：对检测点逐点调出数据与现场测点数据核对，观察检查，并在中央工作站调用监测数据统计分析结果及能耗图表。

检查数量：全数检查。

（6）冷热源的水系统当采取变频调节控制方式时，机组、水泵在低频率工况下，水系统应能正常运行。

检验方法：将机组运行工况调到变频器设定的下限，实测水系统末端最不利点的水压值应符合设计要求。

检查数量：全数检查。

（7）供配电系统的监测与数据采集应符合设计要求。

检验方法：观察检查，检查中央工作站供配电系统的运行数据显示和报警功能。

检查数量：全数检查。

（8）照明自动控制系统的功能应符合设计要求，当设计无要求时，应符合下列规定。

① 大型公共建筑的公用照明区应采用集中控制，按照建筑使用条件、自然采光状况和实际需要，采取分区、分组及调光或降低照度的节能控制措施。

② 宾馆的每间（套）客房应设置总电源节能控制开关。

③ 有自然采光的楼梯间、廊道的一般照明，应采用按照度或时间表开关的节能控制方式。

④ 当房间或场所设有两列或多列灯具时，应采取下列控制方式。

a. 所控灯列应与侧窗平行。

b. 电教室、会议室、多功能厅、报告厅等场所，应按靠近或远离讲台方式进行分组。

c. 大空间场所应间隔控制或调光控制。

检验方法：

① 现场操作检查控制方式。

② 依据施工图，按回路分组，在中央工作站上进行被检回路的开关控制，观察相应回路的动作情况。

③ 在中央工作站通过改变时间表控制程序的设定，观察相应回路的动作情况。

④ 在中央工作站采用改变光照度设定值、室内人员分布等方式，观察相应回路的调光效果。

⑤ 在中央工作站改变场景控制方式，观察相应的控制情况。

检查数量：现场操作检查为全数检查，在中央工作站上按照明控制箱总数的5%抽样检查，不足5台应全数检查。

（9）自动扶梯无人乘行时，应自动停止运行。

检验方法：观察检查。

检查数量：全数检查。

（10）建筑能源管理系统的能耗数据采集与分析功能、设备管理和运行管理功能、优化能源调度功能、数据集成功能应符合设计要求。

检验方法：观察检查，对各项功能逐项测试，核查测试报告。

检查数量：全数检查。

（11）建筑能源系统的协调控制及供暖、通风与空调系统的优化监控等节能控制系统应满足设计要求。

检验方法：输入仿真数据，进行模拟测试，按不同的运行工况监测协调控制和优化监控功能。

检查数量：全数检查。

（12）监测与控制节能工程应对下列可再生能源系统参数进行监测。

① 地源热泵系统：室外温度、典型房间室内温度、系统热源侧与用户侧进出水温度和流量、机组热源侧与用户侧进出水温度和流量、热泵系统耗电量。

② 太阳能热水供暖系统：室外温度、典型房间室内温度、辅助热源耗电量、集热系统进出口水温、集热系统循环水流量、太阳总辐射量。

③ 太阳能光伏系统：室外温度、太阳总辐射量、光伏组件背板表面温度、发电量。

检验方法：将现场实测数据与工作站显示数据进行比对，偏差应符合设计要求。

检查数量：全数检查。

10.3.2 一般项目的质量标准与检验方法

应对监测与控制系统的可靠性、实时性、可操作性、可维护性等系统性能进行检测，并应包含以下内容。

（1）执行器动作应与控制系统的指令一致。

（2）控制系统的采样速度、操作响应时间、报警反应速度。

（3）冗余设备的故障检测、切换时间和切换功能。

（4）应用软件的在线编程（组态）、参数修改、下载功能，设备及网络故障自检测功能。

（5）故障检测与诊断系统的报警和显示功能。

（6）被控设备的顺序控制和连锁功能。

（7）自动控制、远程控制、现场控制模式下的命令冲突检测功能。

（8）人机界面可视化功能。

检验方法：分别在中央工作站、现场控制器上和现场，利用参数设定、程序下载、故障设定、数据修改和事件设定等方法，通过与设定的参数要求对照，进行上述系统的性能检测。

检查数量：全数检查。

项目小结

监测与控制
节能工程
项目小结

供暖、通风与空调、配电与照明系统是建筑的能耗大户，不同设备、不同耗能用户应设置监测计量系统。

监测与控制系统应设置建筑能源管理系统，以保证建筑设备通过优化运行、维护、管理实现节能。配电系统和监测与控制系统联网后建筑能源管理系统应协调控制，以使建筑内所有设备和系统在不同工况下尽可能高效运行，实现节能目标。

习题

一、单选题

1. 监测与控制系统的施工单位应依据国家相关标准的规定，对施工图设计进行复核，检查施工图的完备性，当复核结果不能满足节能要求时，进行设计变更和确认的单位为（　　）。

　　A. 建设单位　　　B. 施工单位　　　C. 设计单位　　　D. 监理单位

2. 根据设计文件制定系统控制流程图和节能工程施工验收大纲由（　　）来完成。

　　A. 监理单位　　　B. 设计单位　　　C. 施工单位　　　D. 建设单位

3. 优化设计方案经确认后,要经(　　)批准。
 A. 建设单位　　　B. 监理单位　　　C. 设计单位　　　D. 原节能设计审查机构
4. 调试及试运行由施工单位和监理单位随工程实施过程进行,并有详细的文字和图像资料,对监测与控制系统应进行不少于(　　)的不间断试运行。
 A. 100h　　　　　B. 120h　　　　　C. 168h　　　　　D. 200h
5. 进场材料、构配件和设备应经过监理工程师进场验收签认。监督机构对建筑节能材料质量产生疑问时,应配合监督机构对建筑节能材料委托(　　)进行检测。
 A. 一般检测单位　　　　　　　B. 具有相应资质的检测单位
 C. 设计单位　　　　　　　　　D. 监理工程师
6. 监测与控制系统节能施工工艺为:现场控制机一般就地安装、就地控制,控制对象是一个或几个机组或设备,根据(　　)的策略进行现场调试。
 A. 分散管理,集中控制　　　　B. 分散控制,集中管理
 C. 分散控制,分散管理　　　　D. 集中控制,集中管理
7. 监测计量装置的测量数据应准确并符合设计要求。检查数量按要求为(　　)。
 A. 不足5台全部检查　　　　　B. 不足10台全部检查
 C. 不足15台全部检查　　　　 D. 不足20台全部检查
8. 按规定程序获得批准使用的新材料和新产品应提供(　　)。
 A. 产品合格证　　　　　　　　B. 相关型式检验报告
 C. 主管部门颁发的相关证明文件　D. 见证取样送检复试报告
9. 下面不属于工程施工机械的是(　　)。
 A. 台钻　　　　　　　　　　　B. 手枪电钻
 C. 冲击电钻　　　　　　　　　D. 电烙铁
10. 监测与控制系统和供暖通风与空调系统应同步进行试运行与调试,系统稳定后,进行连续运行,其系统控制及故障报警功能应符合设计要求,当不具备条件时(　　)。
 A. 可以不做
 B. 应以模拟方式进行系统试运行与调试
 C. 与建设单位协商,待条件具备后执行
 D. 由设备制造单位提供自检报告

二、多选题
1. 主要材料、构配件和设备应按照合同文件和工程设计文件进行进场验收,填写进场检验书面记录,应有参加人签字,并应经(　　)确认。
 A. 建设单位验收人员　　　　　B. 设计单位设计师
 C. 施工单位技术人员　　　　　D. 监理工程师
 E. 检测人员
2. 主要设备的进场外观检查包括(　　)。
 A. 铭牌　　　　　　　　　　　B. 附件齐全
 C. 电气接线端子完好　　　　　D. 设备表面无缺损
 E. 涂层完整

3. 对现场安装完成的设备,应采取(　　　)等必要的防护措施进行成品保护。

A. 包裹　　　　　　　　　　B. 遮盖

C. 隔离　　　　　　　　　　D. 值守

E. 巡查

4. 建筑监测与控制节能工程验收的主要对象包括(　　　)所采用的监测与控制系统。

A. 供暖　　　　　　　　　　B. 通风与空调

C. 给排水　　　　　　　　　D. 电梯及自动扶梯

E. 供配电与照明

5. 监测与控制系统节能工程在施工前的技术准备应包括(　　　)。

A. 对施工图设计进行复核,检查工程设计文件及施工图的完备性

B. 根据设计文件制定系统控制流程图

C. 技术人员向施工人员进行岗前培训及技术交底

D. 组织经验丰富的施工作业人员进场勘验

E. 编制了施工方案并经过审批

三、判断题(对的画"√",错的画"×")

1. 进口设备应提供合格证、中文产品说明书、型式检验报告、定型产品和成套技术应用型式检验报告、进场验收记录以备查验。(　　　)

2. 施工现场用电应按照现行行业标准《建筑与市政工程施工现场临时用电安全技术标准》(JGJ/T 46—2024)的有关规定执行。(　　　)

3. 对材料和设备的品种、规格、包装、外观和尺寸等进行检查验收,并应经监理工程师(建设单位代表)确认,形成相应的验收记录。(　　　)

4. 自动扶梯的监测与控制应符合：无人乘行时,应自动停止运行。检查数量应按总数的20%抽样检测。(　　　)

5. 对于监测与控制系统的软件和系统配置的保护应将备份文件保存在云端并加密,便于随时查看和调取。(　　　)

四、问答题

1. 监测与控制节能工程施工前的技术准备有哪些?

2. 如何实现建筑能源计量与建筑能源管理系统的有效管理?

3. 能耗监测计量装置宜具备数据远传功能和能耗核算功能,其设置有哪些要求?

项目10
在线答题

附录　AI 伴学内容及提示词

AI 伴学工具：生成式人工智能（GenAI）工具，如 DeepSeek、Kimi、豆包、通义千问、文心一言、ChatGPT 等。

序号	AI 伴学内容	AI 提示词
1	项目1 墙体节能工程	详细说明墙体节能工程的一般规定和施工准备要点，包括技术准备、材料选择（如 EPS 板、XPS 板的性能对比）、施工机具清单及作业条件要求
2		现有一办公楼需采用粘贴保温板保温系统（涂料饰面），请分步骤给出施工指南
3		对比 EPS 板现浇混凝土外保温系统（无网系统）与 EPS 钢丝网架板现浇混凝土外保温系统（有网系统）的差异
4		模拟施工现场环境（温度15℃，风速3级），为喷涂硬泡聚氨酯系统（面砖饰面）生成风险控制方案
5		设计一份机械固定系统的施工排板图
6		请制定保温装饰板粘锚系统的验收清单
7		针对自保温砌块墙体，生成热桥处理专项方案
8	项目2 幕墙节能工程	什么是幕墙？在构造和功能方面的特点有哪些
9		幕墙的基本构造
10		幕墙节能工程施工有哪些内容
11		幕墙的保温隔热技术措施有哪些
12		幕墙节能工程的质量标准与验收内容
13	项目3 门窗节能工程	不同气候条件下门窗节能工程设计与施工优化
14		新型节能门窗技术与材料分析
15		门窗安装施工中的节能关键点与常见问题诊断
16		节能门窗在绿色建筑认证体系中的角色与案例
17	项目4 屋面节能工程	屋面节能工程的发展趋势
18		未来屋面节能工程验收标准有何变化
19		如何提高屋面节能工程的耐久性
20		屋顶花园的屋面节能有哪些常见做法
21		新型屋面节能材料的应用工程实例
22	项目5 楼地面节能工程	采用保温填充层的楼地面构造
23		楼地面保温填充层铺设工程的施工工艺
24		板材类楼地面构造

续表

序号	AI 伴学内容	AI 提示词
25	项目 5 楼地面节能工程	板材类楼地面保温工程施工工艺
26		楼地面节能工程的质量标准与验收
27	项目 6 供暖节能工程	供暖系统立管的安装顺序
28		供暖系统散热器温控阀的安装要求
29		供暖系统散热器的组对要求
30		低温热水地面辐射供暖系统的安装顺序和要求
31		供暖系统调试与试运行的要求
32	项目 7 通风与空调节能工程	目前,我国建筑能源消耗现状如何
33		通风与空调工程节能的具体方法和措施有哪些
34		通风与空调节能工程中材料及设备如何选型
35		空调工程中,冷量及热量如何回收
36		什么是空调系统的全过程调试
37		通风与空调节能工程新技术和新工艺有哪些
38	项目 8 空调与供暖系统的冷热源及管网节能工程	冷热源在建筑物中的能耗占比
39		我国冷热源及管网节能技术的现状和发展展望
40		制冷设备及系统节能工程施工要点
41		供热锅炉及辅助设备节能工程施工要点
42		室外管网系统节能工程施工要点
43		冷热源及管网防腐与绝热工程施工要点
44		空调与供暖设备及系统的调试施工要点
45	项目 9 配电与照明节能工程	配电与照明节能工程的光源、灯具有哪些节能规定
46		母线安装节能功能施工工艺是如何规定的
47		导线连接节能有哪些要求
48		配电系统如何进行调试
49		在项目验收时,配电与照明节能工程主控项目如何检验
50	项目 10 监测与控制节能工程	在城市更新的大环境中,监测与控制节能系统如何与城市的改造和发展相融合
51		建筑能源计量与建筑能源管理系统在城市管理中的作用及对落实"双碳"目标的突出贡献
52		监测与控制节能工程施工的核心内容
53		在建筑运维阶段,如何确保监测与控制系统高效运行并持续发挥节能效益
54		列举一个经典建筑案例,分析介绍监测与控制节能工程的具体应用和产生的积极影响

参考文献

辽宁省建设厅, 2002. 建筑给水排水及供暖工程施工质量验收规范: GB 50242—2002 [S]. 北京: 中国建筑工业出版社.

陕西省住房和城乡建设厅, 2011. 砌体结构工程施工质量验收规范: GB 50203—2011 [S]. 北京: 中国建筑工业出版社.

浙江省住房和城乡建设厅, 2015. 建筑电气工程施工质量验收规范: GB 50303—2015 [S]. 北京: 中国计划出版社.

中国电力企业联合会, 2011. 电气装置安装工程 母线装置施工及验收规范: GB 50149—2010 [S]. 北京: 中国计划出版社.

中国电力企业联合会, 2016. 电气装置安装工程 电气设备交接试验标准: GB 50150—2016 [S]. 北京: 中国计划出版社.

中国工程建设标准化协会化工分会, 2011. 现场设备、工业管道焊接工程施工规范: GB 50236—2011 [S]. 北京: 中国计划出版社.

中国工程建设标准化协会化工分会, 2013. 自动化仪表工程施工及质量验收规范: GB 50093—2013 [S]. 北京: 中国计划出版社.

中国机械工业企业联合会, 2011. 风机、压缩机、泵安装工程施工及验收规范: GB 50275—2010 [S]. 北京: 中国计划出版社.

中国机械工业企业联合会, 2011. 制冷设备、空气分离设备安装工程施工及验收规范: GB 50274—2010 [S]. 北京: 中国计划出版社.

中华人民共和国公安部, 2018. 建筑设计防火规范: 2018年版: GB 50016—2014 [S]. 北京: 中国计划出版社.

中华人民共和国住房和城乡建设部, 2011. 智能建筑工程施工规范: GB 50606—2010 [S]. 北京: 中国计划出版社.

中华人民共和国住房和城乡建设部, 2013. 智能建筑工程质量验收规范: GB 50339—2013 [S]. 北京: 中国建筑工业出版社.

中华人民共和国住房和城乡建设部, 2014. 建筑工程施工质量验收统一标准: GB 50300—2013 [S]. 北京: 中国建筑工业出版社.

中华人民共和国住房和城乡建设部, 2015. 混凝土结构工程施工质量验收规范: GB 50204—2015 [S]. 北京: 中国建筑工业出版社.

中华人民共和国住房和城乡建设部, 2017. 通风与空调工程施工质量验收规范: GB 50243—2016 [S]. 北京: 中国计划出版社.

中华人民共和国住房和城乡建设部, 2018. 建筑装饰装修工程质量验收标准: GB 50210—2018 [S]. 北京: 中国建筑工业出版社.

中华人民共和国住房和城乡建设部, 2019. 建筑节能工程施工质量验收标准: GB 50411—2019 [S]. 北京: 中国建筑工业出版社.

中华人民共和国住房和城乡建设部, 2022. 建筑节能与可再生能源利用通用规范: GB 55015—2021 [S]. 北京: 中国建筑工业出版社.